高等职业教育铁道供电技术专业"十三五"规划教材

全国高职院校专业教学创新系列教材——铁道运输类

高电压工程

U0266164

主 编 ○ 郭艳红　车焕文　徐绍桐

主 审 ○ 于占伟

西南交通大学出版社

·成 都·

图书在版编目（CIP）数据

高电压工程／郭艳红，车焕文，徐绍桐主编. —成都：西南交通大学出版社，2016.8

高等职业教育铁道供电技术专业"十三五"规划教材

全国高职院校专业教学创新系列教材. 铁道运输类

ISBN 978-7-5643-4923-3

Ⅰ. ①高… Ⅱ. ①郭… ②车… ③徐… Ⅲ. ①高电压–高等职业教育–教材 Ⅳ. ①TM8

中国版本图书馆 CIP 数据核字（2016）第 199874 号

高等职业教育铁道供电技术专业"十三五"规划教材

全国高职院校专业教学创新系列教材——铁道运输类

高电压工程

郭艳红　车焕文　徐绍桐　**主编**

责 任 编 辑	李芳芳
特 邀 编 辑	林　莉
封 面 设 计	何东琳设计工作室

出 版 发 行	西南交通大学出版社 （四川省成都市二环路北一段 111 号 西南交通大学创新大厦 21 楼）
发 行 部 电 话	028-87600564　028-87600533
邮 政 编 码	610031
网　　　址	http://www.xnjdcbs.com
印　　　刷	四川煤田地质制图印刷厂
成 品 尺 寸	185 mm × 260 mm
印　　　张	15.5
字　　　数	386 千
版　　　次	2016 年 8 月第 1 版
印　　　次	2016 年 8 月第 1 次
书　　　号	ISBN 978-7-5643-4923-3
定　　　价	42.00 元

课件咨询电话：028-87600533

图书如有印装质量问题　本社负责退换

高等职业教育铁道供电技术专业"十三五"规划教材

编 委 会

出版说明

近年来，我国铁路建设快速发展，取得了令世人瞩目的成绩。到 2015 年年底，全国铁路运营里程达 12.1 万千米，居世界第二位。在铁路建设快速发展的当下，企业急需大量德才兼备的高技能型专业人才，这对铁路职业教育提出了更高的要求。

为适应新形势，同时为满足企业对人才培养的迫切需要，促进铁路专业课程体系与教材体系趋于完善，西南交通大学出版社与全国 19 所铁路高、中职学校共同策划、拟在今明两年内出版一套"十三五"规划教材——高等职业教育铁道供电技术专业"十三五"规划教材。这套教材包括：《安全用电》《高电压工程》《接触网施工》《牵引供电规程》《接触网实训教程》《电力线路施工与检修》《电机与电力控制技术》《接触网设备检修与维护》《变电所综合自动化技术》《牵引变电系统运行与维护》《继电保护装置运行与调试》《高压电气设备的检修与试验》等。

这套教材严格遵照教育部《普通高等学校高等职业教育专科（专业）目录（2015 年）》与《高等职业学校专业教学标准》的文件精神编写，切合高职院校专业教学与铁路现场实际，具有创新性，是目前铁道供电技术专业的最新教材，能在为我国电气化铁路行业培养出更多高素质、专业技术强的接班人方面发挥重要作用。其编写特色体现在：

1. 针对性强

主要针对高职院校铁路行业技能型人才培养目标以及目前铁道供电技术专业教学与人才培养方案。书里的内容皆对应铁道供电技术专业的核心课程或主干课程。

2. 实用性强

在编写内容布局上，遵循高职院校教学的"必需、够用、实用"原则，充分体现高等职业教育的实用特征；在编写体系设置上，坚持以"夯实基础，贴近岗位"为准则，突出可操作性，使知识与技能较好融合。为便于教学，每本书皆配有教师可用、学生可学的资料、资源。

3. 编者基础厚实

担任本套教材的主编和其他编者（不少是双师型教师），既有丰富的实践经验与课堂教学经验，又有编写出版教材的经历。在铁路建设高速发展以及中国高铁迈向世界的背景下，他们仍在继续不断地学习与钻研现代铁路技术，走访企业、现场，搜集、掌握相关技术资料，这为编写出版高质量的教材奠定了坚实基础。

4. 立体化

本套教材的出版，在纸质出版时辅以数字出版，使教材表现形态多元化、立体化。学生可通过扫二维码或使用网络媒体等多种手段，获得丰富的学习资源，提高学习效率。这样的教材，会使教学变得更加开放、便捷，从而实现更好培养高技能型人才的目标。

本套教材的出版，得到以下学校的积极响应和大力支持，我们在此表示衷心的感谢。他们是：包头铁道职业技术学院、辽宁铁道职业技术学院、北京铁路电气化学校、天津铁道职业技术学院、西安铁路职业技术学院、武汉铁路职业技术学院、山东职业学院、贵阳职业技术学院、四川管理职业学院、黑龙江交通职业技术学院、吉林铁道职业技术学院、昆明铁道职业技术学院、广州铁路职业技术学院、湖南铁道职业技术学院、湖南铁路科技职业技术学院、湖南高速铁路职业技术学院、郑州铁道职业技术学院、湖北铁路运输职业技术学院、南京铁道职业技术学院等。

同时，我们还要对在教材出版幕后做出积极贡献的相关领导及专家表示崇高的敬意。他们是：西南交通大学陈维荣教授，湖南铁路科技职业技术学院副院长石纪虎教授，黑龙江交通职业技术学院副院长宫国顺教授，包头铁道职业技术学院院长张澍东教授、广州铁路职业技术学院王亚妮教授、谢家的教授，北京铁路电气化学校林宏裔科长。此外，还要特别感谢以下做出重要贡献的老师，他们或建言献策、直抒己见，或主动担纲、揽承编写任务。他们是：杨旭清、祁瑒娟、刘德勇、郭艳红、林宏裔、谢奕波、赵先堃、江澜、支崇珏、于洪永、高秀梅、魏玉梅、曾洁、唐玲、严兴喜、袁兴伟、谢芸、杨柳、邓缬、王向东、张灵芝、龙剑、上官剑、饶金根、程波等。

教材是体现教学内容和教学方法的知识载体，是人才培养工作顺利开展的重要基础，需要社会关注与扶持。我社作为轨道交通特色出版社，一直坚持把服务高职院校教学与服务铁路企业人才培养作为出版社的重要工作之一，把规划、开发与出版更多的、更优质的轨道交通类教材作为首要任务并予以落实。希望本套教材的出版，能对高职院校的铁路专业教学与改革，对铁路企业、现场的职工培训与人才培养发挥重要作用，产生积极影响。

西南交通大学出版社

2016 年 7 月

前　言

　　高电压技术是研究电气设备的绝缘及其运行问题的学科，也是高等教育、电力系统及其自动化专业必修的专业课程之一。高电压技术是从事电力系统的设计、安装、调试及运行的工程技术人员必须掌握的专业知识，所以本课程在该专业中具有重要地位。本课程具有完整的理论体系，同时又具有很强的实践性。因此，本课程的学习对学生的基础理论、基本知识和实践经验、技能都有较好的培养和锻炼。

　　本书由辽宁铁道职业技术学院郭艳红、徐绍桐，内蒙古铁道职业技术学院车焕文共同编写完成。全书设置了"电介质的电气特性""高压电气设备及其绝缘""高压电气设备绝缘测量与试验""电力系统过电压及保护""电力系统暂时过电压"和"高压电气系统操作过电压"六个课题。其中课题一、课题二及相关习题和答案由辽宁铁道职业技术学院郭艳红编写，前言、课题三、课题四及相关习题与答案由辽宁铁道职业技术学院徐绍桐编写，课题五、课题六及相关习题与答案由内蒙古铁道职业技术学院车焕文编写。全书由于占伟老师任主审。

　　"高电压技术"课程的基本要求是了解电介质在高电压作用下的放电现象、影响因素和提高其抗电强度的措施；掌握电介质的主要电气特性；系统地掌握电气设备绝缘结构基本特性，解决电气设备在高电压下的绝缘问题；掌握各种试验设备和测量仪表的工作原理，试验目的、条件和方法；研究各种电气设备绝缘的抗电强度和检验其耐受过电压水平的电气试验手段；通过高压试验，能分析和处理试验中的各种现象，提高实践技能；掌握电力系统中雷电过电压和主要内部过电压的产生机理和影响因素；对按有关规程规定的且是电力系统中采用的行之有效的措施的过电压的各种保护装置和防雷接线，应掌握它们的工作原理和使用方法。

　　由于用电安全涉及多种学科，加之编者水平有限，书中疏漏之处在所难免，敬请广大读者批评指正。

编　者

2016 年 7 月

目　录

课题一 电介质的电气特性

本课提示：本课题学习研究的是固体和液体电介质的击穿和老化，以及电介质的极化、电导和损耗，固体电介质的三种击穿形式和液体电介质的击穿机理，分析影响击穿电压的因素和提高击穿电压的依据。对于极化、电导、损耗的概念以及三个对应物理量应着重予以理解；介质在直流电压下的吸收现象以及在交流电压下的 $\tan\delta$ 需予以掌握；对于夹层极化，在学习时需多花些时间才能理解。

本课题对气体（尤其是空气）绝缘介质在高电压作用下由绝缘变成导体（即发生击穿）的规律，以及气体介质在低气压短间隙的均匀电场中的击穿电压进行了定量的分析与计算，对气体介质在不均匀电场或高气压下的击穿电压进行了定性的分析。气体的绝缘理论是高电压绝缘的基础，要求着重理解和掌握气体放电的基本规律、汤逊理论和巴申定理。不均匀电场中的放电和沿面放电是重点，流注理论是难点。

电气设备中广泛采用固体、液体和气体作为绝缘介质。固体、液体电介质的绝缘强度比气体大得多，将其用作电气设备的内绝缘可以缩小结构尺寸；载流导体的支承需要固体；液体电介质还可兼作冷却与灭弧介质。然而固体、液体和气体电介质的击穿有各自的特点。本课讨论的是固体、液体和气体电介质的基本电气特性以及在一定的电场强度下电介质所发生的极化、电导、损耗、老化和气体间隙放电等物理过程与绝缘理论。

任务一 电介质的理论基础

一、电介质的极化

（一）极化和电介质的概念及介电系数

如图 1.1 所示为两个结构尺寸完全相同的平板电容器。图 1.1（a）中的电容器极板间为真空，在极板上施加直流电压 U 后，两极板上分别充有电荷量 $Q = Q_0$ 的正、负电荷。

因此对于图 1.1（a）有

$$Q_0 = C_0 U \tag{1-1}$$

$$C_0 = \frac{\varepsilon_0 A}{d} \tag{1-2}$$

式中　ε_0——真空的介电常数；

　　　A——电容极板的面积；

　　　d——极间距离；

　　　C_0——极板间为真空时的电容量。

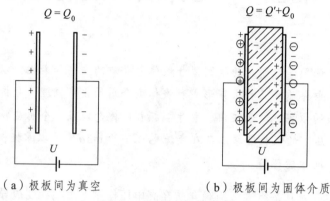

（a）极板间为真空　　　　　　　（b）极板间为固体介质

图 1.1　电介质的极化

图 1.1（b）是在图 1.1（a）所示电容器中的极板间放入一块厚度与极间距离相等的物质构成的电容器。物质被放入极板间就要受到电场的作用，其原子或分子结构中的正、负电荷在电场力的作用下产生位移而向两极分化，但仍束缚于原子或分子结构中而不能成为自由电荷。这种仍保持在物质结构中的电荷称为束缚电荷。

这种物质中的带电质点在电场作用下沿电场方向产生有限位移的现象称为极化，具有极化性质的物质称为电介质。

由于靠近极板的电介质两表面出现了束缚电荷，电介质靠近极板的两表面呈现出与极板上电荷相反的电极性，即靠近正极板的电介质表面出现负束缚电荷而呈现负的电极性；靠近负极板的电介质表面出现正束缚电荷而呈现正的电极性。

根据异极性电荷相吸的规律，在介质中束缚电荷的作用下，电容器就要从电源再吸取等量异极性电荷 Q' 到两极板上，使每个极板上电荷量变为 $Q = Q' + Q_0$。

对于图 1.1（b）有

$$Q = CU \tag{1-3}$$

$$C = \frac{\varepsilon A}{d} \tag{1-4}$$

式中　ε——固体电介质的介电常数；

　　　C——极板间有介质时的电容量。

比较式（1-1）与式（1-3）会发现：由于 $Q = Q' + Q_0 > Q_0$，U 不变，得到 $C > C_0$，则说明电介质极化的作用使电容量发生了变化。

平板电容器中放入不同的电介质时电容量 C 的变化不同，极板上的电荷量 Q 也不同，说明不同电介质具有不同的极化能力，因此 C / C_0 就表征了不同介质的极化能力的不同，即

$$\frac{C}{C_0} = \frac{\dfrac{\varepsilon A}{d}}{\dfrac{\varepsilon_0 A}{d}} = \frac{\varepsilon}{\varepsilon_0} = \varepsilon_r \tag{1-5}$$

ε_r 是表征电介质在电场作用下极化能力的物理量，称为电介质的相对介电系数，简称介电系数。其物理意义是电容极板间放入电介质后的电容量相对于极板间为真空时的电容量的倍数（或极板上的电荷量的倍数）。

ε_r 值由电介质的材料所决定。常用的固体、液体介质的 ε_r 大多为 2~5。气体分子间的间距很大，密度很小，因此各种气体的 ε_r 均接近于 1。不同电介质的 ε_r 值随温度、电源频率的变化规律一般是不同的。在工频电压下温度为 20 ℃ 时，一些常用电介质 ε_r 值如表 1.1 所示。

表 1.1　常用电介质的介电系数 ε_r 和电导率 γ

材料		名称	ε_r（工频，20 ℃）	γ（20 ℃，S·m^{-1}）
气体介质		空气	1.000 59	
液体介质	弱极性	变压器油	2.2	$10^{-13} \sim 10^{-10}$
		硅有机油	2.2~2.8	$10^{-13} \sim 10^{-12}$
	极性	蓖麻油	4.5	$10^{-11} \sim 10^{-10}$
		氯化联苯	4.6~5.2	$10^{-10} \sim 10^{-8}$
固体介质	中性	石蜡	1.9~2.2	10^{-14}
		聚苯乙烯	2.4~2.6	$10^{-16} \sim 10^{-15}$
		聚四氟乙烯	2	$10^{-16} \sim 10^{-15}$
	极性	松香	2.5~2.6	$10^{-14} \sim 10^{-13}$
		纤维素	6.5	10^{-12}
		胶木	4.5	$10^{-12} \sim 10^{-11}$
		聚氯乙烯	3.3	$10^{-14} \sim 10^{-13}$
		沥青	2.6~2.7	$10^{-14} \sim 10^{-13}$
	离子性	云母	5~7	$10^{-14} \sim 10^{-13}$
		电瓷	6~7	$10^{-13} \sim 10^{-12}$

（二）极化的基本形式

由于电介质分子结构的不同，极化过程所表现的形式也不同，极化的基本形式有以下四种。

1. 电子式极化

如图 1.2 所示为电子式极化示意图，其中图 1.2（a）是外电场 $E = 0$ 时的极化前电介质的中性原子（假设只有一个电子）；图 1.2（b）为外电场 $E \neq 0$ 而极化后的原子，其电子的运动轨道发生了变形，负电荷的作用中心（椭圆的中心）与正电荷的作用中心不再重合。这种由电子位移所形成的极化就称为电子式极化。

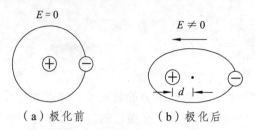

（a）极化前　　　　（b）极化后

图 1.2　电子式极化示意图

这种极化的特点为：

（1）极化所需的时间极短，为 $10^{-15} \sim 10^{-14}$ s。这是由于电子质量极小的缘故。因此这种极化在各种频率的外电场作用下均能产生，也就是说 ε_r 值不随频率的改变而变化。

（2）极化时没有能量损耗。这种极化具有弹性，即在外电场消失后，正、负电荷由于相互吸引而自动恢复到原来的状态，所以极化过程中无能量损耗。

（3）温度对极化的影响极小。

2. 离子式极化

固体无机化合物（如云母、玻璃、陶瓷等）的分子结构多数属于离子式结构，其分子由正、负离子构成。在无外电场作用时，每个分子中正离子的作用中心（将所有正离子集中于此点时作用效果相同的点）与负离子的作用中心是重合的，故每个分子不呈现电的极性，如图 1.3（a）所示。在外电场 E 作用下，正、负离子产生有限的位移，使两者的作用中心不再重合而发生了极化，如图 1.3（b）所示。这种极化就称为离子式极化。

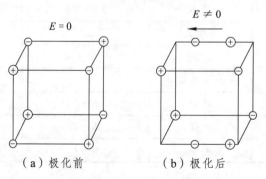

（a）极化前　　　　　　（b）极化后

图 1.3　离子式极化示意图

离子式极化的特点为：

（1）极化过程时间极短，为 $10^{-13} \sim 10^{-12}$ s，故极化（或 ε_r 值）不随频率的不同而变化。

（2）极化过程中无能量损耗。这是因这种极化也具有弹性的缘故。

（3）温度对极化有影响。温度升高时，离子间的结合力减弱，使极化程度增加；而离子的密度则随温度的升高而减小，使极化程度降低。综合起来，前者影响大于后者，所以这种极化随温度升高而增强，即 ε_r 具有正的温度系数（ε_r 值随温度升高而增大）。

3. 偶极子式极化

有些电介质的分子，如蓖麻油、氯化联苯、松香、橡胶、胶木等，在无外电场作用时，其正、负电荷作用中心是不重合的，这些电介质称为极性电介质。组成这些极性电介质的每个分子为一个偶极子（两个电荷极）。在没有外电场作用时，由于偶极子不停地作热运动，排列混乱，如图 1.4（a）所示，故介质邻近电极的两表面不呈现电的极性。在外电场作用下，偶极子受到电场力的作用而发生转向，顺电场方向呈有规则的排列，如图 1.4（b）所示，邻近电极两表面呈现出电的极性。这种由于极性电介质偶极子分子的转向所形成的极化就称为偶极子式极化。

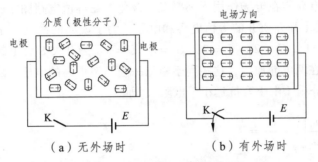

（a）无外场时　　　　　　（b）有外场时

图 1.4 偶极子式极化示意图

偶极子式极化的特点：

（1）极化所需时间较长为 $10^{-10} \sim 10^{-2}$ s，故极化与频率有较大关系。频率 f 很高时，由于偶极子的转向跟不上电场方向的改变，因而极化减弱。

（2）极化过程中有能量损耗。这种极化属非弹性极化，偶极子在转向时要克服分子间的吸引力和摩擦力而消耗能量。

（3）温度对偶极子极化的影响很大。温度高时，分子热运动妨碍偶极子顺电场方向排列的作用明显，极化减弱；温度很低时，分子间联系紧密，偶极子转向困难，极化也减弱。

以氯化联苯为例，其 ε_r、f、t 三者的关系如图 1.5 所示。

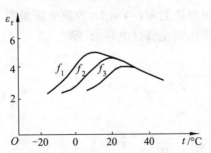

图 1.5 氯化联苯的 ε_r 与温度 t 的关系（$f_1 < f_2 < f_3$）

4. 夹层电荷极化

在实际中，高压电气设备的绝缘常采用几种不同电介质组成的复合绝缘。即便是采用单一电介质，由于其不均匀，也可以看成是由几种不同电介质组成的，这种情况下会发生夹层式极化。

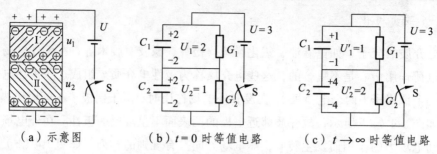

（a）示意图　　　　　（b）$t=0$ 时等值电路　　　　（c）$t\to\infty$ 时等值电路

图 1.6　夹层式极化物理过程示意图

下面以平板电容电极间的双层电介质为例来说明夹层式极化的过程。如图 1.6（a）所示，当开关 S 合上，两电介质在电场作用下都要发生极化。在等值电路图 1.6（b）中，C_1、C_2、G_1、G_2 分别为介质 I 和介质 II 的等值电容和电导，为了说明的简便，全部参数只标数值，略去单位。设：$C_1=1$，$C_2=2$，$G_1=2$，$G_2=1$，$U=3$。当开关 S 合上的 $t=0$ 时刻，电压突然从零升至 U 作用在两电介质上，这相当于施加一个频率很高的电压，故此时两电介质上的电压按电容量反比分压（由于容抗远小于电阻），即

$$\left.\frac{u_1}{u_2}\right|_{t=0}=\frac{C_2}{C_1}=\frac{2}{1}$$

由于 $u_1+u_2=U=3$，所以

$$u_1|_{t=0}=U_1=2 \ , \quad u_2|_{t=0}=U_2=1$$

此时两等值电容上电荷分别为

$$Q_1|_{t=0}=C_1U_1=2 \ , \quad Q_2|_{t=0}=C_2U_2=2$$

总等值电容为　　$\left.C\right|_{t=0}=\dfrac{Q}{U}=\dfrac{2}{3}$

这表明加压瞬间，I、II 两电介质分界面上下的正、负电荷相当，分界面处并不呈现电的极性。

之后，合闸后达到稳态（理论上为 $t\to\infty$），等值电路如图 1.6（c）所示，此时两介质上的电压按电导反比分压（由于电流全流过电导），即

$$\left.\frac{u_1}{u_2}\right|_{t\to\infty}=\frac{G_2}{G_1}=\frac{1}{2}$$

由于 $u_1+u_2=U=3$，所以

$$u_1|_{t\to\infty}=U_1'=1 \ , \quad u_2|_{t\to\infty}=U_2'=2$$

此时两等值电容上电荷分别为

$$Q_1|_{t\to\infty}=C_1U_1'=1 \ , \quad Q_2|_{t\to\infty}=C_2U_2'=4$$

总等值电容为 $C|_{t\to\infty} = \dfrac{Q}{U} = \dfrac{4}{3}$。

这使得达到稳恒状态后两电介质分界面上的正、负电荷不相等（在此例中夹层分界面上电荷总量多出+3，发生电荷积聚），在两介质交界面处显示出正的电极性来。我们将这种使夹层电介质分界面上出现电荷积聚的过程称为夹层式极化。夹层式极化也使等值电容增大。

夹层式极化过程是很缓慢的，也就是说经过一个缓慢的极化过程后，夹层介质的分界面上才呈现出某种电荷的极性来。

对于这个例子，夹层式极化过程就是 C_1 上电压从 2 降至 1，C_2 上电压从 1 升至 2 的过程。而这种电压的升降都是通过 G_1、G_2 进行的。由于电介质的电导非常小（电阻非常大），则对应的时间常数（RC）非常大，这就是夹层极化过程非常缓慢（一般为几秒到几十分钟，甚至长达几小时）的缘故，因此这种极化只有在频率不高时才有意义。显然，夹层极化过程中有能量损耗。

既然分界面上电荷积聚的过程是缓慢的，那么此电荷的释放过程也将是缓慢的。因此，具有夹层绝缘的设备断开电源后，应短接进行彻底放电以免危及人身安全，大容量电容器不加电压时要短接即为此原因。

了解电介质的极化，在工程上是很有意义的。例如，选择电容器中的绝缘材料时，选 ε_r 大的材料，这样电容器单位电容量的体积和质量都可减小。而选择其他电气设备绝缘材料时，一般希望 ε_r 小一些，例如选用 ε_r 小一些的材料作交流电力电缆的绝缘可减小电缆工作时的充电电流以及因极化引起的发热损耗。由于多种电介质串联时，各电介质中的电场强度与它们的介电系数 ε_r 成反比，因此在几种绝缘材料组合使用时，要注意各绝缘介质 ε_r 值的合理搭配，以使各绝缘介质层中的电场强度尽量分布均匀。

二、电介质的电导

（一）电介质电导的概念与电导率

电介质的基本功能是将不同电位的导体分隔开，它应是不导电的，但这种不导电并非绝对不导电，而是导电性非常差。在电介质内部存在数量很少的带电粒子，它们在电场作用下（当加上电压后）会不同程度地作定向移动而形成传导电流，这一过程叫作电介质的电导过程。那么电介质（或导体）在电导过程中的导电能力的大小就叫电导，常用 G 表示（G 的倒数就是电阻 R），G 的单位是西门子（S）。表征物质电导能力的物理量为电导率 γ（γ 的倒数就是电阻率 ρ），γ 的单位是西门子每米（S·m^{-1}）。与导体的导电过程相比，在电介质电导过程中所流过的电导电流是非常小的，所以电介质的电导很小。电介质电导率一般为 10^{-22} ~ 10^{-8} S·m^{-1}，而导体的电导率为 10^4 ~ 10^8 S·m^{-1}，可见两者差别之大。常用电介质的电导率如表 1.1 所示。

（二）电介质电导的特性

1. 离子性电导

电介质的电导过程与导体的电导过程之间的差别不仅在于形成电流的能力（这取决于带电粒子数量的多少）差别很大，而且其本质也是截然不同的。电介质中的少量带电粒子主要是离子，所以电介质电导为离子性电导；而金属导体的电导性质为电子性电导，即形成电导电流的带电粒子为金属的大量自由电子。

2. 温度的影响

电介质电导与温度有密切的关系。温度越高，离子的热运动越剧烈，就越容易改变原有受束缚的状态，因而在电场作用下作定向移动的离子数量和速度都要增加，即电导随温度升高而增大。电导增大的规律近似按指数规律。温度为 t °C 时的电导率和电阻率分别为

$$\gamma_t = \gamma_{20} e^{\alpha(t-20)} \tag{1-6}$$

$$\rho_t = \rho_{20} e^{-\alpha(t-20)} \tag{1-7}$$

式中　　γ_{20}，ρ_{20}——20 °C 时的电导率和电阻率；

　　　　α——绝缘材料的温度系数。

（三）电介质在直流电压作用下的吸收现象

一固体电介质加上直流电压 U，如图 1.7（a）所示，然后观察开关 S_1 合上之后流过介质的电流 i 的变化情况。可以观察到电路中的电流从大到小随时间衰减，最终稳定于某一数值，此现象就称为"吸收"现象。将此电流画成曲线，如图 1.7（b）所示。电流 i 的曲线也称为吸收曲线。这里的"吸收"是比较形象的说法，好像有一部分电流被介质吸收掉似的，以至于电流慢慢减小。根据电介质在电压作用下发生的极化和电导过程，就不难解释为什么会出现"吸收"现象了。在直流电压作用下，电介质的等值电路如图 1.8 所示。显然，流过介质的电流 i 由三个分量组成，即

$$i = i_C + i_A + i_G \tag{1-8}$$

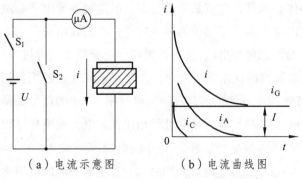

（a）电流示意图　　（b）电流曲线图

图 1.7　直流电压下流过电介质的电流

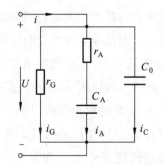

图 1.8　直流电压下电介质等值电路

其中，i_C 为纯电容电流，它存在时间极短，很快衰减至零；i_A 为有损极化所对应的电流，即夹层极化和偶极子式极化时的电流，它随时间衰减，被称为吸收电流。吸收电流衰减的快慢程度取决于介质的材料及结构等因素，普通设备吸收电流一般 1 min 即衰减至零，但大的设备（如大型变压器、发电机）可达 10 min；i_G 为电介质中少量离子定向移动所形成的电导电流，它不随时间变化，i_G 的数值非常小，一般以 μA（微安）为单位来计量，称为泄漏电流（也是形象说法），泄漏电流为纯阻性电流。

泄漏电流所对应的电阻 $R = U / i_G$ 称为绝缘电阻。绝缘电阻一般都以 MΩ（即 $10^6 \Omega$）为单位计量。绝缘电阻的大小取决于绝缘介质的电阻率、尺寸大小、温度等因素。而泄漏电流的大小除了与上述因素有关之外，还与施加电压的高低有关。将上述三个电流 i_C、i_A、i_G 在每个时刻叠加起来就得到流过介质的电流 i，如图 1.7（b）所示，此电流是可以用微安（μA）表直接测量出来的。这就说明了为什么会出现吸收现象。根据上述分析可以看到：加上直流电压后，经过一定时间（一般为 1 min），极化过程结束，仅存在电导过程，流过介质的电流 i 等于泄漏电流，此时对应的电阻即为绝缘电阻，这就是工程应用上测量泄漏电流和绝缘电阻的基本原理。

（四）固体电介质的体积绝缘电阻与表面绝缘电阻

对于固体电介质，测量泄漏电流（或绝缘电阻）时若不采取特别措施，就像图 1.7（a）那样，那么测到的泄漏电流（或绝缘电阻）实际上还包括表面泄漏电流（或表面绝缘电阻），即测得电流（或绝缘电阻）为流过介质内部的泄漏电流与流过介质表面泄漏电流之和（或体积绝缘电阻与表面绝缘电阻的并联值）。这样当介质表面脏污或受潮时，所测到泄漏电流偏大（或绝缘电阻偏小），就不能根据泄漏电流值（或绝缘电阻值）来判断电介质内在绝缘性能的好坏，为此在测量中要采取措施消除表面泄漏所造成的影响。

了解电介质的电导过程和吸收现象，在工程实际中是有意义的。比如以此为依据，通过绝缘电阻、泄漏电流以及后面要讲的吸收比、极化指数的测量来判断绝缘性能的好坏。又比如高压电机定子绕组出槽口部分和高压套管法兰附近的表面涂半导体漆来减小其表面绝缘电阻，以降低这些部位表面的电场强度，消除电晕，从而提高沿面闪络电压。

三、电介质的损耗

（一）介质损耗的基本概念

1. 介质损耗

电介质在电场作用下（加电压后），要发生极化过程和电导过程。有损极化过程有能量损耗；电导过程中，电导性泄漏电流流过绝缘电阻，因而也有能量损耗。损耗程度一般用单位时间内损耗的能量，即损耗功率表示。这种电介质出现功率损耗的过程称为介质损耗。显然，介质损耗过程伴随极化过程和电导过程同时进行。介质损耗掉的能量（电能）变成了热能，使电介质温度升高。若介质损耗过大，则电介质温度将升得过高，这将加速电介质的热分解与老化，最终可能导致其完全失去绝缘性能，所以研究介质损耗有十分重要的意义。

2. 介质损耗的基本形式

（1）电导损耗。电导损耗为在电场作用下由泄漏电流引起的损耗。泄漏电流与电场频率无关，故这部分损耗在直流、交流下都存在。气体电介质以及绝缘良好的液、固体电介质，它们的电导损耗都不大；液、固体电介质的电导损耗随温度升高而按指数规律增大。

（2）极化损耗。极化损耗为偶极子与空间电荷极化引起的损耗。在直流电压作用下，由于极化过程仅在电压施加后很短时间内存在，与电导损耗相比可忽略；而在交流电压作用下，由于电介质随交流电压极性的周期性改变而作周期性的正向极化和反向极化，极化始终存在于整个加压过程之中。极化损耗在频率不太高时随频率升高而增大。但频率过高时，极化过程反而减弱，损耗也减小。极化损耗与温度也有关，温度不太高时随温度升高而增大，但温度过高时，极化过程减弱，损耗减小。

（3）游离损耗。游离损耗主要是指气体间隙的电晕放电以及液体、固体介质内部气泡中局部放电所造成的损耗。这是因为放电时，产生带电粒子需要游离能，放电时出现光、声、热、化学效应也要消耗能量。游离损耗随电场强度的增大而增大。

（二）介质损耗角正切 $\tan\delta$

由上可见，在直流电压的作用下，介质损耗主要为电导损耗，因此，电导率 γ 或电阻率 ρ 既表征介质电导的特性，同时也表征了介质损耗的特性。但在交流电压 u 的作用下，上述三种形式的损耗都存在，为此需引入一个新的物理量来表征介质损耗的特性，这个物理量就是 $\tan\delta$。

1. 并联等值电路及损耗功率的计算公式

电介质两端施加一交流电压 $\dot{U}$ 时，就有电流 $\dot{I}$ 流过介质。$\dot{I}$ 由三个电流分量组成：

$$\dot{I} = \dot{I}_C + \dot{I}_A + \dot{I}_G \tag{1-9}$$

式中　$\dot{I}_G$——电导过程的电流，为阻性电流，与 $\dot{U}$ 同相位；

　　　$\dot{I}_C$——无损极化电流；

　　　$\dot{I}_A$——有损极化电流。

对应的等值电路如图 1.9（a）所示，此等值电路可进一步简化成如图 1.9（b）所示的由 R 和 C_P 相并联的等值电路，其中 R、C_P 分别为等效电阻、电容。此并联等值电路的相量图如图 1.9（c）所示。

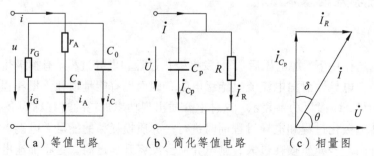

（a）等值电路　　　（b）简化等值电路　　　（c）相量图

图 1.9　交流电压下电介质的等值电路及相量图

我们定义功率因数角 θ 的余角为 δ 角。由相量图可见，介质损耗功率越大，$\overset{\cdot}{I}_R$ 越大，δ 角也越大，因此 δ 角称为介质损失角。对此并联等值电路，可写出介质损耗功率 P 的计算公式：

$$P = UI_R = UI_{C_P} \tan\overset{\cdot}{\delta} = U^2 \omega C_P \tan\delta \qquad (1\text{-}10)$$

当然，图 1.9（b）的电路也可以简化成由 r 和 C_s 相串联的等值电路，可以证明：

$$C_s = (1 + \tan^2\delta)C \ , \quad r = R\tan\delta^2 \qquad (1\text{-}11)$$

当 $\tan\delta$ 很小时：$C_s \approx C$。

对于串联等值电路，同样可以推出损耗功率的计算公式：

$$P = U^2 \omega C_s \tan\delta \qquad (1\text{-}12)$$

2. $\tan\delta$ 值的意义

从介质损耗功率 P 的计算公式看，我们若用 P 来表征介质损耗的程度是不方便的，因为 P 值与试验电压 U 的高低、试验电压的角频率 ω（$\omega = 2\pi f$）、电介质等值电容量 C_P（或 C_s）以及 $\tan\delta$ 值有关。而若在试验电压、频率、电介质尺寸一定的情况下，那么介质损耗功率仅取决于 $\tan\delta$，换句话说，也就是 $\tan\delta$ 是与电压、频率、绝缘尺寸无关的量，它仅取决于电介质的损耗特性。所以 $\tan\delta$ 是表征介质损耗程度的物理量，与 ε_r、γ 相当。这样，我们可以通过试验测量电介质的 $\tan\delta$ 值，来判断介质损耗的程度。各种固体电介质的 $\tan\delta$ 值如表 1.2 所示。

表 1.2　各种结构固体电介质的 $\tan\delta$ 值（1 MHz，20 ℃ 时）

电介质结构		名　称	$\tan\delta$
分子结构	非极性分子	石蜡，聚苯乙烯，聚四氟乙烯	小于 0.000 2
	极性分子	纤维素，有机玻璃	0.01～0.015
离子结构	晶格结构紧密	石盐，刚玉	小于 0.000 2
	晶格结构不紧密	多铝红柱石	0.015
	晶格畸变的晶体	锆英石	0.02
	无定型结构	硅酸铅玻璃，硅碱玻璃	0.001，0.01
不均匀结构		绝缘子瓷，浸渍纸绝缘	0.01

（三）影响 $\tan\delta$ 值的因素

影响 $\tan\delta$ 值的因素主要有温度、频率和电压。

1. 温度对 $\tan\delta$ 值的影响

温度对 $\tan\delta$ 值的影响随电介质分子结构的不同有显著的差异。中性或弱极性介质的损耗主要由电导引起，故温度对 $\tan\delta$ 值的影响与温度对电导的影响相似，即 $\tan\delta$ 随温度的升高而按指数规律增大，且 $\tan\delta$ 较小。

极性介质中，极化损耗不能忽略，$\tan\delta$ 值与温度的关系如图 1.10 所示。当温度 $t < t_1$ 时，由于温度较低，电导损耗与极化损耗都小，电导损耗随温度升高而略有增大，而极化损耗随温度升高也增大（黏滞性减小，偶极子转向容易），所以 $\tan\delta$ 随温度升高而增大。

当温度 $t_1 < t < t_2$ 时，温度已不太低，此时分子的热运动会妨碍偶极子沿电场方向作有规则的排列，极化损耗随温度升高而降低，而且降低的程度又要超过电导损耗随温度升高的程度，因此 $\tan\delta$ 随温度升高而减小。当温度在 $t > t_2$ 时，温度已很高，电导损耗已占主导地位，$\tan\delta$ 又随温度升高而增大。

2. 频率对 $\tan\delta$ 值的影响

频率对 $\tan\delta$ 值的影响主要体现于频率对极化损耗的影响。$\tan\delta$ 与频率 ω 的关系如图 1.11 所示。在频率不太高的一定范围内，随频率的升高，偶极子往复转向频率加快，极化程度加强，介质损耗增大，$\tan\delta$ 值增大。当频率超过某一数值后，由于偶极子质量的惯性及相互间的摩擦作用，偶极子来不及随电压极性的改变而转向，极化作用减弱，极化损耗下降，$\tan\delta$ 值降低。

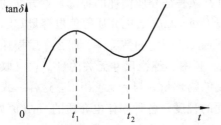 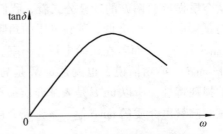

图 1.10　极性电介质 $\tan\delta$ 值与温度的关系　　　图 1.11　$\tan\delta$ 与角频率的关系

3. 电压对 $\tan\delta$ 值的影响

电压对 $\tan\delta$ 值的影响主要表现为电场强度对 $\tan\delta$ 值的影响。在电场强度不很高的一定范围内，电场强度增大（由于电压升高），介质损耗功率变大，但 $\tan\delta$ 几乎不变。当电场强度达到某一较高数值时，随着介质内部不可避免存在的弱点或气泡而发生局部放电，$\tan\delta$ 随电场强度升高而迅速增大。因此，在较高电压下测 $\tan\delta$ 值，可以检查出介质中夹杂的气隙、分层、龟裂等缺陷。此外，湿度对暴露于空气中电介质的 $\tan\delta$ 影响也很大。介质受潮后，电导损耗增大，$\tan\delta$ 也增大。例如绝缘纸中水分含量从 4% 增加到 10%，$\tan\delta$ 值可增大 100 倍。然而，假如 $\tan\delta$ 值的测试是在温度低于 0 ℃ 时进行，含水量增加，$\tan\delta$ 反而不会增大，这是因为此时介质中的水分已凝结成冰，导电性又变差，电导损耗变小的缘故。为此，在进行绝缘试验时规定被试品温度不低于+5 ℃，这对 $\tan\delta$ 的测试尤为重要。在工程实际中，通过 $\tan\delta$ 以及 $\tan\delta = f(u)$ 曲线的测量及判断，对监督绝缘的工作状况以及老化的进程有非常重要的意义。

四、电介质的老化

电介质的老化大致可分三类：电老化、热老化和环境老化。环境老化由大气条件下的光、氧、臭氧、盐、雾、酸、碱等因素引起。环境老化主要对暴露于户外大气中的外绝缘有较大的影响。对于高压电气设备的绝缘，主要是电老化和热老化。

1. 电老化

电老化是指在电场作用下的老化,并且主要来自于介质中的局部放电,故有时也称为局部放电老化。由于液体、固体电介质中不可避免地存在气泡、气隙等缺陷以及电场分布的不均匀,这些气泡、气隙中或固体介质表面局部场强达到一定值以上时,就会发生局部放电。这种局部放电并不会马上形成贯穿性通道,介质并不发生击穿,但长期局部放电所带来的机械作用(带电粒子的撞击)、热作用(局部放电产生高温)、氧化作用(局部放电产生腐蚀性气体)使介质逐渐老化。随着老化程度加剧,严重时可使绝缘在工作电压下发生击穿或沿面闪络。所以对于高压(尤其是超高压)电气设备绝缘中局部放电必须予以高度重视。

2. 热老化

热老化是指电介质在受热作用下所发生的劣化。固体电介质的热老化过程包括热裂解、氧化裂解、交联,以及低分子挥发物的逸出,主要表现为机械强度降低(如失去弹性、变脆)以及电性能变差。液体介质如绝缘油的热老化为电介质在热作用下的氧化,而氧化所需的氧气为油箱中残留的空气,或者油中纤维因热分解产生的氧气。绝缘油氧化后酸价升高颜色加深,黏度增大,绝缘性能降低。

热老化的进程与电介质工作温度有关。绝缘油的温度低于 60 ~ 70 ℃ 时,热老化(或者说氧化)速度很慢,高于此温度后热老化的作用就显著了,大约温度每升高 10 ℃,油的氧化速度就增大一倍。当温度超过 115 ~ 120 ℃ 时,其情况就大有不同,不仅出现氧化的进一步加速,还可能伴有油本身的热裂解,在这一温度下,绝缘油的降解机理可能发生改变。为此,绝缘油的运行或处理过程中,都应避免油温过高。固体介质的绝缘材料,为了保证绝缘具有必要的较长寿命,通常规定了各类绝缘材料的最高允许温度,根据不同的耐热性能划分成七个耐热等级,如表 1.3 所示。

表 1.3　绝缘材料的耐热等级

耐热等级	最高允许温度（℃）	材　　料
Y（0）	90	未浸渍的棉纱、丝、纸及其组合物
A	105	浸渍剂浸渍的或浸入油中棉纱、丝、纸及其组合物
E	120	合成有机膜、合成有机漆等
B	130	用有机胶粘剂黏合或浸渍剂浸渍的云母、石棉、玻璃纤维等无机物
F	155	用相应的合成树脂黏合或浸渍的无机物
H	180	耐热硅有机树脂、硅有机漆或用它们浸渍的无机物
C	>180	硅塑料、聚酰亚胺以及与玻璃纤维、云母、陶瓷的组合物;未浸渍的玻璃、云母、石英、氧化铝、氧化镁等无机物

对于 A、E 级绝缘,在最高允许工作温度下持续运行时的寿命约为 10 年。若运行温度低于此最高允许温度,绝缘寿命会大大延长,一般能安全运行 20 ~ 25 年。反之,若工作温度超过表 1.3 中规定的最高允许值,绝缘将加速老化,绝缘寿命缩短。对 A 级绝缘,工作温度每

增加 8 ℃，寿命便缩短一半左右，这通常称为热老化的 8 ℃规则。对 B 级和 H 级绝缘，则温度分别每升高 10 ℃与 12 ℃，寿命也将缩短一半左右。

任务二　固体的电气特性

固体电介质的击穿主要有两个特点：一是固体电介质的击穿场强一般比液体、气体电介质高，例如在均匀电场中，云母的工频击穿场强可达 2 000~3 000 kV/cm；二是固体电介质击穿后其绝缘性能不能恢复，在介质中留有不能恢复的痕迹，如贯穿两电极的熔洞、烧穿的孔道、开裂等。

一、固体电介质的击穿形式

固体电介质有三种击穿形式。不同形式的击穿过程不同，击穿场强和击穿时间也不同。

1. 电击穿

固体电介质的电击穿过程，是因电场破坏介质晶格结构导致击穿。电击穿的主要特征是：击穿电压高（相对于另外两种击穿形式）；击穿过程极快；击穿前发热不显著；与环境温度无关。当介质损耗很小，又有良好散热条件，以及介质内部不存在局部放电时的击穿通常为电击穿。

2. 热击穿

当固体电介质加上电压，由于损耗而发热，介质温度升高，而介质的电阻具有负的温度系数，即温度升高电阻变小，这又使电流进一步增大，发热也跟着增大，直至达到某个温度时，发热量等于散热量，达到热的平衡，温度不再升高，介质不击穿。然而，当电压升高至某一临界值（称为临界热击穿电压）时，在所有温度下，发热量总是大于散热量，因此介质温度将持续上升，引起介质的局部分解、熔化、烧焦等，使介质击穿，这就是热击穿。由于热击穿是在温度升至很高情况下导致的，这当然需要一定的电压作用时间。

热击穿的主要特点为：发生热击穿时，介质温度（尤其是击穿通道处的温度）特别高，击穿电压与电压作用时间、周围温度以及散热条件有关。

3. 电化学击穿

固体电介质受到电、热、化学和机械力的长期作用，其绝缘性能以及其他性能的劣化，称为绝缘的老化。由于绝缘老化而最终导致发生热击穿或电击穿，称为电化学击穿。电化学击穿通常是在长期电压作用以后（数十小时至若干年）逐步发展形成的，它与固体电介质本身的耐游离性能、制造工艺、工作条件等都有密切的关系。此外，电化学击穿是在其绝缘性能下降之后的击穿，其击穿电压要比电击穿和热击穿的击穿电压低，所以对固体电介质的老化和由于老化引起的电化学击穿应予以足够的重视。

二、影响固体电介质击穿电压的因素

1. 电压作用时间

电压作用时间对击穿电压的影响很大。通常，对于多数固体电介质，其击穿电压随电压作用时间的延长而明显地下降，且明显存在临界点。如图 1.12 所示为常用的电工纸板击穿电压相对于 1 min 的工频击穿电压的百分比 U_{F}/U_{1min}（％）与电压作用时间 t 的关系。

从图中可以看出，在时间很短的冲击电压作用下，击穿电压约为 1 min 的工频击穿电压（幅值）U_{1min} 的 300%，且电压作用时间再增加的一段范围内，击穿电压与电压作用时间几乎无关，属于电击穿范围，因为在这段时间内，热与化学的影响都来不及起作用。在此区域，当时间处于微秒级时（与放电时延相近），击穿电压随电压作用时间缩短而升高。随击穿时间的增加，击穿电压显著下降，这只能用发展较慢的热过程来解释，即击穿属于热击穿。如果电压作用时间更长，击穿电压仅为工频 1 min 的击穿电压的几分之一，这表明，此时由于绝缘老化，绝缘性能降低后纸板发生了电化学击穿。

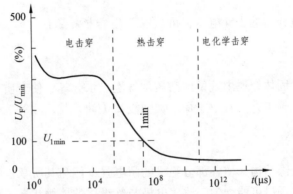

图 1.12　油浸电工纸板的击穿电压与加压时间关系（25 ℃）

2. 电场均匀程度与介质厚度

均匀电场中的击穿场强要高于不均匀电场中的击穿场强。均匀电场中的击穿电压随介质厚度增加近似呈线性关系，而在不均匀电场中的击穿电压不随介质厚度的增加而线性增加。这是因为厚度增加，电场不均匀程度也增加的缘故。还要注意的是：随着介质厚度的增加，散热条件也变差，所以当厚度增加到可能出现热击穿时，采用增加厚度来提高击穿电压的意义不大。

3. 电压种类

同一固体电介质、相同电极情况下，直流电压作用下的击穿电压要高于工频交流电压（幅值）下的击穿电压，这是由于在直流电压下介质损耗主要为电导损耗，而在工频交流电压下还包括极化损耗甚至还有游离损耗。另外，因为极化损耗随频率升高而增大，高频交流击穿电压要高于工频交流击穿电压。由于冲击电压作用时间短而使冲击击穿电压更高。

4. 电压作用的累积效应

固体电介质在冲击电压作用下，有时虽未形成贯穿的击穿通道，但已在介质中形成局部损伤或局部击穿，在多次冲击电压作用下这种局部损伤或不完全击穿会扩大而导致击穿，所以冲击击穿电压随加压次数增多而下降，这就是击穿电压的累积效应。大部分有机材料都有明显的累积效应。

5. 受　潮

固体电介质受潮后击穿电压会迅速下降，其下降程度与材料吸潮性有关。对于不易吸潮的聚乙烯、聚四氟乙烯等中性介质，吸潮后的击穿电压就可大约降低一半，而对于易吸潮的棉纱、纸等纤维材料，吸潮后击穿电压可能仅为干燥时的百分之几甚至更低。所以高压电气设备的绝缘不但在制造时要注意除去水分，而且运行中还要注意防潮，并定期进行受潮情况的检测。

三、提高固体电介质击穿电压的措施

为了提高固体电介质的击穿电压，可从以下几个方面着手：

1. 改进制造工艺

如尽可能地清除固体介质中残留的杂质、气泡、水分等，使介质尽可能均匀致密。这可以通过精选材料、改善工艺、真空干燥、加强浸渍（油、胶、漆等）等方法来达到。

2. 改进绝缘设计

如采用合理的绝缘结构，使各部分绝缘的耐电强度能与其所承担的场强有适当的配合；改进电极形状，使电场尽可能均匀。改善电极与绝缘体的接触状态，以消除接触处的气隙或使接触处的气隙不承受电位差（如采用半导体漆）。

3. 改善运行条件

如注意防潮，防止尘污和各种有害气体的侵蚀，加强散热冷却（如自然通风、强迫通风、氢冷、水内冷等）。

任务三　液体的电气特性

用于高压电气设备中的液体电介质除了用作绝缘之外，还起冷却（如在油浸式电力变压器中）以及灭弧（如在油断路器中）作用。目前常用的液体电介质主要是从石油中提炼出来的碳氢化合物的矿物油，除此之外还有蓖麻油、人工合成的硅油、十二烷基苯等，但它们不如矿物油应用广泛。根据用途不同，这些液体电介质分别称为变压器油、电容器油和电缆油。下面以变压器油为例讨论液体电介质的击穿。

一、变压器油的击穿机理

纯净液体电介质的击穿过程是由液体中带电质点的碰撞游离导致击穿的，其击穿场强很高（达 1 MV/cm），因此讨论这种纯净液体电介质的击穿并无实际意义。

工程实际中使用的液体电介质不可能是纯净的，在液体电介质的生产、运行中不可避免要混入杂质。这些杂质主要是气体、水分和纤维。正由于杂质的存在，液体电介质的击穿过程与纯净液体电介质（或气体介质）是不同的，击穿场强也不同，如变压器油击穿场强为 120 ~ 250 kV（幅值）/cm。对于工程上所使用的含有杂质液体电介质的击穿过程可用"小桥"理论来解释。液体电介质中的水分和纤维的介电系数很大（分别为 81 和 6 ~ 7），它们在电场作用下很容易极化，受电场力吸引且被拉长，并且逐渐沿电场方向头尾相连排列成"小桥"。如果此"小桥"贯穿电极，则由于组成此"小桥"的水分和纤维的电导较大，使流过"小桥"的泄漏电流增大，发热增加，使水分汽化和小桥周围的油分解或汽化，即形成气泡。这种气泡也可以是液体电介质中原先存在的（即气体杂质所形成）。由于气泡中的电场强度要比油中高得多（与介电系数成反比），而气泡中气体的击穿强度又比油低得多，所以一旦气泡在电场作用下排列连成贯通两电极的"小桥"，击穿就在此气泡通道中发生。换句话说，一旦油中形成气泡"小桥"就发生击穿。油中的水分和纤维形成"小桥"，并不马上击穿，而仍要发展成气泡"小桥"才击穿，所以"小桥"理论也称为气泡击穿理论。

二、影响液体电介质击穿电压的因素

液体电介质击穿电压的大小既决定于其自身品质的优劣，也与外界因素，如温度、电压有关。

1. 液体电介质的自身品质

液体电介质的品质决定于其所含杂质的多少。含杂质越多，品质越差，击穿电压越低。变压器油的品质通常采用标准油杯中变压器油的工频击穿电压来衡量。由于在均匀电场中杂质对击穿电压的影响要比在不均匀电场中大，所以标准油杯中电极做成如图 1.13 所示的电极2 的形状。

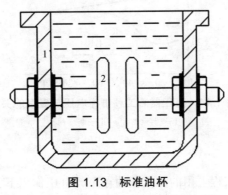

图 1.13　标准油杯

1—绝缘外壳；2—黄铜电极

下面具体讨论影响品质的各种因素与击穿电压的关系。

（1）含水量。含水量对液体电介质击穿电压影响较大。当含水量极微小时，水分均以溶解状态存在，它对击穿电压影响不大。当含水量增加到超过溶解度时（25 ℃ 时水在变压器油中的溶解度为 50 ppm，1 ppm 为百万分之一的体积含量即 10^{-6}），多余的水分常以悬浮状态出现。这种悬浮状态的小水滴在电场作用下极化并形成小桥，导致击穿，所以击穿电压随含水量增加而降低。当含水量超过 0.02%时，多余的水分沉淀到容器底部，击穿电压不再降低。

（2）含纤维量。含纤维量越多，越易形成纤维小桥，则击穿电压越低。由于纤维具有很强的吸附水分能力，所以吸湿的纤维对击穿电压影响更大。

（3）含气量。当含气量很小时，溶解状态的气体对击穿电压影响很小。但当含气量增加而出现自由状态的气体时，将使击穿电压随含气量增加而降低。

2. 温　度

温度对液体电介质击穿电压的影响随介质的品质、电场的均匀程度以及电压种类的不同而异。如图 1.14 所示在标准油杯中变压器油的工频击穿电压与温度 U-t 的关系。干燥的变压器油 U-t 关系为曲线 I，是直且比较平的图线，即干燥的变压器油的击穿电压随温度的升高有所降低；而受潮的变压器油的 U-t 关系为曲线 II，当温度由 0 ℃ 开始逐渐上升时，水在油中的溶解度逐渐增大，原来悬浮状态的水分逐渐转化为溶解状态，故油的击穿电压逐渐升高；当温度超过 60～80 ℃ 时，温度再升高，则水分开始汽化，油亦将逐渐汽化，产生气泡，又使击穿电压降低，从而在 60～80 ℃ 时出现最大值。在 0～5 ℃ 时，油中水分是悬浮状态为最多，此时小桥最易形成，故击穿电压达最小值。温度再降低，水滴将凝结成冰粒，其介电系数与油相近，电场畸变减弱，再加上油黏度增大，小桥不易形成，故此时变压器油的击穿电压随温度的下降反而提高。曲线 I、II 相比较，显示了受潮的变压器油的击穿电压比干燥的变压器油低。

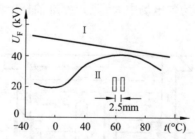

图 1.14　变压器油工频击穿电压与温度的关系

I —干燥的油；II —潮湿的油

3. 压　力

不论电场均匀与否，工程上用的变压器油在工频电压作用下，其击穿电压均随压力增加而增大，因为压力增大时，气体在油中溶解度增大。

4. 电压作用时间

液体电介质的击穿过程存在发热现象，伴随有温度的升高，而温度的升高需要一定的时间。当电压非常高时，在加压后短至几个微秒时的击穿表现为电击穿，此时杂质形成小桥的作用来不及显示出来，因此击穿电压很高。当电压作用时间大于毫秒级时，击穿将发展为热击穿，一般情况下液体电介质的击穿都属于热击穿。击穿电压随电压作用时间增加而降低。但在油不太脏的情况下，1 min 的击穿电压与长时间的击穿电压相差不大。为此，变压器油的工频耐压试验（即品质试验）通常加压 1 min。

5. 电场均匀程度

电场愈均匀，水分等杂质对击穿电压的影响愈大，击穿电压的分散性也愈大，击穿电压也愈高。当绝缘油的纯度较高时，改善电场的均匀程度使工频交流或直流电压下的击穿电压明显提高。而品质较差的绝缘油，杂质的聚集和排列已使电场畸变，改善电场以提高击穿电压的作用并不明显。

三、提高液体电介质击穿电压的措施

由于杂质对液体电介质击穿电压有很大影响，所以要提高击穿电压，首先要减少杂质，其次是降低杂质对击穿电压的影响。具体措施主要有：

1. 过　滤

将绝缘油在压力下连续通过装有大量事先烘干的过滤纸层的过滤机，将油中炭粒、纤维等杂质滤去，油中部分水分及有机酸也被滤纸所吸收。运行中，常采用此法来恢复绝缘油的绝缘性能。

2. 防　潮

油浸式绝缘在浸油前必须烘干，必要时可用真空干燥法去除水分。有些电气设备如变压器，不可能全密封时，则可在呼吸器的空气入口处放置干燥剂，以防止潮气进入。

3. 脱　气

常用的脱气办法是将油加热、喷成雾状，且抽真空，除去油中的水分和气体。电压等级较高的油浸绝缘设备，常要求在真空下灌油。

4. 添加固体电介质

采用固体电介质可以降低绝缘油中杂质的影响，常采用的措施为加覆盖层、绝缘层和屏障。

（1）覆盖层。覆盖层为在电极表面覆盖的一层很薄的绝缘材料，如电缆纸、黄蜡布、漆膜等。覆盖层的主要作用在于限制泄漏电流，阻止杂质小桥的形成，从而可使工频击穿电压显著提高，例如在均匀电场中可提高至 70% ~ 100%，在极不均匀电场中可提高 10%左右。

（2）绝缘层。当覆盖层厚度增大，本身承担一定电压时，其称为绝缘层。其作用除了像覆盖层那样能阻止杂质、小桥形成外，还具有降低不均匀电场中电极附近绝缘油中最大场强的作用，因而可显著提高绝缘油的工频和冲击击穿电压。

（3）屏障。屏障是指在油间隙中放置的，尺寸较大（与电极形状相适应）、厚度在 1～3 mm 的层压纸板或层压布板。它既能阻止杂质小桥的形成，又能改善不均匀电场中的电场分布。因此在不均匀电场中效果非常显著，屏障在最佳位置时，工频击穿电压可提高一倍以上。所以在变压器等充油设备中广泛采用此种油-屏障绝缘结构。

习题 1.1

1-1　列表比较电介质四种极化形式的形成原因、过程进行的快慢、有无损耗、是否受温度的影响。

1-2　说明绝缘电阻、泄漏电流、表面泄漏的含义。

1-3　说明介质电导与金属电导的本质区别。

1-4　何为吸收现象？在什么条件下出现吸收现象？说明吸收现象的成因。

1-5　说明介质损失角正切 $\tan\delta$ 值的物理意义以及其与电源频率、温度和电压的关系。

1-6　说明固体电介质的击穿形式和特点。

1-7　说明提高固体电介质击穿电压的措施。

1-8　说明造成固体电介质老化的原因和固体绝缘材料耐热等级的划分。

1-9　说明变压器油的击穿过程以及影响其击穿电压的因素。

任务四　气体的电气特性

气体（特别是空气）是电力系统中应用相当广泛的绝缘材料，如架空输电线路相与相之间、线路与铁塔之间、变压器引出线之间都是以空气作为绝缘介质的。此外，在一些液体与固体绝缘材料内部也或多或少的含有一些气泡。所以气体放电的研究是高电压技术中的一个基本任务。

在通常情况下，由于宇宙射线及地层放射性物质的作用，气体中含有少量的带电质点（约为 1 000 对/cm³）。在电场作用下，这些带电质点沿电场方向运动，形成电导电流，故气体通常并不是理想的绝缘材料。当电场较弱时，由于带电质点极少，气体中的电导电流也极小，故可认为气体电介质是良好的绝缘介质。在电场作用下，电子在气体介质中的运动轨迹如图1.15 所示。

图 1.15　电场作用下气体介质中的电子的运动轨迹

当加在气体间隙上的电场强度达到某一临界值后，间隙中的电流会突然剧增，气体介质会失去绝缘性能，这种现象称为气体介质的击穿，也称气体放电。击穿时加在气体间隙两端的电压称为该气隙的击穿电压，或称放电电压，用 U_F 表示。均匀电场中，击穿电压与间隙距离之比称为该气体介质的击穿场强。击穿场强反映了气体介质耐受电场作用的能力，即该气体的电气强度，或称气体的绝缘强度。在不均匀电场中，击穿电压与间隙距离之比，称为该气体介质的平均击穿场强。

气体间隙击穿后，由于电源容量、电极形式、气体压力等的不同，其具有不同的放电形式。在大气压或更高的气压下常表现为火花放电的形式，但如果电源功率大、内阻小时，就可能出现电流大、温度高的电弧放电。不管是火花放电还是电弧放电，放电通常限制在一个带状的狭窄通道中。在极不均匀电场中，可能只有局部间隙中的场强达到临界值，在此局部处首先出现放电，叫局部放电。高压输电线路导线周围出现的电晕放电就属于局部放电。当电极间既有固体介质，又有气体或液体介质，它们构成并联的放电路径时，放电往往沿着固体介质表面发生，通常叫作闪络。例如当输电线路上出现较高的电压时，常常会引起沿绝缘子表面的闪络。固体介质中的击穿将使介质绝缘强度永久丧失；而在气体或液体介质中发生击穿则一般只引起介质绝缘强度的暂时丧失，当外加电压去掉后，介质便能恢复其绝缘性能，故称为自恢复绝缘。

一、气体的游离

（一）气体原子的激发与游离

气体原子在电场、高温和其他粒子碰撞等作用下，吸收能量使内能增加，原子核外的电子将从离原子核较近的轨道跳到离原子核较远的轨道上去，此过程称为原子的激发，也称激励。被激发的原子称为激发原子，激发原子内部的能量比正常原子大。原子的激发状态是不稳定状态，一般经过约 10^{-8} s 就会回复到正常状态，激发原子回到正常状态时将以短波光的形式放出能量。

中性原子从外界获得足够的能量，以致使原子中的一个或几个电子完全脱离原子核的束缚而成为自由电子和正离子（即带电质点），此过程称为原子的游离，也称电离。游离是激发的极限状态，气体分子（或原子）游离所需要的能量称为游离能，游离能随气体种类而不同，一般在 10 ~ 15 eV。

分子或原子的游离可以一次完成，也可以分级完成，先经过激发阶段，然后再产生的游离，称为分级游离。分级游离时，一次需要获得的能量较小，但几次获得的总能量应大于或等于其游离能。

按照外界能量来源的不同，游离可以分为下列不同的形式：

1. 碰撞游离

处于电场中的带电质点，除了经常地作不规则的热运动，不断地与其他质点发生碰撞以外，还受着电场力的作用，沿电场方向不断得到加速并积累动能。当具有的动能积累到一定数值后，在其与气体原子（或分子）发生碰撞时，可以使后者产生游离。由碰撞而引起的游离称为碰撞游离。碰撞游离是气体放电过程中产生带电质点的极重要来源。

电子、离子、中性质点与中性原子（或分子）的碰撞以及激发原子间的碰撞都能产生游离。而在气体放电过程中，碰撞游离主要是由自由电子与气体原子（或分子）相撞而引起的，故电子在碰撞游离中起着极其重要的作用。通过碰撞，能使中性原子（或分子）发生游离的电子称为有效电子。离子或其他的质点因其本身的体积和质量较大，难以在碰撞前积累到足够的能量，因而产生碰撞游离的可能性是很小的。

当电子从电场获得的动能等于或大于气体原子（或分子）的游离能时，就有可能因碰撞而使气体原子（或分子）分裂成电子（或负离子）和正离子，即电子的动能满足如下条件时就有可能引起碰撞游离：

$$\frac{1}{2}mv^2 \geqslant W_i \tag{1-13}$$

式中　　m——电子的质量；

　　　　v——电子的运动速度；

　　　　W_i——气体原子（或分子）的游离能。

质点两次碰撞之间的距离称为自由行程。大量质点相互碰撞的平均自由行程与气体间的压力成反比，与绝对温度成正比。一般情况下，平均自由行程越大，越容易发生碰撞游离。

2. 光游离

由光辐射引起气体原子（或分子）的游离称为光游离。光辐射的能量以不连续的光子的形式发出。当光子的能量等于或大于气体原子（或分、离子）的游离能时，就可能引起光游离，即产生光游离的条件为

$$h\nu \geqslant W_i \tag{1-14}$$

式中　　h——普朗克常数，其值为 6.62×10^{-27} J·s；

　　　　ν——光的频率。

因为波长 $\lambda = c/\nu$，c 为光速（3×10^8 m/s），说明产生光游离的能力不决定于光的强度，而决定于光的波长，波长越短，光子的能量越大，游离能力就越强。通常可见光是不能直接产生光游离的，只有各种短波长的高能辐射线，例如宇宙射线、γ 射线、X 射线以及短波长的紫外线等才有使气体产生光游离的能力。在气体放电过程中，当处于激发状态的原子回到正常状态，以及异号带电质点复合成中性原子（或分子）时，都以光子的形式放出多余的能量，成为导致产生光游离的因素。光游离在气体放电中起着很重要的作用。

3. 热游离

气体在热状态下引起的游离过程称为热游离。在常温下，由于气体质点的热运动所具有的平均动能远低于气体的游离能，因此不可能产生热游离。但在高温下的气体，例如发生电弧放电时，弧柱的温度可高达数千度以上，这时气体质点的动能就足以使得气体分子（或原

子）碰撞时产生游离。此外，高温气体的热辐射也能导致气体分子（或原子）产生光游离。故热游离实质上并不是另外一种独立的游离形式，而是在热状态下碰撞游离和光游离的综合。气体分子（或原子）产生热游离的条件是

$$\frac{3}{2}KT \geqslant W_i \tag{1-15}$$

式中　　K——玻尔兹曼常数，其值为 1.38×10^{-16} J/K；

　　　　T——绝对温度，K。

4. 表面游离

以上讨论的是气体介质中电子和正离子的产生，但在气体放电中存在着电流的循环，因此必然有阴极发射电子的过程，电子从金属电极表面逸出来的过程称为表面游离。电子从金属电极表面释放出来所需要的能量称为逸出功。逸出功的大小与金属电极的材料及其表面状态有关，一般需要 1~5 eV，小于气体在空间游离时的游离能，这说明从阴极发射电子比在空间使气体分子（或原子）游离容易。用各种不同的方式供给金属电极能量，例如，将金属电极加热、正离子撞击阴极、短波光照射电极以及强电场的作用等，都可以使阴极发射电子。

（二）气体中的去游离过程

在气体发生放电过程中，除了有不断产生带电质点的游离过程外，还存在着导致带电质点从游离区域消失，或者游离削弱的相反过程，通常称为去游离过程。任何形式的放电过程总存在着带电质点的产生（游离）和带电质点的消失（去游离）过程。带电质点在电场作用下定向运动，消失于电极，带电质点的扩散与复合以及电子的附着效应都属于去游离过程。当导致气体游离的因素消失以后，这些去游离过程可使气体迅速恢复中性的绝缘状态。

1. 带电质点的扩散

气体中带电质点经常处于不规则的热运动中，如果不同区域的带电质点存在着浓度差，则它们总是不断地从高浓度区域向低浓度区域运动，使各处带电质点的浓度变得均匀，此现象称为带电质点的扩散。当空气间隙中发生放电以后去掉电源，放电通道中高浓度的带电质点迅速地向四周扩散，使空气间隙恢复原来的绝缘状态。

气体中带电质点的扩散是热运动造成的，故它与气体的状态有关。气体的压力越高或温度越低，扩散过程也就越弱。电子的质量远小于离子，所以电子的热运动速度很大，它在热运动过程中的碰撞机会也较少，因此，电子的扩散作用比离子要强得多。

2. 带电质点的复合

正离子与负离子或电子相遇，发生电荷的传递而互相中和，还原为中性分子或中性原子的过程称为复合。复合可在气体中进行，也可在容器壁上发生。在带电质点的复合过程中会放出能量。异号带电质点的浓度愈大，复合也愈强烈，所以，强烈的游离区也总是强烈的复合区。

在带电质点的复合过程中会发生光辐射，这种光辐射在一定条件下又可能成为导致光游

离的因素。复合进行的速度取决于带电质点的浓度，正、负带电质点的浓度越大，它们相遇的机会也越大，复合进行得就越快。但并不是异号带电质点每次相遇都能引起复合。要能引起复合，参加复合的异号带电质点需相互接触一定的时间，异号带电质点间的相对速度越大，相互作用的时间就越短，复合的可能性也就越小。气体中电子的运动速度比离子要大得多，所以正、负离子间的复合要比正离子和电子间的复合容易发生得多。故在气体放电过程中，通常以异性离子间的复合更为重要。

3. 附着效应

电子与气体原子（或分子）碰撞时，不但有可能发生碰撞游离产生电子和正离子，也有可能发生电子的附着过程而形成负离子。与碰撞游离相反，电子的附着过程放出能量。使基态的气体原子获得一个电子形成负离子时所放出的能量称为电子的亲合能。电子亲合能的大小可用来衡量原子捕获一个电子的难易，电子的亲合能越大，则越易形成负离子。卤族元素的电子外层轨道中增添一个电子，则可形成像惰性气体一样稳定的电子排布结构，因而具有很大的亲合能，所以，卤族元素很容易俘获一个电子而形成负离子。容易吸附电子形成负离子的气体称为电负性气体，如氧气、氯气、氟气、水蒸气、六氟化硫等都属于电负性气体，惰性气体和氮则不会形成负离子。

如前所述，离子的游离能力不如电子。电子为原子或分子俘获而形成质量大、运动速度慢的负离子后，游离能力大减，因此，俘获自由电子而成为负离子这一现象会对气体放电的发展起抑制作用，有助于气体绝缘强度的提高，这是值得注意和利用的。

二、均匀电场中气体间隙的放电特性

21 世纪初，汤森（Townsend）在均匀电场、低气压、短间隙的条件下进行了放电试验，依据试验研究结果提出了比较系统的理论和计算公式，解释了整个间隙放电的过程和击穿条件，这是最早的气体放电理论，称为汤逊放电理论（亦称汤逊的电子崩理论）。整个理论虽然有很大的局限性，但其对电子崩发展过程的分析为气体放电的研究奠定了基础。随着电力系统电压等级的提高和试验研究工作的不断完善，高气压、长间隙条件下气体间隙击穿的实验研究逐渐发展起来，在此实验研究的基础上，总结出了大气中气体间隙击穿的流注理论。这两个理论可以解释大气压强 P 和极间距离 S 的乘积 PS 在广阔范围内的气体放电现象。

（一）汤逊放电理论

1. 均匀电场中气体间隙的伏安特性

如图 1.16（a）所示表示放置在空气中的平行板电极，极间电场是均匀的。当在两电极间加上从零起逐渐升高的直流电压 U 时，间隙中的电流 I 与极间电压 U 的关系，即均匀电场中气体间隙的伏安特性如图 1.16（b）所示。在外界光源（天然辐射或人工光源）照射下，两平行板电极间的气体由于外界游离作用而不断地产生带电质点，并使自由带电质点达到一定的密度。

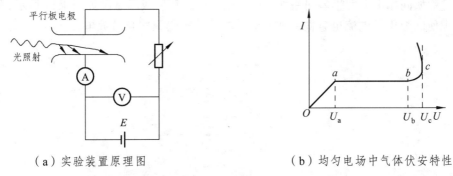

（a）实验装置原理图 　　　　　　（b）均匀电场中气体伏安特性

图 1.16　均匀电场中气体间隙的伏安特性

在极板间加上直流电压后，这些带电质点开始沿着电场方向作定向移动，回路中出现了电流。起初，随着电压的升高，带电质点的运动速度加大，间隙中的电流也随之增大，如图 1.16（b）中曲线 oa 段所示。电压的升高到 U_a 后，电流不再随电压的增大而增大。因为这时在单位时间内由外界游离因素在间隙中产生的带电质点已全部参加导电，所以电流趋于饱和，如图 1.16（b）曲线的 ab 段，此时饱和的电流密度是极小的，只有约 10^{-19} A/cm^2 的数量级，因此这时的间隙仍处于良好的绝缘状态。当电压增大到 U_b 以后，间隙中的电流又随外加电压的增加而增大，如曲线的 bc 段，这时由于间隙中又出现了新的游离因素，即产生了电子的碰撞游离。电子在足够强的电场作用下，已积累起足以引起碰撞游离的动能。当电压升高至某临界值 U_c 以后，电流急剧突增，此时气体间隙转入良好的导电状态，并伴随着产生明显的外部特征，如发光、发声等现象。

当外施电压小于 U_c 时，间隙内虽有电流，但其数值很小，通常远小于微安级，此时气体本身的绝缘性能尚未被破坏，即间隙尚未被击穿。此时间隙的电流要依靠外界游离放电称为非自持放电。若外施电压达到 U_c 后，气体中发生了强烈的游离，电流剧增，此时气隙中的游离过程依靠电场的作用可以自行维持，而不再需要外界游离因素了。这种不需要外界游离因素存在也能维持的放电称为自持放电。由非自持放电转为自持放电的电压称为起始放电电压。如果电场比较均匀，则整个间隙将被击穿，即均匀电场中的起始放电电压等于间隙的击穿电压，在标准大气条件下，均匀电场中空气间隙的击穿场强约为 30 kV/cm。而对于不均匀电场，当放电由非自持放电转入自持放电时，在大曲率电极表面电场集中的区域将发生局部放电，俗称电晕放电，此时的起始电压是间隙的电晕起始电压，而击穿电压则可能比起始电压高得多。

2. 汤逊理论

如图 1.16（b）所示，当气体间隙上所加的电压超过 U_b 以后，会出现电流的迅速增长，这是由于外界游离因素的作用，阴极产生光电子发射，使间隙中产生自由电子，这些起始电子在较强的电场作用下，从阴极奔向阳极的过程中得到加速，其动能增加，并不断地与气体分子（原子）碰撞产生游离。由此产生的新电子和原有的电子一起又将从电场获得动能，继续引起碰撞游离。这样，就出现了一个迅猛发展的碰撞游离，使间隙中的带电质点数迅速增大，上述过程如同冰山上发生雪崩一样，称为电子崩，其形成示意图如图 1.17 所示，电子崩过程的出现使间隙中的电流也急剧增加，但此时的放电仍属非自持放电。

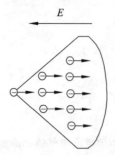

图 1.17　电子崩形成示意图

为寻求电子崩发展的规律，以 α 表示电子的空间碰撞游离系数，它表示一个电子在电场作用下由阴极向阳极移动过程中在单位行程里所发生的碰撞游离数。α 的数值与气体的性质、气体的相对密度和电场强度有关。当气温一定时，根据实验和理论推导可知：

$$\alpha = AP\mathrm{e}^{-BP/E} \tag{1-16}$$

式中　A，B——与气体性质有关的常数；

　　　P——大气压力；

　　　E——电场强度。

如图 1.18 所示，设在外界游离因素光辐射的作用下，阴极由于光电子发射产生 n_0 个电子，在电场作用下，这 n_0 个电子在向阳极运动的过程中不断产生碰撞游离，行经距离 $\mathrm{d}x$ 时变成了 n 个电子，再行经 $\mathrm{d}x$ 距离，增加的电子数为 $\mathrm{d}n$ 个，则

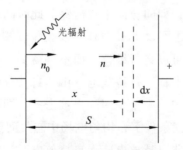

图 1.18　放电间隙中电子崩电子数的计算

$$\mathrm{d}n = n\alpha\mathrm{d}x，\quad \frac{\mathrm{d}n}{n} = \alpha\mathrm{d}x$$

对上式积分可求得 n_0 个电子在电场作用下不断产生碰撞游离，发展电子崩，经距离 S 而进入阳极的电子数为

$$n_S = n_0\mathrm{e}^{\int_0^S \alpha\mathrm{d}x}$$

当气压保持一定，且电场均匀时，α 为常数，上式变为

$$n_S = n_0 \mathrm{e}^{\alpha S} \qquad\qquad (1\text{-}17)$$

式（1-17）就是电子崩发展的规律。若 $n_0 = 1$，则

$$n_S = \mathrm{e}^{\alpha S}$$

即一个电子从出发运动到阳极时，由于碰撞游离形成电子崩，到达阳极时将发展成 $\mathrm{e}^{\alpha S}$ 个电子，当然其中包括起始的一个电子。如果除去起始的一个电子，那么产生的新电子数或正离子数为（$\mathrm{e}^{\alpha S}-1$）个。这些正离子在电场的作用下向阴极运动，并撞击阴极表面，如果（$\mathrm{e}^{\alpha S}-1$）个正离子在撞击阴极表面时，至少能从阴极表面释放出一个有效电子来弥补原来那个产生电子崩并已进入阳极的电子，那么这个有效电子将在电场作用下向阳极运动，产生碰撞游离，发展新的电子崩。这样，即使没有外界游离因素存在，放电也能继续下去，即放电达到了自持。若以 γ 表示正离子的游离系数，它表示一个正离子在电场作用下由阳极向阴极运动，撞击阴极表面产生表面游离的电子数，于是汤逊理论的自持放电条件可表达为

$$\gamma(\mathrm{e}^{\alpha S}-1) = 1 \qquad\qquad (1\text{-}18)$$

3. 巴申定律

根据汤逊理论的自持放电条件，可以推出均匀电场中气隙击穿电压与有关影响因素的关系，将式（1-18）改写为 $\mathrm{e}^{\alpha S} = 1 + 1/\gamma$，两边取自然对数得

$$\alpha S = \ln(1 + 1/\gamma) \qquad\qquad (1\text{-}19)$$

式（1-19）说明，一个电子经过电极间距离 S 所产生的碰撞游离数 αS 必须达到一定的数值 $\ln(1+1/\gamma)$，才会开始自持放电。把式（1-16）代入式（1-19），设气隙的击穿场强为 E_0 及击穿电压为 U_F，并设此时 $E = E_0 = U_F/S$，则得

$$APS\mathrm{e}^{-BPS/U_F} = \ln(1 + 1/\gamma)$$

整理后得

$$U_F = \dfrac{BPS}{\ln\left[\dfrac{APS}{\ln(1+1/\gamma)}\right]} \qquad\qquad (1\text{-}20)$$

式（1-20）就是巴申定律。巴申远在汤逊以前（1889 年）就从低气压下的实验总结出了这一条气体放电的定律。它表明，当气体种类和电极材料一定时，气隙的击穿电压 U_F 是气体压强 P 和极间距离 S 乘积的函数，即

$$U_F = f(PS)$$

均匀电场中几种气体间隙的击穿电压 U_F 与 PS 乘积的关系曲线如图 1.19 所示。曲线呈 U 形，在某一个 PS 值下，U_F 达最小值，这是对应游离最有利的情况。因为要使放电达到自持，每个电子在从阴极向阳极运动的行程中，需要足够的碰撞游离次数。当 S 一定时，气体压力 P

增大，气体相对密度 ρ 随之增大，电子在向阳极运动过程中，极容易与气体粒子相碰撞，平均每两次碰撞之间的自曲行程将缩短，每次碰撞时由于电子积聚的动能不足以使气体粒子游离，因而击穿电压升高；反之，气体压力减小时，气体密度减小，电子在向阳极运动过程中不易与气体粒子相碰撞。虽然每次碰撞时积聚的动能足以引起气体粒子游离，但由于碰撞次数减少，故击穿电压也会升高。

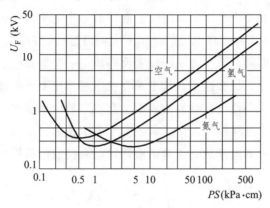

图 1.19　均匀电场中几种气体 U_F-PS 曲线

当 P 一定时，增大极间距离 S，则必须升高电压才能维持足够的电场强度；反之，电极距离 S 减少到和电子两次碰撞之间的平均自由行程可以相比拟时，则电子由阴极运动到阳极的碰撞次数减少，因而击穿电压也会升高。

（二）流注理论

汤逊的气体放电理论能够较好地解释低气压、短间隙、均匀电场中的放电现象。利用这个理论可以推导出有关均匀电场中气体间隙的击穿电压及其影响因素的一些实用的结论。在 $PS \leqslant 200 \times \dfrac{101.3}{760} \ \text{kPa} \cdot \text{cm}$ 时，该结论为实验所证实。但是这个理论也有它的局限性，特别是 PS 乘积较大时，用汤逊理论来解释其放电现象，发现有以下几点实际不符：

（1）根据汤逊放电理论计算出来的击穿过程所需的时间，至少应等于正离子走过极间距离的时间，但实测的放电时间比此值小 10～100 倍。

（2）按汤逊放电理论，阴极材料在击穿过程中起着重要的作用，然而在大气压力下的空气隙中，间隙的击穿电压与阴极材料无关。

（3）按汤逊放电理论，气体放电应在整个间隙中均匀连续地发展。低气压下的气体放电区确实占据了整个电极空间，如放电管中的辉光放电。但在大气中气体间隙击穿时会出现有分支的明亮细通道。

所有这些是由于汤逊放电理论没有考虑到在放电发展过程中空间电荷对电场所引起的畸变作用以及光游离的作用，故有不足之处。在汤逊以后，由 Leob 和 Meek 等在实验的基础上建立起来的流注理论，能够弥补汤逊理论的不足，较好地解释了这些现象。

流注理论认为电子的碰撞游离和空间光游离是形成自持放电主要因素，并且强调了空间电荷畸变电场的作用。下面扼要介绍用流注理论来描述均匀电场中气隙放电的过程。

当外电场足够强时，一个由外界游离因素作用从阴极释放出来的初始电子，在奔向阳极的途中，不断地产生碰撞游离，发展成电子崩（称初始电子崩）。电子崩不断发展，崩内的电子及正离子数随电子崩发展的距离按指数规律而增长。由于电子的运动速度远大于正离子的速度，故电子总是位于朝阳极方向的电子崩的头部；而正离子可近似地看作滞留在原来产生它的位置上，并较缓慢地向阴极移动，相对于电子来说，可认为是静止的。由于电子的扩散作用，电子崩在其发展过程中，半径逐渐增大，电子崩中出现大量空间电荷，电子崩头部集中着电子，其后直至电子崩尾部是正离子，其外形像一个头部为球状的圆锥体。

当初始电子崩发展到阳极时，如图 1.20（a）所示，初始电子崩中的电子迅速跑到阳极上中和电量。留下来的正离子（在电子崩头部其密度最大）作为正空间电荷使后面的电场受到畸变和加强，同时向周围放射出大量的光子。这些光子在附近的气体中导致光游离，在空间产生二次电子。它们在正空间电荷所畸变和加强了的电场的作用下，又形成新的电子崩，称为二次电子崩，如图 1.20（b）所示。二次电子崩头的电子跑向初始电子崩的正空间电荷区，与之汇合成为充满正负带电质点的混合通道，这个游离通道称为流注。流注通道导电性能良好，其端部（这里流注的发展方向是从阳极到阴极，称为阳极流注，它与初始电子崩发展方向相反）又有二次电子崩留下的正电荷，因此大大加强了前方的电场，促使更多的新电子崩相继产生并与之汇合，从而使流注向前发展，如图 1.20（c）所示。当流注通道把两极接通时，如图 1.20（d）所示，就将导致整个间隙的完全击穿。至于形成流注的条件，需要初始电子崩头部的电荷达到一定的数量，使电场得到足够的畸变和加强并造成足够的空间光游离。一般认为当 $\alpha S \approx 20$（或 $e^{\alpha S} \approx 10^{8}$）时便可以满足上述条件使流注得以形成。而一旦形成了流注，放电就可以转入自持，在均匀电场中即导致间隙的击穿。

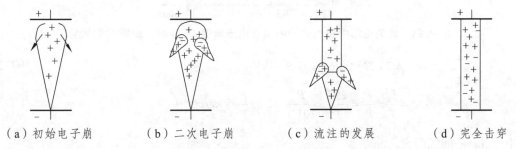

（a）初始电子崩　　　（b）二次电子崩　　　（c）流注的发展　　　（d）完全击穿

图 1.20　流注的形成和发展

如果外施电压比间隙的击穿电压高出许多，则初始电子崩不需要经过整个间隙，其头部即可积累到足够的空间电荷，形成流注，流注形成后，向阳极发展，称为阴极流注。

流注理论虽不能用来精确计算气体间隙的击穿电压，但它可以解释汤逊理论不能说明的大气中的放电现象。在大气中，放电发展之所以迅速的原因在于多个不同位置的电子崩同时发展和汇合，这些二次电子崩的起始电子是由光子形成的，光子的运动速度比电子大得多，且它又在加强的电场中前进，二次电子崩速度比初始电子崩快，故流注的发展速度极快，使大气中的放电时间特别短。另外，流注通道中的电荷密度很大，电导很大，故其中的电场强度很小。因此，流注出现后，将减弱其周围空间内电场，但加强了流注前方的电场，并且这一作用将伴随着其向前发展而更为增强。故电子崩形成流注后，当由于偶然原因使某一流注发展较快时，它将抑制其他流注的形成和发展，这种作用随流注向前推进越来越强，使流注头部始终保持着很小的半径。因此，整个放电通道是狭窄的，而且二次崩可以从流注四周不同的方位同时向流注头部汇合，故流注的头部推进可能有曲折和分支。再则根据流注理论，大气条件下，放电的发展不是靠正离子撞击阴极使阴极产生二次电子来维持的，而是靠空间光游离产生光电子来维持的，故大气中气隙的击穿电压与阴极材料基本无关。

（三）均匀电场中气隙的击穿电压

均匀电场中电极对称布置，因此无击穿的极性效应。均匀电场间隙中各处电场强度相等，击穿所需的时间极短，因此其直流击穿电压与工频击穿电压峰值以及50%冲击击穿电压（指多次施加冲击电压时，其中有50%冲击电压导致击穿的电压值，详见课题三）实际上是相同的，其击穿电压的分散性很小。

高压静电电压表的电极布置是均匀电场间隙的一个实例。工程中很少见到比较大的均匀电场间隙，因为这种情况下为消除电极边缘效应，电极的尺寸必须做得很大。因此，对于均匀电场间隙，通常只有间隙长度不长时的击穿数据，如图1.21所示。对于图1.21所示曲线，可用以下经验公式表示

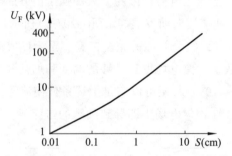

图 1.21　均匀电场中空气间隙的击穿电压峰值 U_F 随间隙距离 S 的变化

$$U_F = 24.22\rho S + 6.08\sqrt{\rho S} \quad (\text{kV}) \tag{1-21}$$

$$\rho = \frac{T_0}{T} \times \frac{P}{P_0} = \frac{293}{T} \times \frac{P}{101.3} = 2.89\frac{P}{T} \quad (\text{kg/cm}^3) \tag{1-22}$$

式中　　S ——间隙距离，cm；

　　　　P ——实际大气条件下的气压，kPa；

　　　　T ——实际大气条件下的温度，K；

　　　　ρ ——空气的相对密度，指气体密度与标准大气条件（ $P_0 = 101.3$ kPa， $T_0 = 293$ K）下的密度之比。

三、不均匀电场中气体间隙的放电特性

在电力工程的大多数实际绝缘结构中，电场都是不均匀的。不均匀电场可分为稍不均匀电场和极不均匀电场，全封闭组合电器（GIS）的母线筒和高压实验室中测量电压用的球间

隙是典型的稍不均匀电场；高压输电线之间的空气绝缘和实验室中高压发生器的输出端对墙的空气绝缘则是极不均匀电场。稍不均匀电场中放电的特点与均匀电场中相似，在间隙击穿前看不到放电的迹象。而极不均匀电场（为叙述方便以下简称不均匀电场）中空气间隙的放电具有一系列的特点，因此，研究不均匀电场中气体放电的规律有很大的实际意义。

考虑到实际绝缘结构中电场分布形式的多样性，常用棒-棒（或针-针）和棒-板（或针-板）间隙的电场作为典型的不均匀电场来研究。工程上遇到不均匀电场时，可根据这两种典型电极的击穿电压数据来估算绝缘距离。如果实际的电场分布不对称（如输电线路的导线-地间隙），可参照棒-板电极的数据；如果实际的电场分布对称（如输电线路的导线-导线间隙），可参照棒-棒电极的数据。

（一）电晕放电现象

当电场不均匀时，间隙中的最大场强与平均场强相差很大。间隙中的最大场强通常出现在曲率半径小的电极表面附近。在其他条件相同的情况下，电极曲率半径越小，最大场强就越大，电场分布也就越不均匀。

棒-板电极的不均匀电场中，随间隙上所加电压的升高，在曲率半径小的棒电极附近空间的局部场强将先达到足以引起强烈游离的数值，在棒电极附近很薄的一层空气里将达到自持放电条件，于是在这一局部区域形成自持放电。但由于间隙中其余部分的场强较小，所以此游离区不可能扩展很大，仅局限在棒电极附近的强电场范围内。伴随着游离而存在的复合和反激发，发出大量的光辐射，在黑暗里可看到在该电极周围有薄薄的淡紫色发光层，有些像日月的晕光，故称电晕放电。这个发光层叫电晕层。由于游离层不可能向外扩展，所以，虽然电晕放电是自持放电，但整个间隙仍未击穿。要使间隙击穿，必须继续升高电压。电晕放电是不均匀电场所特有的一种自持放电形式，通常将开始出现电晕时的电压称为电晕起始电压，它小于间隙的击穿电压，电场越不均匀，两者的差值就越大。开始出现电晕时电极表面的场强称为电晕起始场强。电晕放电是不均匀电场的一个特征，通常把能否出现稳定的电晕放电作为区别不均匀电场和稍不均匀电场的标志。

工程上经常遇到不均匀电场，架空输电线就是其中一个例子。在阴雨等恶劣天气时，在高压输电线附近常常可听到电晕放电的咝咝声，夜晚还可看到导线周围有淡紫色的晕光。一些高压设备上也会出现电晕，电晕放电会带来许多不利的影响。电晕放电时产生的光、声、热的效应以及化学反应等都会引起能量损耗；电晕电流是多个断续的脉冲，会形成高频电磁波，它既能造成输电线路上的功率损耗，也能产生对无线电通信和测量的严重干扰；电晕放电还会使空气发生化学反应，形成臭氧及氧化氮等，不但产生臭味而且还产生氧化和腐蚀作用。所以应力求避免或限制电晕放电的产生。在超高压输电线路上普遍采用分裂导线来防止产生电晕放电。

当然，事物总是一分为二的，电晕放电在某些场合也有对人类有利的一面。例如，电晕可削弱输电线路上雷电冲击电压波的幅值和陡度，也可以使操作过电压产生衰减；人们可以利用电晕放电净化工业废气，制造净化水和空气用的臭氧发生器，发展静电喷涂技术和静电除尘等。

（二）电晕放电的起始场强

对于输电线路的导线，在标准大气条件下电晕起始场强 E_C（指导线的表面场强，交流电压下电压用峰值表示）的经验表达式为

$$E_C = 30\left(1 + \frac{0.3}{\sqrt{r}}\right)（\text{kV/cm}）\tag{1-23}$$

式中　r——导线半径，cm。

式（1-23）表明，导线半径 r 越小，E_C 值越大，因为 r 越小，电场越不均匀。当 $r \to \infty$ 时（即均匀电场的情况），$E_C = 30$ kV/cm，与前面 1.4 节"二"中给出的值是一致的。

对于非标准大气条件，要进行气体密度的修正，此时式（1-23）应改为

$$E_C = 30\rho\left(1 + \frac{0.3}{\sqrt{r\rho}}\right)（\text{kV/cm}）\tag{1-24}$$

式中　ρ——气体的相对密度。

实际上导线表面并不是光滑的，所以对绞线要考虑导线的表面粗糙系数 m_1，此外对于雨、雪等使导线表面偏离理想状态的因素（雨水的水滴相当于在导线表面形成了凸起的导电物）可用系数 m_2 加以考虑。此时式（1-24）应改写为

$$E_C = 30m_1m_2\rho\left(1 + \frac{0.3}{\sqrt{r\rho}}\right)（\text{kV/cm}）\tag{1-25}$$

理想光滑导线的 $m_1 = 1$，绞线的 $m_1 = 0.8 \sim 0.9$，好天气时 $m_2 = 1$，坏天气时 m_2 可按 0.8 估算。

算得 E_C 后就不难根据电极布置求得电晕起始电压 U_C。例如对于离地高度为 h 的单根导线可写出

$$U_C = E_C r \ln\frac{2h}{r}\tag{1-26}$$

对于距离为 D 的两根平行导线（$D \gg r$）则可写出

$$U_C = E_C r \ln\frac{D}{r}\tag{1-27}$$

对于三相输电线路，式（1-27）中 U_C 代表相电压，D 为导线的几何均距，$D = \sqrt{D_{12}D_{23}D_{13}}$。

（三）不均匀电场中的放电过程

现在以棒-板为例来研究不均匀电场中放电的发展过程。当逐步升高加在棒-板间隙上的电压时，将首先在场强最大的棒极端部出现电晕。当棒极端部曲率很小时，电晕开始时表面的高场强区很窄，所以电晕层很薄，而且较均匀。随着电压的升高，电晕层不断扩大，个别电子崩形成流注，电晕层就不再是均匀的，如果电极的曲率半径较大，则因高场强区较宽，

电晕一开始就表规为比较强烈的流注形式。电压进一步升高，个别流注继续发展，最后流注贯通间隙，导致间隙完全击穿。

当间隙距离较长（$S > 1\,\mathrm{m}$）时，在流注通道还不足以贯通整个间隙的电压下，仍可能发展起击穿过程。当棒-板间隙中，从棒极开始的流注通道发展到足够的长度后，将有较多的电子沿通道流向电极，电子在沿通道运动过程中，由于碰撞引起气体温度升高，通道逐渐炽热起来。通道根部通过的电子最多，故流注根部的温度最高，当电子越多且根部越细时，根部的温度越高，可达数千度甚至更高，足以使气体产生热游离，于是从根部出发形成一段炽热的高游离火花通道，这个具有热游离过程的通道称为先导通道。由于先导通道中出现了新的更为强烈的游离过程，故先导通道中带电质点的浓度远大于流注通道，因而电导大，压降小。由于流注通道中的一部分转变为先导通道，就使得流注区头部的电场加强，从而为流注继续伸长到对面电极并迅速转变为先导创造了条件，这一过程称为先导放电。

当先导通道发展到接近对面电极时，在余下的小间隙中的场强可达到极大的数值，从而引起强烈的游离，这一强游离区又以极高的速度向相反方向传播，此过程称为主放电。当主放电形成的高电导通道贯穿两电极间隙后，间隙就类似被短路，失去其绝缘性能，击穿过程就完成了。

下面介绍长时电压（工频或直流）作用下空气间隙的放电特性。如图 1.22 所示为球-板空气间隙在工频电压作用下的特性。1、2 分别为直径 25 cm、50 cm 的球-板空气间隙的 U_F-S 曲线，3 为用作参照的棒-板 U_F-S 曲线；实线表示未发生电晕放电时，虚线表示电晕放电状态。由图中可以看出：

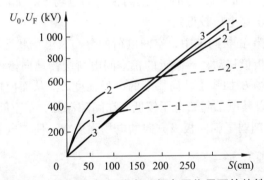

图 1.22　球-板空气间隙在工频电压作用下的特性

1—球直径 25 cm；2—球直径 50 cm；3—棒-板间隙；U_F—击穿电压（实线）；

S—间隙距离；U_0—电晕起电压（虚线）

（1）当间隙距离 S 增加到一定数值，球-板空气间隙将会在较低电压下出现电晕放电，间隙将由稍不均匀转变为极不均匀电场，当电压进一步升高时，才发生击穿。

（2）间隙的电晕起始电压 U_0 主要取决于电极的表面形状，即其曲率半径，当球的直径越小，电晕起始电压就越低。

（3）随着间隙距离的增加，电场的不均匀程度逐步增大，间隙的平均击穿场强也逐渐由均匀电场的 30 kV/cm 左右逐渐减小到不均匀电场中的 5 kV/cm 以下。不均匀电场中的平均击穿场强之所以低于均匀电场，是由于前者在较低的平均场强下，局部的场强就已超过自持放电的临界值，形成电子崩和流注（长间隙中还有先导放电）。流注或先导导电通道向间隙深处发展，相当于缩短了间隙的距离，所以击穿就比较容易，需要的平均场强也就较低。

（4）在不均匀电场的情况下，不管是棒-板间隙或是不同直径的球-板间隙，击穿电压和距离的关系曲线都比较接近。这就是说，在不均匀电场中，击穿电压主要决定于间隙距离，而与电极形状的关系不大。因此在工程实践中常用棒-板或棒-棒这两种类型间隙的击穿特性曲线作为选择绝缘距离的参考。

（四）极性效应

对于电极形状不对称的棒-板间隙，击穿电压与棒的极性有很大的关系，这就是所谓的极性效应。极性效应是不对称的不均匀电场中的一个明显的特性。

在棒-板间隙上加上电压，无论棒的极性如何，间隙上的外加电场 E_x 分布总是很不均匀的。如图 1.23 及图 1.24 中曲线 1 所示，在曲率半径小的棒极附近的电场特别强。当此处的场强超过气体游离所需的电场强度时，气体开始游离，产生电子和正离子。当棒电极为正极时，正棒-负板间隙中游离产生的正空间电荷的分布如图 1.23 所示，在棒附近游离产生的电子首先形成电子崩。电子崩的电子迅速进入棒电极，留下来的正离子缓慢地向板极移动，于是在棒极附近就积聚起正空间电荷，这些正空间电荷在棒电极附近产生的附加电场 E_e 与外电场 E_x 方向相反，使紧贴棒极附近的总电场 E 减弱，棒极附近难以形成流注，从而使自持放电难以实现，即电晕放电难以实现，故其电晕起始电压较高；而正空间电荷在间隙深处产生的附加电场 E_e 与原电场 E_x 方向一致，加强了朝向板极的电场 E，如图 1.23 所示，有利于流注向间隙深处发展，故其击穿电压较低。

当棒为负极时，负棒-正板间隙中，空间电荷的分布及电场状况如图 1.24 所示。棒端形成电子崩的电子迅速向板极移动，棒附近的正空间电荷缓慢地向棒极移动，正空间电荷在棒电极附近产生的附加电场 E_e 加强了朝向棒端的电场强度 E，从而使棒附近容易形成流注，故容易形成自持放电，所以其电晕起始电压较低。在间隙深处，正空间电荷产生的附加电场 E_e 与原电场 E_x 方向相反，削弱了朝向板极方向的电场强度 E，使放电的发展比较困难，因而击穿电压就较高。

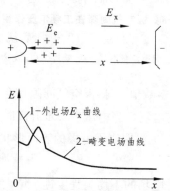

图 1.23　正棒-负板间隙中游离产生的正空间电荷对外电场的畸变作用

E_x—外电场；E_e—正空间电荷的电场

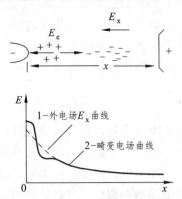

图 1.24 负棒-正板间隙中游离产生的正空间电荷对外电场的畸变作用

E_x—外电场；E_e—正空间电荷的电场

当电极极性不同时，在直流电压作用下，棒-板与棒-棒空气间隙的直流击穿电压与间隙距离的关系如图 1.25 和图 1.26 所示，图中 U_F 为间隙的直流击穿电压，S 为间隙距离。由图可看出，棒-棒电极间的击穿电压介于极性不同的棒-板电极之间，这是可以理解的。因为棒-棒间隙中有正极性尖端，放电容易由此发展，故其击穿电压比负棒-正板间隙低；但棒-棒间隙有两个尖端，即有两个强电场区域，而在同样间隙距离下，强电场区域增多后，通常其电场均匀程度会增加，因此棒-棒间隙的最大场强比棒-板间隙低，从而使击穿电压比正棒-负板间隙高。

在工频电压作用下，不同间隙的击穿电压 U_F 和间隙距离 S 的关系如图 1.27 所示。棒-板间隙在工频电压作用下的击穿总是在棒的极性为正、电压达幅值时发生，并且其击穿电压（幅值）在直流电压下正棒-负板的击穿电压附近。从图 1.27 可知，除起始部分外，击穿电压与间隙距离近似成直线关系。棒-棒间隙的平均击穿场强 3.8 kV（有效值）/cm 或 5.36 kV（幅值）/cm，棒-板间隙稍低一些，约为 3.35 kV（有效值）/cm 或 4.8 kV（幅值）/cm。

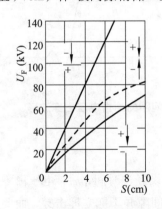

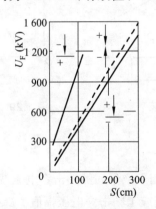

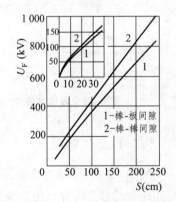

图 1.25 棒-板、棒-棒气隙的直流 U_F-S 关系　　**图 1.26 棒-板、棒-棒长气隙的直流 U_F-S 关系**　　**图 1.27 棒-棒、棒-板气隙的工频 U_F-S 关系**

四、雷电冲击电压下气体间隙的击穿特性

冲击电压一般是指持续时间很短，只有约几个微秒到几十个微秒的非周期性变化的电压。

由雷电产生的过电压就属于这样的电压。由于电压作用时间短到可以与放电需要的时间相比拟，所以空气间隙在雷电冲击电压作用下有着一系列的特点。本节将介绍空气间隙在雷电冲击电压作用下所显现的一些主要放电特性。

（一）标准波形

为了检验绝缘耐受雷电冲击电压的能力，在实验室中可以利用冲击电压发生器产生冲击高压，以模拟雷电放电引起的过电压。为了使所得到的结果可以互相比较，需要规定标准波形。标准波形是根据电力系统中大量实测数据得到的雷电过电压波形制订的。雷电冲击电压全波如图 1.28 所示。冲击电压波形由波前时间 T_1 及半峰值时间 T_2 来确定。由于实验室中一般用示波器获取的冲击电压波形图，但是冲击电压波形图在原点附近往往模糊不清，波峰附近波形较平，不易确定原点及峰值的位置，因此采用如图 1.28 所示的方法。

作经过 $0.3U_m$ 和 $0.9U_m$ 两点的直线，使其在横轴及过波峰的水平线上得到两个交点 O'、F，且把线段 $O'F$ 作为视在波前，把视在波前 $O'F$ 对应的时间作为 T_1，称为视在波前时间；而由 O' 点算起至波尾的 $0.5U_m$ 点对应的时间作为 T_2，称为视在半峰值时间。

国家标准规定：雷电冲击电压标准波形为 $T_1=(1.2\pm30\%)\mu s$，$T_2=(50\pm20\%)\mu s$。这个参数与国际标准 IEC 规定的相同。冲击电压除了 T_1 及 T_2 外，还应指出其极性（不接地电极对地的极性）。标准波形通常可以用符号 $\pm1.2/50\,\mu s$ 表示，电压用 $u=U_m(1-e^{-t/T})$ 来计算。

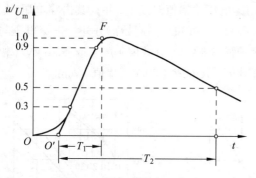

图 1.28　雷电冲击电压全波

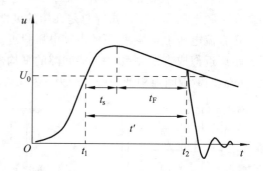

图 1.29　空气间隙的冲击电压击穿波形

（二）放电时延

如图 1.29 所示为冲击电压作用下空气间隙的击穿电压波形。设经过时间 t_1 后，电压由零升到间隙的静态击穿电压（即直流或工频击穿电压幅值）U_0 时，间隙并不能立即击穿，而要经过一定的时间间隔 t'，到达 t_2 时才能完成击穿。为此，首先必须在阴极附近出现一个有效电子，通常把电压达间隙的静态击穿电压 U_0 开始到间隙中出现第一个有效电子为止所需的时间称为统计时延，用 T_s 表示。由于间隙中自由电子的出现与许多不能准确估计的因素有关，特别是在依赖自然界的宇宙线等辐射产生游离的情况下更是如此，而由此产生的自由电子也不一定都能成为有效电子。因为有的电子可能因扩散而消失，有的可能附着在分子上成为负离子，因此统计时延 t_s 有分散性。从第一个有效电子出现到间隙完成击穿，还需要一定的放电发展时间，称为放电形成时延，用 t_F 表示。t_F 包括从电子崩、流注到主放电所需的时间，由于受各种偶然因素的影响，t_F 也具有分散性。t_s 和 t_F 均服从统计规律。气体间隙在冲击电压作用下击穿所需的全部时间为

$$t = t_1 + t_s + t_F \tag{1-28}$$

式中 $t_s + t_F$——放电时延，用 t' 表示。

在电场比较均匀的短间隙（如球隙中），t_F 较稳定，其值也较小，这时统计时延 t_s 实际上就是放电时延。

统计时延 t_s 与外加电压大小、光照射强度等很多因素有关。t_s 随间隙上外施电压的增加而减小，这是因为此时间隙中出现的自由电子转变为有效电子的概率增加的缘故。若用紫外线等高能射线照射间隙，使阴极释放更多的电子，就能减少 t_s，利用球隙测量冲击电压时，有时需采用这一措施。不均匀电场的间隙，如棒-板间隙中，由于在局部强电场区较早地出现游离，出现有效电子的概率增加，所以 t_s 较小，放电时延主要取决于 t_F，特别是当间隙距离较大时，t_F 较长。若增加间隙上的电压，则电子的运动速度及游离能力都会增大，从而使 t_F 减小。

（三）50%冲击放电电压 $U_{50\%}$

在持续电压作用下，当气体状态不变时，一定距离的间隙，其击穿电压具有确定的数值，当间隙上所加的电压达到其击穿电压时，其间隙即被击穿。

为了求得在冲击电压作用下空气间隙的击穿电压，应保持冲击电压的波形不变，逐渐升高冲击电压的幅值。在此过程中发现，当冲击电压的幅值很低时，每次施加电压间隙都不击穿；随着外施电压的升高，放电时延缩短，因此，当电压幅值增加到某一定值时，由于放电时延有分散性，对于较短的放电时延，击穿有可能发生。即在多次施加此电压时，击穿有时发生，有时不发生；随着电压幅值的继续升高，多次施加电压时，间隙击穿的百分比越来越高；最后当冲击电压的幅值超过某一值后，间隙在每次施加电压时都将发生击穿。从说明间隙耐受冲击电压的能力看，当然希望求得刚好发生击穿时的电压，但这个电压值在实验中很难准确求得，所以工程上采用了 50%冲击放电电压，用 $U_{50\%}$ 表示，指在该冲击电压作用下，放电的概率为 50%。实际上 $U_{50\%}$ 和绝缘的最低冲击放电电压已相差不远，故可用 $U_{50\%}$ 来反映绝缘耐受冲击电压的能力。

50%冲击击穿电压与工频击穿电压的比值，称为绝缘的冲击系数，用 β 表示，即

$$\beta = \frac{U_{50\%}}{U_0} \tag{1-29}$$

式中 U_0——工频击穿电压的幅值。

在均匀电场和稍不均匀电场中，由于放电时延缩短，击穿电压的分散性小，其冲击系数实际上等于 1，而且在 $U_{50\%}$ 作用下，击穿通常发生在波前峰值附近；在不均匀电场中，由于放电时延较长，击穿电压的分散性也大，故冲击系数通常大于 1，且在 $U_{50\%}$ 作用下，击穿通

常发生在波尾。

在标准冲击电压波作用下，棒-棒及棒-板空气间隙的$U_{50\%}$冲击放电电压与间隙距离S的关系如图1.30所示。

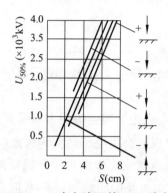

图1.30　1.2/50 μs 冲击波下的 50%放电电压特性

从图1.30中可见，棒-板间隙有明显的极性效应。棒-棒间隙也有不大的极性效应，这是由于大地的影响，使不接地的棒极附近电场增强的缘故。在图1.30中所示范围内，击穿电压$U_{50\%}$和间隙距离S呈直线关系。

（四）伏秒特性

由于雷电冲击电压持续时间短，放电时延不能忽略不计，所以上述50%冲击击穿电压不能完全说明间隙的冲击击穿特性。例如，两个间隙并联，在不同幅值的冲击电压作用下，就不一定是50%冲击击穿电压低的那个间隙先击穿了。因为间隙的击穿电压还必须和电压的作用时间联系起来，才好确定间隙的击穿特性。

间隙在工频电压及直流电压作用下，电压变化的速度相对于放电过程来说，总是非常缓慢的，故可用某一个确定的击穿电压值来表示某间隙的绝缘强度。两个间隙并联，在持续电压作用下，总是击穿电压低的那个间隙先击穿。然而雷电冲击电压作用时间以微秒计，故间隙的击穿特性就必须考虑到放电时间的作用。

同一波形、不同幅值的冲击电压作用下，间隙上出现的电压最大值和放电时间的关系曲线，称为间隙的伏秒特性曲线。工程上常用伏秒特性曲线来表征间隙在冲击电压作用下的击穿侍性。

如图1.31所示，伏秒特性可用实验方法求取。对于某一间隙施加冲击电压（图中曲线1），并保持其标准的冲击电压波形不变，逐渐升高冲击电压幅值，得到该间隙的放电电压u（图中曲线2上各点）与放电时间t的关系，则可绘出伏秒特性（曲线2）。作图时要注意，当击穿发生在波尾时，伏秒特性上该点的电压值应取冲击电压的辐值，而不是击穿时的电压值。

由于放电时间具有分散性，同一个间隙在同一幅值的标准冲击电压波的多次作用下，每次击穿所需的时间不同，故在每级电压下，得到一系列的放电时间，故伏秒特性曲线实际上是以上、下包络线为界的一个带状区域，如图1.32所示。

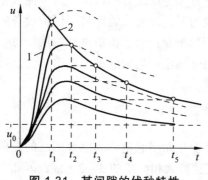

图 1.31　某间隙的伏秒特性

1—冲击电压；2—伏秒特性

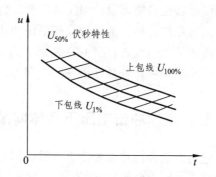

图 1.32　伏秒特性曲线的带状包络区域

　　间隙的伏秒特性形状与极间电场分布有关。对于均匀或稍不均匀电场，由于击穿时的平均场强较高，放电发展较快，放电时延较短，故间隙的伏秒特性曲线比较平坦，而且分散性也较小，仅在放电时间极短时，略有上翘，这是由于统计时延的缩短需要提高电压的缘故。由于均匀及稍不均匀电场的伏秒特性曲线除在很短一部分的上翘以外，很大一部分曲线是平坦的，其 50%冲击击穿电压和静态击穿电压相一致。由于上述这种性质，故在实践中常常利用电场比较均匀的球间隙作为测量静态电压和冲击电压的通用仪表。

　　对于不均匀电场中的间隙，其平均击穿场强较低，放电形成时延 t_F 受电压的影响大，t_F 较长且分散性也大，其伏秒特性曲线随时间 t 的减少而明显地上翘，曲线比较陡。

　　间隙的伏秒特性在考虑保护设备（如保护间隙或避雷器）与被保护设备（如变压器）的绝缘配合上具有重要的意义。如图 1.33 和图 1.34 所示，S_1 表示被保护设备绝缘的伏秒特性，S_2 表示与其并联的保护设备的伏秒特性。图 1.33 中 S_2 总是低于 S_1，说明在同一过电压作用下，总是保护设备先动作（或间隙先击穿），从而限制了过电压的幅值，这时保护设备就对被保护设备起到了可靠的保护作用。但若 S_2 与 S_1 相交，如图 1.34 所示，虽然在放电时间长的情况下保护设备有保护作用，但在放电时间很短时，保护设备的击穿电压已高于被保护设备绝缘的击穿电压，被保护设备就有可能先被击穿，因而此时保护设备已起不到保护作用了。

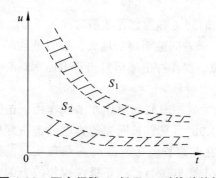

图 1.33　两个间隙 S_2 低于 S_1 时伏秒特性

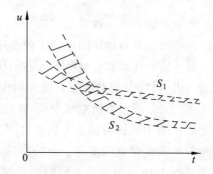

图 1.34　两个间隙 S_2 与 S_1 相交叉时的伏秒特性

伏秒特性是防雷设计中实现保护设备和被保护设备间绝缘配合的依据。为了使被保护设备得到可靠的保护，被保护设备绝缘的伏秒特性曲线的下包线必须始终高于保护设备的伏秒特性曲线的上包线，如图 1.33 所示。为了得到较理想的绝缘配合，保护设备的伏秒特性曲线总希望平坦一些，分散性小一些，即保护设备应采用电场比较均匀的绝缘结构。

五、操作冲击电压下气体间隙的击穿特性

电力系统在操作或发生事故时，因状态发生突然变化而引起电感和电容回路的振荡产生的过电压，称为操作过电压。操作过电压的峰值可高达最大相电压的 3～3.5 倍，因此为保证安全运行，需要对高压电气设备的绝缘考察其耐受操作过电压的能力。在电力系统中的操作过电压作用下空气间隙的击穿特性，过去曾认为与工频电压的击穿特性差别不大，其击穿电压介于雷电冲击击穿电压和工频击穿电压之间，一般可以引入某个操作冲击系数把操作过电压折算成等效工频电压来考虑，故早期的工程实践中，常采用工频电压试验来考验绝缘耐受操作过电压的能力。近 20 年来，随着电力系统工作电压的不断提高，操作过电压下的绝缘问题越来越突出，对操作过电压波形下气体绝缘放电特性的研究日益广泛。在研究中发现了一系列过电压新的特点，如波形对击穿电压有很大的影响，在一定的波形下长间隙在操作冲击 50%击穿电压甚至比工频击穿电压还要低等。因此目前的试验标准规定，对额定电压在 300 kV 以上的高压电气设备要进行操作冲击电压试验。这说明操作冲击电压下的击穿对绝缘间隙距离的确定具有重要意义。

为了模拟操作过电压，需要规定一定的标准波形，国际电工委员会（IEC）和我国国家标准规定的操作冲击电压标准波形是与雷电冲击电压波形相类似的非周期性指数衰减波，只是波前时间 T_1 和半峰值时间 T_2 长得多，规定的操作冲击电压标准波形为 250/2 500 μs，容许的偏差为波前时间 ±20％，半峰值时间 ± 60％。当标准波形不能满足要求时，可选用 100/2 500 μs 或 500/2 500 μs 的波形。用冲击电压发生器产生标准操作冲击波时，发生器的效率很低，所以在工程实践中也常采用振荡操作波代替非周期性的指数衰减的标准波形。

通常采用与雷电冲击波相似的非周期性指数衰减波来模拟频率为数千赫兹的操作过电压，研究表明，长空气间隙的操作冲击击穿通常发生在波前部分，因而其击穿电压与波前时间有关而与波尾时间无关。如图 1.35 所示是棒-板空气间隙的正极性操作冲击 $U_{50\%}$ 和波前时间的关系。

从图中可以看出，曲线呈"U"形，在某一波前时间（称为临界波前时间）下 $U_{50\%}$ 有极小值。这个极小值可能比间隙的工频击穿电压还低。随着间隙距离的增大，临界波前时间也增加。对于输电线路和变电所的各种形状的空气间隙，操作冲击波形对击穿电压都具有类似的影响。出现"U"形曲线在正极性操作冲击波下更为明显。

如图 1.36 所示给出空气中棒-板间隙在正极性雷电冲击波和操作冲击波作用下击穿电压的比较（图中数据为标准大气条件下的）。由图 1.36 可见，长间隙的雷电冲击击穿电压远比操作冲击击穿电压要高，且操作冲击击穿电压在间隙长度超过 5 m 时呈现明显的饱和趋势。从图 1.36 还可看出，间隙距离越大，则最小击穿电压与标准正极性操作波下的击穿电压的差别越大。当间隙长度达 25 m 时，操作冲击下的最低击穿强度仅为 1 kV/cm。对于

图 1.36 所示的操作冲击波下的最小击穿电压 U_{min} 在间隙距离 $S=1 \sim 20$ m 内，可用以下经验公式表达：

$$U_{min} = \frac{3.4}{1+\dfrac{8}{S}} \ (\text{MV}) \tag{1-30}$$

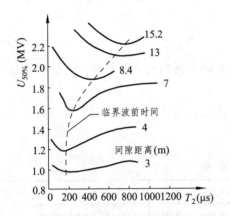

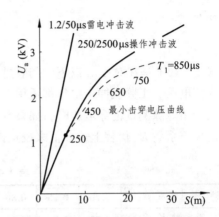

图 1.35　棒-板空气间隙的正极性操作冲击 $U_{50\%}$　图 1.36　空气中棒-板间隙在正极性雷电冲击和操
　　　　　和波前时间的关系　　　　　　　　　　　　　作冲击下的击穿电压

棒-板间隙的操作冲击击穿电压比同样距离的其他间隙要低，其他间隙的操作冲击击穿电压 U_a，可根据其间隙系数 k 和棒-板间隙的操作冲击击穿电压 U_r（均指 50%击穿电压）来估算，即

$$k = \frac{U_a}{U_r} \tag{1-31}$$

间隙系数 k 与间隙的几何形状，也就是间隙中的电场分布有关，k 的数值可在绝缘手册中查到。但在工程中为了保证可靠性和经济性，常需要在 1:1 的模型上进行试验以取得可靠的数据。

六、大气条件对气体间隙击穿电压的影响

空气间隙及电气设备外部绝缘的击穿电压受到大气压力、温度和湿度的影响。在不同的大气条件下，空气间隙及电气设备外部绝缘的击穿电压必须换算到标准大气条件下才能进行比较。我国规定的标准大气条件是：大气压力 $P_0 = 101.3$ kPa、湿度 $f_0 = 11$ g/m³、温度 $t_0 = 20$ °C。在实际试验条件下空气间隙的击穿电压和标准大气条件下空气间隙的击穿电压可以通过相应的校正系数换算求得。

（一）相对密度不同时对击穿电压的影响

当气体的温度或压力改变时，其结果都反映为气体相对密度的变化，空气的相对密度 ρ

为试验条件下的密度与标准大气条件下的密度之比,又因空气的相对密度与大气压力成正比,与温度成反比,如式(1-32)所示。

在大气条件下,空气间隙的击穿电压随空气的相对密度 ρ 的增大而升高。实验证明,当 ρ 在 0.95～1.05 时,空气间隙的击穿电压与其相对密度成正比。因此若不考虑湿度的影响,则空气相对密度在以上范围时的击穿电压 U 和标准大气条件下的击穿电压 U_0 有如下换算关系:

$$U = \rho U_0 \tag{1-32}$$

式(1-32)是在对 1 m 以下的间隙进行试验的基础上得到的,对于均匀电场、不均匀电场、直流电压、工频或冲击电压都适用。

当利用球隙测量击穿电压时,如果空气的相对密度 ρ 与 1 相差较大时,可用如表 1.4 所示中的校正系数 K_ρ 代替上述 ρ 值来校正击穿电压值。

表 1.4　校 正 系 数

空气相对密度 ρ	0.70	0.75	0.80	0.85	0.90	0.95	1.00	1.05	1.10	1.15
校正系数 K_ρ	0.72	0.77	0.81	0.86	0.91	0.95	1.00	1.05	1.09	1.13

近年来对长间隙击穿特性的研究表明,间隙击穿电压与大气条件变化的关系并不是一种简单的线性关系,而是随电极形状、距离以及电压类型而变化的复杂关系。除了间隙距离不大、电场比较均匀的球-球间隙以及距离虽大,但击穿电压仍随距离线性增大(如雷电冲击电压)的情况下,式(1-32)仍可适用外,对各种不同情况的击穿电压必须使用如下空气密度校正系数:

$$K_\rho = \left(\frac{P}{P_0}\right)^m \times \left(\frac{273 + t_0}{273 + t}\right)^n \tag{1-33}$$

式中　m,n——与电极形状、间隙距离以及电压类型和极性有关的指数,其值在 0.4～1.0 内变化。

(二)湿度不同时对击穿电压的影响

大气状态的另一个重要因素是湿度,湿度反映了空气中所含水蒸气的多少。空气的湿度对其击穿电压有一定的影响,当空气中湿度改变时,空气间隙的击穿电压按一定规律进行换算。

空气里所含水蒸气的密度,即单位体积的空气中所含水蒸气的质量,称为绝对湿度,它以 1 m³ 容积的空气中所含水蒸气多少克(g/m³)来表示。

实验表明,在均匀或稍不均匀电场中空气间隙的击穿电压随空气中湿度的增加而略有增加,但程度极微小,可以忽略不计。但在不均匀电场中,空气中的湿度对间隙击穿电压的影响就很明显了,击穿电压与湿度有关,湿度的增加,使空气中的水分子增加,水分子易吸附电子而形成质量较大的负离子,电子形成负离子后,运动速度减慢,游离能力大大降低,从而使击穿电压增大。均匀电场中平均场强较高，电子的运动速度较大，水分子不易吸附电子，故湿度的影响较小；而在不均匀电场中，平均击穿场强较低，易形成负离子，所以湿度的影响也就比较明显。

根据以上的分析，在均匀及稍不均匀电场中，湿度的影响可以忽略不计。如球隙测量电压时，只需根据空气的相对密度校正其击穿电压，而不必考虑湿度的修正。而在不均匀电场中，要对湿度进行校正，湿度校正系数 K_h 可用下式表示：

$$K_h = k^\omega \qquad (1-34)$$

式中　k——绝对湿度及电压类型的函数；

　　　ω——指数，其值与电极形状、距离以及电压类型、极性有关。

在不均匀电场中，当湿度不同于标准大气条件时，空气间隙的击穿电压的换算关系可表示为

$$U = \frac{1}{K_h} U_0 \qquad (1-35)$$

（三）海拔的影响

随着海拔的增加，空气逐渐稀薄，大气压力及空气相对密度下降，因此空气间隙的击穿电压也随之下降。考虑到这一影响，我国标准规定，对于海拔高于 1 000 m（但不超过 4 000 m）处的电气设备的外绝缘，其试验电压应按规定的标准大气条件下的试验电压乘以系数 k_a，k_a 按下式计算：

$$k_a = \frac{1}{1.1 - \dfrac{H}{10\,000}} \qquad (1-36)$$

式中　H——安装地点的海拔，m。

七、提高气体间隙绝缘强度的方法

在高压电气设备中经常遇到气体绝缘间隙，总希望能采用尽量小的间隙距离，以减小设备的尺寸。为此需要采取措施，以提高气体间隙的绝缘强度。从上一节分析气体间隙绝缘强度的各种因素可得，提高气体间隙绝缘强度的方法不外乎两个途径：一个是改善电场分布，使之尽量均匀；另一个是利用其他方法来削弱气体间隙中的游离过程。以下对这两类措施做简单的介绍。

（一）改善电场分布的措施

由前述可知，均匀电场和稍不均匀电场中气体间隙的平均击穿场强比不均匀电场中气体间隙的要高得多。电场分布越均匀，则间隙的平均击穿场强也越高，因此改善电场分布可以有效地提高间隙的击穿电压。改善间隙的电场分布可以采用如下几种办法：

1. 改变电极形状

用改变电极形状、增大电极曲率半径的方法来改善间隙中的电场分布，以提高其击穿电压。同时电极表面及其边缘尽量避免毛刺及棱角等，以消除局部电场的增强。近年来随着电场数值计算的应用，在设计电极时常使其具有最佳外形，以提高间隙的击穿电压。

有些绝缘结构无法实现均匀电场，但为了避免在工作电压下出现强烈的电晕放电，也必须增大电极曲率半径，以降低局部场强。高压试验变压器套管端部加屏蔽罩就是一例。

2. 利用空间电荷对电场的畸变作用

在不均匀电场中，在远低于间隙的击穿电压时就已发生电晕放电。在一定的条件下，可利用电晕电极所产生的空间电荷来改善不均匀电场中的电场分布，从而提高间隙的击穿电压（即所谓细线效应，可参阅相关资料）。但应指出，细线效应只存在于一定的间隙距离范围内，当间隙距离超过一定数值时，电晕放电将产生刷状放电，从而破坏比较均匀的电晕层，使击穿电压与棒-板或棒-棒间隙的击穿电压相近。此种提高击穿电压的方法仅在持续电压作用下有效，在雷电冲击电压作用下并不适用。

3. 不均匀电场中屏障的采用

在不均匀电场的棒-板间隙中，放入薄层固体绝缘材料（如纸或纸板等），在一定条件下，可显著提高间隙的击穿电压。所采用的薄层固体材料称为极屏障，也叫屏障。因屏障极薄，屏障本身的耐电强度无多大意义，而主要是屏障阻止了空间电荷的运动，造成空间电荷改变电场分布，从而使击穿电压提高。

屏障的作用与电压类型及极性有关。当屏障置于正棒-负板之间，如图 1.37（a）所示，在间隙中加入屏障后，屏障机械地阻止了正离子的运动，使正离子聚集在屏障向着棒的一面，且由于同性电荷相互排斥，使其均匀地分布在屏障上。这些正空间电荷削弱了棒极与屏障之间的电场，从而提高了其间的绝缘强度。屏障与负板极之间的电场接近于均匀，均匀电场的击穿场强最大，因而也提高了其间隙的击穿电压，这样就使整个气体间隙的击穿电压提高了。

带有屏障的正棒-负板间隙的击穿电压与屏障的位置有关，在直流电压下，两者的关系曲线如图 1.37（c）中的虚线所示。屏障离棒极距离越近，均匀电场所占部分越大，击穿电压就越高；当屏障离棒极太近时，由于空间电荷不能均匀地分布在屏障上，屏障提高击穿电压的作用也就不显著；当屏障与棒极之间的距离约等于间隙距离的 15%～20%时，间隙的击穿电压提高得最多，可达无屏障时的 2～3 倍。

当棒极为负极性时，如图 1.37（b）所示，电子形成负离子积聚在屏障上，同样在屏障与板极间会形成较均匀的电场，原则上与棒为正极时屏障的作用相同。但当屏障离棒极距离较远时，负极性棒极与屏障间的正空间电荷加强了棒极前面的电场，使棒对屏障之间首先发生击穿，从而导致整个间隙的击穿，使整个间隙的击穿电压反而下降。如图 1.37（c）中的实线所示。

在工频电压作用下，由于棒为正极时的击穿电压比棒为负极时的击穿电压低得多，故棒-板间隙的击穿总是发生在棒为正极时的半波波尾处。显然，在间隙中加入屏障的作用也与直流电压作用下棒为正极时加入屏障的作用相同。

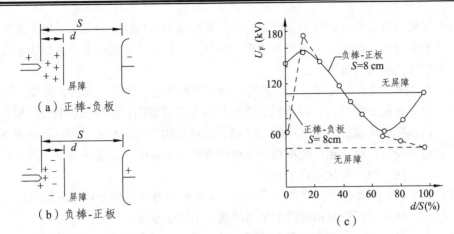

图 1.37 在直流电压下极间屏障位置对间隙击穿电压的影响

虚线为正棒-负板；实线为负棒-正板

在冲击电压作用下，正极性棒对屏障的作用约与持续电压作用下一样；负极性棒对屏障基本上不起作用，这说明屏障对负极性棒的流注的发展过程没有多大影响。

屏障应有一定的机械强度才能起到机械地阻止带电离子运动的作用，但不能太厚，太厚时，固体介质的介电常数 ε 较大，将引起屏障间的电场强度增加。

（二）削弱游离过程的措施

由前述可知，提高气压可以减小电子的平均自由行程，从而削弱气体中的游离过程。此外，强电负性气体的电子附着过程也会大大削弱碰撞游离过程。采用高真空使电子的平均自由行程远大于间隙距离，因而使极间碰撞游离几乎不可能发生，这是提高气体间隙击穿电压的一种途径。以上几种措施都已在工程上得到了广泛的应用。

1. 高气压的采用

由巴申定律知道，提高气体压力可以提高间隙的击穿电压。这是因为气体压力提高后，气体的密度加大，减少了电子的平均自由行程，从而削弱了碰撞游离过程的缘故。某些电气设备（如高压空气断路器和高压标准电容器等）采用压缩空气作为内绝缘。可提高间隙的击穿电压，同时可以减少设备的尺寸。

在均匀电场中，压缩空气气压在 $10 \times 101.3 \text{ kPa}$ 以下时，隙击穿电压随气压的增加而呈线性增加，但继续增加气压到一定值时，逐渐呈现饱和。不均匀电场中气压提高后，也可提高间隙的击穿电压，但程度不如均匀电场显著。

2. 强电负性气体的应用

六氟化硫（SF_6）和氟利昂气体属强电负性气体，它们是具有高分子量的含有卤族元素的化合物。在常压下，其绝缘性能约为空气的 2.5 倍，提高压力，可得到相当于（甚至高于）一般液体或固体绝缘的绝缘强度，采用这些气体代替空气可大大提高间隙的击穿电压。间隙中充以空气与这类气体的混合气体时，也可提高间隙的击穿电压，故将此类气体称为高绝缘强度气体。

这些气体具有高绝缘强度的原因是它们具有很强的电负性，容易吸附电子成为负离子从而削弱了游离过程，同时加强了复合过程。另外，它们的分子量和分子直径比较大，使得电子在其中的平均自由行程缩短。

SF_6 气体除了具有优良的电气性能外，还是一种无色、无味、无臭、无毒、不燃的不活泼气体，化学性能非常稳定，对金属及绝缘材料无腐蚀作用，液化温度较低。SF_6 具有优良的灭弧性能，它的灭弧能力是空气的 100 倍，故极适用于高压断路器中。近年来 SF_6 已不仅用于单台电气设备，而且还广泛应用于各种组合电气设备中，这些组合设备具有很多优点，可大大节约占地面积，简化运行维护等。

SF_6 气体本身是无毒的，但其中某些杂质在水分和电弧作用下可以分解出有毒的或有腐蚀性的物质，通常可用适当的吸附剂来消除或减小这个不良后果；另外，当 SF_6 与固体绝缘材料组成组合绝缘时，因其介电系数较小（近似于 1），绝缘之间的电压分布比较差，故 SF_6 气体虽然具有很高的绝缘强度，但却呈现出较为复杂的绝缘特性，尤其是对不均匀电场的绝缘，使用时必须予以特别注意。

3. 真空的采用

当在气体间隙中压力很低（接近真空）时击穿电压迅速提高，因为此时电子的平均自由行程已增大到在极间空间很难产生碰撞游离的程度，但真空间隙在一定电压下仍然会发生放电现象，这是由不同于电子碰撞游离的其他过程决定的。实验证明，放电时真空中仍有一定的粒子流存在，这被认为是：

（1）强电场下由阴极发射的电子自由飞过间隙，积累起足够的能量撞击阳极，使阳极物质质点受热蒸发或直接引起正离子发射。

（2）正离子运动至阴极，使阴极产生二次电子发射，如此循环进行，放电便得到维持。

（3）电极或器壁吸附的气体在真空时释放出来，也会造成微弱的空间游离。

真空绝缘被用于各种高电压真空器件，如真空电容器、真空避雷器和真空断路器等。

八、气体中的沿面放电

电力系统中，电气设备的带电部分总要用固体绝缘材料来支撑或悬挂。绝大多数情况下，这些固体绝缘是处于空气之中。如输电线路的悬式绝缘子、隔离开关的支柱绝缘子等。当加在这些绝缘子的极间电压超过一定值时，常常在固体介质和空气的交界面上出现放电现象，这种沿着固体介质表面气体发生的放电称为沿面放电。当沿面放电发展成贯穿性放电时，称为沿面闪络，简称闪络。沿面闪络电压通常比纯空气间隙的击穿电压低，而且受绝缘表面状态、污染程度、气候条件等因素影响很大。电力系统中的绝缘事故，如输电线路遭受雷击时绝缘子的闪络、污秽工业区的线路或变电所在雨雾天时绝缘子闪络引起跳闸等都是沿面放电造成的。

（一）界面电场分布的典型情况

气体介质与固体介质的交界面称为界面，界面电场的分布情况对沿面放电的特性有很大的影响。界面电场的分布有以下三种典型的情况：

（1）固体介质处于均匀电场中，且界面与电力线平行，如图1.38（a）所示。这种情况在实际工程中很少遇到，但实际结构中会遇到固体介质处于稍不均匀电场的情况，此时的放电现象与均匀电场中的放电有相似之处。

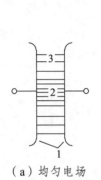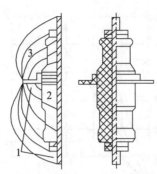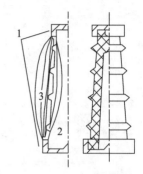

（a）均匀电场　　　　　（b）有强垂直分量的极不均匀电场　　　　（c）有垂直分量的极不均匀电场

图1.38　介质表面电场的典型分布

1—电极；2—固体介质；3—电力线

（2）固体介质处于极不均匀电场中，且电力线垂直于界面的分量（以下简称垂直分量）比平行于界面的分量要大得多，如图1.38（b）所示。套管就属于这种情况。

（3）固体介质处于极不均匀电场中，在界面大部分地方（除紧靠电极的很小区域外），电场强度平行于界面的分量比垂直分量大，如图1.38（c）所示。支持绝缘子就属于此情况。

这三种情况下的沿面放电现象有很大的差别，下面分别加以讨论。

（二）均匀电场中的沿面放电

如图1.38（a）在平行板的均匀电场中放入一瓷柱，并使瓷柱的表面与电力线平行，瓷柱的存在并未影响电极间的电场分布。但是当两电极间的电压逐渐增加时，放电总是发生在瓷柱的表面，如图1.39中曲线3所示，即在同样条件下，沿瓷柱表面的闪络电压比纯空气间隙（曲线1）的击穿电压要低得多。从曲线3及图中石蜡的曲线2与电极接触不紧密的瓷曲线4中，可以看出沿面工频闪络电压都比曲线1所显示的纯空气间隙放电电压低。这是因为：

（1）固体介质与电极表面没有完全密封而存在微小气隙，或者介质表面有裂纹。由于纯空气的介电系数总比固体介质的低，这些气隙中的场强将比平均场强大得多，从而引起微小气隙的局部放电。放电产生的带电质点从气隙中逸出，带电质点到达介质表面后，畸变原有的电场，从而降低了沿面闪络电压，如图1.39中曲线4所示。在实际绝缘结构中常将电极与介质接触面仔细研磨，使两者紧密接触以消除空气隙，或在介质端面上喷涂金属，将气隙短路，提高沿面闪络电压。

（2）介质表面不可能绝对光滑，总有一定的粗糙性，使介质表面的微观电场有一定的不均匀，贴近介质表面薄层气体中的最大场强将比其他部分大，使沿面闪络电压降低。

（3）固体介质表面电阻不均匀，使其电场分布不均匀，造成沿面闪络电压的降低。

（4）固体介质表面常吸收水分，处在潮湿空气中的介质表面常吸收潮气形成一层很薄的水膜。水膜中的离子在电场作用下分别向两极移动，逐渐在两电极附近积聚电荷，使介质表面的电场分布不均匀，电极附近场强增加，因而降低了沿面闪络电压。介质表面吸附水分的能力越大，沿面闪络电压降低得越多。由图 1.39 中曲线 3 与曲线 2 可见，瓷的沿面闪络电压比石蜡的低，这是由于瓷吸附水分的能力比石蜡大的缘故。瓷体经过仔细干燥后，沿面闪络电压可以提高。

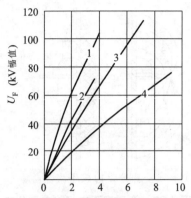

图 1.39　均匀电场中沿不同介质表面的工频闪络电压

1—纯空气；2—石蜡；3—瓷；4—电极接触不紧密的瓷

由于介质表面水膜的电阻较大，离子移动积聚电荷导致表面电场畸变需要一定的时间，故沿面闪络电压与外加电压的变化速度有关。水膜对冲击电压作用下的闪络电压影响较小，对工频和直流电压作用下的闪络电压影响较大，即在变化较慢的工频或直流电压作用下的沿面闪络电压比变化较快的雷电冲击电压作用下的沿面闪络电压要低。

与气体间隙一样，增加气体压力也能提高沿面闪络电压。但气体必须干燥，否则压力增加，气体的相对湿度也增加，介质表面凝聚水滴，沿面电压分布更不均匀甚至会出现高气压下，沿面闪络电压反而降低的异常现象。随着气压的升高，沿面闪络电压的增加不及纯空气间隙击穿电压的增加那样显著。压力越高，它们间的差别也越大。

（三）不均匀电场中的沿面放电

图 1.38（b）、（c）说明按电力线在界面上垂直分量的强弱，不均匀电场中的沿面放电可分为以下两种类型。

1. 不均匀电场具有强垂直分量时的沿面放电

固体介质处于不均匀电场中，电力线与介质表面斜交时，电场强度可以分解为与介质表面平行的切线分量和与介质表面垂直的法线分量。具有强垂直分量的典型例子如图 1.38（b）所示。工程上属于这类绝缘结构的很多，它的沿面闪络电压比较低，放电时对绝缘的危害也较大。现以最简单的套管为例进行讨论。

如图 1.40 所示为在交流电压作用下套管的沿面放电发展过程和套管体积电容的等值图。由于在套管法兰盘附近的电场很强，故放电首先从此处开始。随着加在套管上的电压逐渐升高并达到一定值时，法兰边缘处的空气首先发生游离，出现电晕放电，如图 1.40（a）所示。随着电压的升高，电晕放电火花向外延伸，放电区逐渐形成由许多平行的细线状火花，如图 1.40（b）所示。电晕和线状火花放电同属于辉光放电，线状火花的长度随外施电压的提高而增加。由于线状火花通道中的电阻值较高，故其中的电流密度较小，压降较大。线状火花中的带电质点被电场的法线分量紧压在介质表面上，在切线分量的作用下向另一电极运动，使介质表面局部发热。当电压增加而使放电电流加大时，在火花通道中个别地方的温度可能升得较高，当外施电压超过某一临界值后，温度可高到足以引起气体热游离的数值。热游离使通道中的带电质点急剧增加，介质电导急剧增大，并使火花通道头部电场增强，导致火花通道迅速向前发展，形成浅蓝色的、光亮较强的、有分叉的树枝状火花，如图1.40（c）所示。这种树枝状火花并不固定在一个位置上，而是在不同的位置交替出现，此起彼伏不稳定，并有轻微的爆裂声，此时的放电称为滑闪放电。滑闪放电是以介质表面的放电通道中发生热游离为特征的。滑闪放电的火花长度随外施电压的增加而迅速增长，当外施电压升高到滑闪放电的树枝状火花到达另一电极时，就产生沿面闪络。此后依电源容量大小，放电可转入火花放电或电弧。

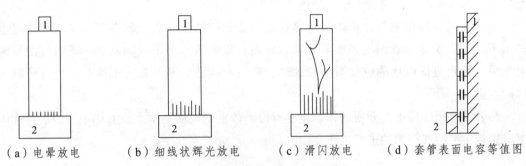

（a）电晕放电　　　　（b）细线状辉光放电　　　　（c）滑闪放电　　　（d）套管表面电容等值图

图1.40　沿套管表面放电的示意图

1—导电杆；2—法兰

为进一步分析固体绝缘的介电性能和几何尺寸对沿面放电的影响，可将介质用电容和电阻等值表示，将套管的沿面放电问题简化为链形等值回路，如图1.41所示。

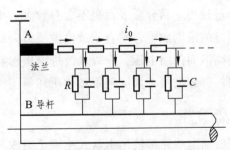

图1.41　套管绝缘子等值电路

C—体积电容；R—体积电阻；r—表面电阻；i_0—电容电流和泄漏电流

当在套管上加上交流电压时，沿套管表面将有电流流过，由于R及C的存在，沿套管表面的电流是不相等的，越近导杆处（B），电流越大，单位距离上的压降也越大，电场也越强，故B处的电场最强。

固体介质的介电系数越大，固体介质的厚度越小，则体积电容C越大，沿介质表面的电压分布就越不均匀，其沿面闪络电压也就越低；同理，固体介质的体积电阻R越小，沿面闪络电压也就越低；若电压变化速度越快，频率越高，分流作用也就越大，电压分布越不均匀，沿面闪络电压也就越低；而固体介质的表面电阻 r（特别是靠近 A 处）的在一定范围内适当减小，可使沿面的最大电场强度降低，从而提高沿面闪络电压。

沿面闪络电压不正比于闪络面的长度，前者的增大要比后者的增长慢得多。这是因为后者增长时，通过同体介质体积内的电容电流和泄漏电流将随之有很快的增长，使沿面电压分布的不均匀性增强的缘故。

长期的滑闪放电会损坏介质表面，在工作电压下必须防止它的出现。为此必须采取措施提高套管的沿面闪络电压。其出发点是：① 减小套管的体积电容，调整其表面的电位分布，如增大固体介质的厚度，特别是加大法兰处套管的直径，也可采用介电常数较小的介质；② 减小绝缘的表面电阻，即减少介质的表面电阻率，如在套管近法兰处涂半导体漆或半导体釉，以减小该处的表面电阻，使电压分布变得均匀。

由于滑闪放电现象与介质体积电容及电压变化的速度有关，故在工频交流和冲击电压作用下，可以明显地看到滑闪放电现象，而在直流电压作用下，则不会出现明显的滑闪放电现象。但当直流电压的脉动系数较大时，或瞬时接通、断开直流电流时，仍有可能出现滑闪放电。

在直流电压作用下，介质的体积电容对沿面放电的发展基本上没有影响，因而沿面闪络电压接近于纯空气间隙的击穿电压。

2. 不均匀电场具有强切线分量时的沿面放电

不均匀电场具有强切线分量的情况如图 1.38（c）所示，支持绝缘子即属此情况。在此情况下，电极本身的形状和布置已使电场很不均匀，其沿面闪络电压较低（与均匀电场相比），因而介质表面积聚电荷使电压重新分布所造成的电场畸变，不会显著降低沿面闪络电压。

此外，因电场的垂直分量较小，沿介质表面也不会有较大的电容电流流过，放电过程中不会出现热游离，故没有明显的滑闪放电，垂直于放电发展方向的介质厚度对沿面闪络电压实际上没有影响。因此为提高沿面闪络电压，一般从改进电极形状，以改善电极附近的电场着手。如采用内屏蔽或采用外屏蔽电极（如屏蔽罩和均压环等）。

（四）绝缘子串的电压分布

我国 35 kV 及以上的高压输电线路都使用由盘式绝缘子组成的绝缘子串作为线路绝缘。绝缘子串的机械强度仍与单个绝缘子相同，而其沿面闪络电压则随绝缘子片数的增多而提高。绝缘子串中绝缘子片数的多少决定了线路的绝缘水平，一般 35 kV 线路用 3 片、110 kV 用 7 片、220 kV 用 13 片、330 kV 用 19 片、500 kV 用 28 片。其用于耐张杆塔时考虑到绝缘子老化较快，通常增加 1～2 片；在机械负荷很大的场合，可用几串同样的绝缘子并联使用。

悬式绝缘子串由于绝缘子的金属部分与接地铁塔或带电导线间有电容存在，使绝缘子串的电压分布不均匀，其等值电路如图 1.42（c）所示。图中 C 为绝缘子本身的电容，C_E 为绝缘子金属部分对地（铁塔）的电容，C_L 为绝缘子金属部分对导线的电容。一般 C 为 50～70 pF，C_E 为 4～5 pF，C_L 为 0.5～1 pF。

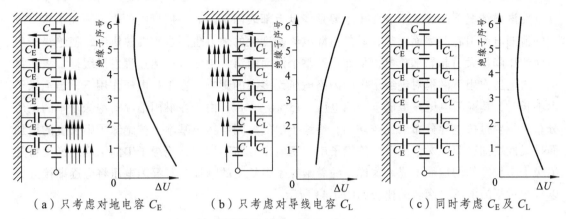

（a）只考虑对地电容 C_E　　（b）只考虑对导线电容 C_L　　（c）同时考虑 C_E 及 C_L

图 1.42　绝缘子串的等值电路及电压分布曲线

如果绝缘子串的串联总电容 C/n（n 为绝缘子片数）远大于 C_E 及 C_L，那么由 C_E 及 C_L 分流的电流就不会对绝缘子串上的电压分布产生显著影响，即沿绝缘子串上的电压分布基本上是均匀的。但实际上 C/n 一般与 C_E 在同一数量级，当 n 很大时与 C_E、C_L 接近，将导致绝缘子串上的电压分布不均匀。

如果只考虑对地电容 C_E，则等值电路如图 1.42（a）所示。当 C_E 两端有电位差时，必然有一部分电流经 C_E 流入接地铁塔，流过 C_E 的电流都是由绝缘子串分流出去的。由于各个 C_E 分流的电流将使靠近导线端的绝缘子流过的电流最多，从而电压降也最大。

如果只考虑对导线电容 C_L，则等值电路如图 1.42（b）所示，同样可知，由于各个 C_L 分流的电流将使靠近铁塔端的绝缘子流过的电流最大，从而电压降也最大。实际上 C_E 及 C_L 同时存在，绝缘子串的电压分布应该用图 1.42（c）所示的等值电路进行分析，由于 $C_E>C_L$，即 C_E 的影响比 C_L 大，故绝缘子串中靠近导线端的绝缘子承受的电压降最大，离导线端远的绝缘子电压降逐渐减小。当靠近铁塔端时，C_L 的作用显著，电压降又有些升高。

从以上分析可知，随着导线输送电压的提高，串联的绝缘片数越多，绝缘子串的长度越长，沿绝缘子串的电压分布越不均匀；绝缘子本身的电容 C 越大，则对地电容 C_E 和对导线电容 C_L 分流作用的影响要小一些，绝缘子串的电压分布也就比较均匀；增大 C_L 能在一定程度上补偿 C_E 的影响，使电压分布的不均匀程度减小，如用大截面导线或分裂导线，都可使导线端的第一个绝缘子上的电压降减小。

随着输电电压的提高，绝缘子片数越来越多，绝缘子串上的电压分布越来越不均匀，靠近导线端第一个绝缘子上的电压降最高，当其电压达到电晕起始电压时，常常会产生电晕，它将干扰通信线路，造成能量损耗，也会产生氮的氧化物和臭氧，腐蚀金属附件和污秽绝缘子表面，降低绝缘子的绝缘性能，故在工作电压下是不允许产生电晕的。为了改善绝缘子串的电压分布，可在绝缘子串导线端安装均压环。其作用是加大绝缘子对导线的电容 C_L，从而使电压分布得到改善。通常对 330 kV 及以上电压等级的线路才考虑使用均压环。

绝缘子的电气性能常用闪络电压来衡量，气象条件及污秽等原因，常会影响其闪络电压。根据工作条件的不同，闪络电压可分为干闪电压和湿闪电压两种。前者是指表面清洁而且干燥时绝缘子的闪络电压，它是户内绝缘子的主要性能。后者是指洁净的绝缘子在淋雨情况下的闪络电压，它是户外绝缘的主要性能。

　　在淋雨情况下绝缘子串表面（主要是瓷盘上部表面）附着一层导电的水膜，在水膜中较大的泄漏电流引起湿表面发热，局部泄漏电流密度大的地方也因水膜发热烘干，使绝缘子串表面的压降加大引起局部放电，从而导致整个沿面闪络。由于这种热过程发展缓慢，故在雷电冲击电压作用下淋雨对绝缘子串的闪络电压无多大的影响。在工频电压作用下，当绝缘子串不长时，其湿闪电压显著低于干闪电压（15%~20%）。由于在淋雨情况沿绝缘子串的电压分布（主要是按电导分布）比较均匀，绝缘子串的湿闪电压也基本上按绝缘子串长度的增加而呈线性增加；而干燥情况下的绝缘子串由于电压分布不均匀，绝缘子串的干闪络梯度将随绝缘子串长度的增加而下降。这样，随着绝缘子串长度的增加，其湿闪电压将会逐渐接近，以致超过干闪电压，两者的比较如图 1.43 所示。

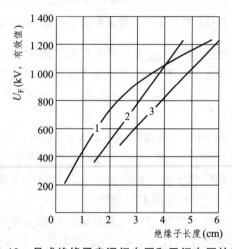

图 1.43　悬式绝缘子串湿闪电压和干闪电压的比较

1—干闪电压；2—（πM-4.5 型）湿闪电压；3—（πM-8.5 型）湿闪电压

　　绝缘子表面被雨淋湿后，其沿面闪络电压大为降低。为了防止这种情况，户外的绝缘子总具有一些凸出的裙边。下雨时仅裙边的上表面被淋湿，水流到裙边的边缘上，使水膜不能贯通绝缘子的上下电极，以提高绝缘子的沿面闪络电压，而户内绝缘子裙边则较小。

（五）绝缘子表面污秽时的沿面放电

　　户外绝缘子，特别是在工业区、海边或盐碱地区运行的绝缘子，常会受到工业污秽或自然界盐碱、飞尘等污秽的污染。在干燥情况下，这种污秽尘埃的电阻很大，沿绝缘子表面流过的泄漏电流很小，对绝缘子的安全运行没有什么危险。下大雨时，绝缘子表面的污秽容易被冲掉，当大气湿度较高，或在毛毛雨、雾、露、雪等不利的天气条件下，绝缘子表面的污秽尘埃被润湿，表面电导剧增，使绝缘子的泄漏电流剧增，其结果使绝缘子在工频和操作冲击电压下的闪络电压（污闪电压）显著降低，甚至有可能使绝缘子在工作电压下发生闪络。污闪将使设备跳闸，引起停电事故。据某工业地区统计，雾天的污闪事故占电力线路事故的21%，污闪事故往往造成大面积停电，检修恢复时间长，严重影响电力系统的安全运行。介质表面的污闪过程与清洁表面完全不同，故研究脏污表面的沿面放电，对污秽地区的绝缘设计和安全运行有重要的意义。

　　在潮湿污秽的绝缘子表面出现闪络的机理大致如下：污秽绝缘子被润湿后，污秽中的高导电率溶质溶解，在绝缘子表面形成薄薄的一层导电液膜，在润湿饱和时，绝缘子表面电阻下降几个数量级。在电压作用下，流经绝缘子表面污秽层的泄漏电流显著增加，泄漏电流使润湿的污层加热、烘干。由于污层沿表面分布不均匀，也由于绝缘子的复杂结构造成各部分电流密度不同，污秽层的加热也是不平衡的。在电流密度最大且污层较薄的铁脚附近发热最甚，水分迅速蒸发，表面被逐渐烘干，使该区的电阻大增，沿面电压分布随之改变，大部分电压降落在这些干燥部分。将与这些干燥部分的空气间隙击穿形成火花放电通道。由于火花通道的电阻低于原干燥部分的表面电阻，使泄漏电流增大，形成局部电弧，污层进一步干燥，使电弧伸长。总之，绝缘子全部表面的干燥将使泄漏电流减小，而局部电弧的伸长则使泄漏电流增大。如总的结果是使泄漏电流减小，则局部电弧将熄灭；如总的结果是使泄漏电流增大，则局部电弧将继续伸长，多个局部电弧的发展串接起来形成沿整个绝缘表面的闪络。因为局部电弧的产生及其参数与污层的性质、分布以及润湿程度等因素有关，并有一定的随机性，故污闪也是一种随机过程。如果电压增高，则泄漏电流增大，有利于局部电弧的发展，可使闪络的概率增加；如果绝缘子的沿面泄漏距离或爬电距离增加，则泄漏电流减小，从而使闪络的概率降低。

　　污闪过程是局部电弧的燃烧和发展过程，需要一定的时间。在短时的过电压作用下，上述过程来不及发展，因此闪络电压要比长时电压作用下要高，在雷电冲击电压作用下，绝缘子表面潮湿和污染实际上不会对闪络电压产生影响，即与表面干燥时的闪络电压一致。

　　对于运行中的线路，为了防止绝缘子的污闪，保证电力系统的安全运行，可以采取以下措施：

　　（1）对污秽绝缘子定期或不定期地进行清扫，或采用带电水冲洗。这是绝对可靠、效果很好的方法。根据大气污秽的程度、污秽的性质，在容易发生污闪的季节定期进行清扫，可有效地减少或防止污闪事故。清扫绝缘子的工作量很大，一般采用带电水冲洗法，效果较好。此外，可以装设泄漏电流记录器，根据泄漏电流的幅值和脉冲数来监督污秽绝缘子的运行情况，发出预告信号，以便及时进行清扫。

　　（2）在绝缘子表面涂一层憎水性的防尘材料，如有机硅脂、有机硅油、地蜡等，使绝缘子表面在潮湿天气下形成水滴，但不易形成连续的水膜，表面电阻大，从而减少了泄漏电流，使闪络电压不致降低太多。

　　（3）加强绝缘和采用防污绝缘子。加强线路绝缘的最简单的方法是增加绝缘子串中绝缘子的片数，以增大爬电距离。但此方法只适用于污区范围不大的情况，否则很不经济，因增加串中绝缘子片数后必须相应地加高杆塔的高度。使用专用的防污绝缘子可以避免上述缺点，因为防污绝缘子在不增加结构高度的情况下使泄漏距离明显增大。

　　（4）采用半导体釉绝缘子。这种绝缘子釉层的表面电阻为 $10^6 \sim 10^8$ Ω，在运行中利用半导体釉层流过均匀的泄漏电流加热表面，使介质表面干燥，同时使绝缘子表面的电压分布较均匀，从而能保持较高的闪络电压。

　　近年来发展很快的合成绝缘子，防污性能比普通的瓷绝缘子要好得多，合成绝缘子是由承受外力负荷的芯棒（内绝缘）和保护芯棒免受大气环境侵袭的伞套（外绝缘）通过黏接层组成的复合结构绝缘子。玻璃钢芯棒是用玻璃纤维束浸渍树脂后通过引拔模加热固化而成，有极高的抗张强度。制造伞套的理想材料是硅橡胶，它有优良的耐气候性和高低温稳定性。经填料改性的硅橡胶还能耐受局部电弧的高温。由于硅橡胶是憎水性材料，因此在运行中不需清扫，其污闪电压比瓷绝缘子高得多。除优良的防污闪性能外，合成绝缘子的其他优点也很突出，如质量轻、体积小、抗拉强度高，制造工艺比瓷绝缘子简单等，但投资费用远大于瓷质绝缘子，目前合成绝缘子在我国已得到广泛的应用，也已有一定运行经验，且已作为一项有效的防污闪措施正在推广。

习题 1.2

1-10　气体中质点的游离和去游离有哪些主要方式？

1-11　什么叫自持放电？简述汤逊理论的自持放电条件。

1-12　汤逊理论与流注理论的主要区别在哪里？它们各自的适用范围为何？

1-13　极不均匀电场中的放电有何特性？比较棒-板气隙极性不同时电晕起始电压和击穿电压的高低，简述其理由。

1-14　电晕放电是自持放电还是非自持放电？电晕放电有何危害及用途？

1-15　什么是巴申定律？在何种情况下气体放电不遵循巴申定律？

1-16　雷电冲击电压下间隙击穿有何特点？冲击电压作用下放电时延包括哪些部分？用什么来表示气隙的冲击击穿特性？

1-17　什么叫伏秒特性？伏秒特性有何实用意义？

1-18　影响气体间隙击穿电压的因素有哪些？提高气体间隙击穿电压有哪些主要措施？

1-19　沿面闪络电压为什么低于同样距离下纯空气间隙的击穿电压？

1-20　分析套管的沿面闪络过程，提高套管沿面闪络电压有哪些措施？

1-21　试分析绝缘子串的电压分布及改进电压分布的措施。

1-22　什么叫绝缘的污闪？防止绝缘子污闪有哪些措施？

课题二 高压电气设备及其绝缘

本课提示：电力系统中的各种设备具有重要的不同功能，它们的绝缘也有各异的特点并由不同的材料构成。本课着重讨论以下几种。

（1）电力电容器：它具有补偿相位、平抑电压等作用。由芯子、外壳和出线等构成；所用绝缘材料有电容器纸、塑料薄膜、金属化纸金属化薄膜、液体浸渍剂等。

（2）电力电缆：用于输送电力等。由线芯导体、绝缘层和保护层构成，绝缘材料常用电缆纸、浸渍剂、橡胶、塑料、气体等。

（3）高压绝缘子和套管：用于隔离不同电位的导体。由绝缘体、导体杆、支持法兰等构成。具有纯瓷式、充油式、电容式等结构。电容式套管由导电杆、电容芯子、瓷套、中间法兰组成，电容芯子呈锥状，使导电杆与接地法兰间的电场比较均匀。

（4）变压器的绝缘：它的绝缘分为内绝缘和外绝缘，内绝缘包括主绝缘和纵绝缘。结构上有饼式绕组与筒式绕组及纠结式连接等。绝缘材料常用变压器油、绝缘纸、纸板、陶瓷、木材和塑料等。

（5）互感器：绝缘结构有浇注式和油浸式。电流互感器有"8"字形及"U"字形构造，电压互感器有变压器降压式和电容分压式等。绝缘材料类似于变压器。

（6）旋转电机：绝缘环境由于转子的转动而比较苛刻。常用绝缘材料有云母制品、绝缘漆及制品、塑料树脂制品和半导体材料等。

绝缘的作用就是将电位不等的导体分隔开，使导体没有电气的连接，从而能保持不同的电位，所以绝缘是电气设备结构中的重要组成部分。

随着国民经济的发展，用电量不断上升，输电距离不断增加，导致电力系统工作电压不断提高，电气设备绝缘材料越用越多，绝缘的费用在设备成本中所占比例也越来越高，有关电气设备绝缘的问题就显得日益突出。绝缘通常还是电气设备中的薄弱环节，电力系统中的事故很大一部分就是由于设备绝缘破坏所造成的。因此，掌握电气设备的绝缘知识，既经济合理又安全可靠地解决电力系统中的绝缘问题就十分重要了。

一、对高压电气设备绝缘的基本要求

如上所述，电气设备的造价和运行的可靠性在很大程度上取决于电气设备的绝缘，当设备电压等级增高时，则更是如此。为了使高压电气设备能保证安全可靠地运行，其绝缘必须满足以下几方面的基本要求。

（一）电气性能

高压设备绝缘能否安全可靠运行，起主要作用的是其耐受电压的能力。各种额定电压等级设备的绝缘，都需要有相应耐受电压的能力。设备绝缘耐受电压能力的大小称为绝缘水平。电气设备的绝缘水平应保证绝缘在最大工作电压的持续作用下和超过最大工作电压一定值的过电压短时作用下，都能安全运行。

为了检验绝缘能否承受住最大工作电压的持续作用和过电压的短时作用，对绝缘要进行在规定试验电压下的耐压试验，试验电压的数值是按照设备绝缘上可能发生的过电压值来确定的。高压电气设备的绝缘应当承受住规定的试验电压。

（二）机械性能

高压设备的绝缘在承受电场作用的同时，还可能受到外界的机械负荷、电动力或机械振动等的作用。例如：悬式线路绝缘子需经常承受导线拉力的作用，隔离开关的支持绝缘子在分合闸时需承受扭转力矩的作用，变压器绕组在发生短路时需承受很大的电动力等。机械或电动力的作用，会造成绝缘的局部损伤（如产生裂纹），使绝缘的电气强度大为降低，最终导致击穿，以致造成重大事故。因此，在选择绝缘时，必须考虑能承受相应的机械负荷的作用。

（三）热稳定性能

绝缘材料都有确定的耐热能力，温度过高会引起绝缘的迅速劣化，甚至绝缘能力的丧失。此外，绝缘结构中绝缘材料常和金属材料紧密结合在一起，由于两者的热膨胀系数往往相差很大，当温度变化时，绝缘材料内部会产生很大的应力，从而引起绝缘的损坏。为此要求绝缘应能承受温度的变化。

（四）化学稳定性

在户外工作的绝缘应能耐受日照、风沙、雨雾冰雪等自然因素的侵蚀。在高原工作的设备必须考虑气压、气温、湿度的变化对绝缘产生的影响。在特殊条件下工作的设备，例如在含有化学腐蚀性气体的环境下工作的设备，则应保证绝缘对各种有害因素具有足够的耐受能力。

二、高压电气设备绝缘的分类

高压电气设备的绝缘，可按绝缘的化学性质、绝缘的耐热性能以及绝缘的所属设备等级进行分类。

按化学性质的不同，高压电气设备的绝缘可分为有机绝缘和无机绝缘，例如：橡胶、塑料、纤维、沥青、树脂、油、漆、蜡等属于有机绝缘；云母、石棉、石英、大理石、陶瓷、玻璃等属于无机绝缘。

按耐热性能不同，高压电器设备的绝缘可分为 Y、A、E、B、F、H、C 七个耐热等级，各耐热等级绝缘材料的极限温度及相当于该耐热等级的绝缘材料参见表 1.3。绝缘材料的使用温度如超过表 1.3 所规定的相应极限温度，则绝缘材料迅速劣化，寿命大大缩短。

高压电气设备绝缘，按所属设备可以分为电力电容器绝缘、电力电缆绝缘、高压绝缘子和套管绝缘、变压器绝缘和旋转电机绝缘等。以下主要介绍各种电气设备及其绝缘的绝缘材料、绝缘结构和工作条件等。

任务一　高压电力电容器

一、电力电容器的用途分类

电力电容器按其用途可分成若干类型，下面介绍几种电力工业中常用的电力电容器。

（一）移相电容器

这种电容器又称为并联电容器或余弦电容器，是用途很广、用量很大的一种电力电容器，在有些电力系统中可达发电厂额定装机容量的一半左右。

如图 2.1 所示为移相电容器的原理图。由图 2.1（b）可见，电感性负荷（R 及 L，例如感应电动机）上并联以电容器 C 以后，由于电容电流 $\dot{I}_C$ 相位超前电压 $\dot{U}$ 90°，可抵消一部分相位滞后于电压 90°的电感电流 $\dot{I}_L$，使线路电流由 $\dot{I}$ 减小为 $\dot{I}'$，相角由 φ 减小为 φ'，从而功率因数从 $\cos\varphi$ 提高到 $\cos\varphi'$。由于电容电流的补偿，线路总电流减小，这样减小了线路电阻的有功损耗，减小线路压降和空载与满载之间的电压波动。又由于功率因数的提高，可以显著地提高原有电力设备（如变压器、断路器等）的利用率。

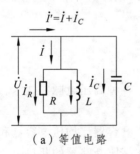
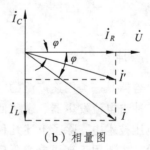

（a）等值电路　　　　　　　　（b）相量图

图 2.1　移相电容器

（二）串联电容器

这种电容器又叫纵向补偿电容器。它串联在输电线路中，用以补偿输电线的感抗，从而减小线路压降，提高线路的传输功率和稳定度，改善电压调整率，提高输电效率。

如图 2.2（a）所示为一输电线路示意图，未加电容器前，$\dot{U}_1 > \dot{U}_2$，$\varphi_1 > \varphi_2$，如图 2.2（b）所示。加了串联电容器以后，由图 2.2（c）可见，虽然 $\dot{I}$、$\dot{U}_2$、φ_2 仍为原值，但 $\varphi_1 < \varphi_2$，$\dot{U}_1$ 变小，则送电端功率因数得到改善，此时又可使 $\dot{U}_1$ 和 $\dot{U}_2$ 相差不多，改善了电压调整率（$\dot{U}_1 - \dot{U}_2$）/$\dot{U}_2 \times 100\%$，一般可以从 20%改进到 3%左右。

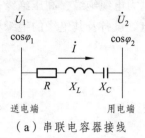
（a）串联电容器接线

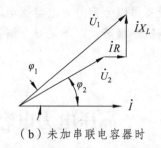
（b）未加串联电容器时

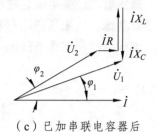
（c）已加串联电容器后

图 2.2　串联补偿电容器的作用

（三）耦合电容器

耦合电容器直接接在高压输电线与地之间，以进行通信、测量、保护之用。如图 2.3 所示绘出了电容式电压互感器工作原理图。图中 C_1 为耦合电容器，它可将通信用的高频（40～500 kHz）电流耦合到高压输电线上，同时由于它对工频电流具有足够大的阻抗，所以能阻止工频电流窜入通信设备中。图中 C_2 为电容分压器，利用 C_2 获得中间电压，然后通过中间变压器 B 在主二次侧进行测量及在辅助二次侧接继电保护线路。

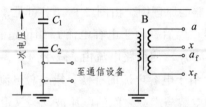

图 2.3　电容式电压互感器原理图

C_1—耦合电容；C_2—分压电容；B—中间变压器；

a_f、x_f—辅助二次线圈接线端子；

a、x—主二次线圈接线端子

（四）脉冲电容器

脉冲电容器是一类用途广泛的电容器的总称，主要用于各种高压电脉冲技术，如冲击电压发生器、冲击电流发生器、震荡回路等。

在高电压技术中，除了上述几种电容器外，还有隔直流电容器、均压电容器和过电压保护电容器等，主要用于高压电容分压器和滤波装置，并联在高压断路器的断口上，以改善各断口上的电压分布及平抑过电压等。

二、电容器常用的绝缘介质

电容器和其他电气设备的绝缘结构有所不同。在其他绝缘结构中，绝缘介质的作用是对不同电位的导体起电气绝缘及机械固定作用；而在电容器中，介质的主要任务是储存能量。因此，对电容器首先考虑的是单位体积（或单位重量）所储存的能量要大，然后是耐压高、损耗小、寿命长、工艺性好、成本低等一般问题。这样就需要选择介电系数大、耐电强度高的材料作电容器的介质。目前电容器常用的介质有以下几种。

（一）电容器纸

电容器纸是由植物纤维制成的。其特点是厚度薄（8~15 μm），密度大（0.8~1.2 g/cm³），机械强度高，含杂质少，耐电强度比其他电工用纸都高。电容器纸的主要技术指标列于表2.1，表中同时列出了电缆纸的主要技术指标，用以比较。

表 2.1　电容器纸、电缆纸的主要指标

材料名称	电容器纸	电缆纸
厚度（mm）	0.008~0.015	0.03~0.225
密度（g/cm³）	0.8~1.2	0.7~1.0
抗拉强度、纵向（N/cm²）	9 810	9 810
击穿强度（kV/cm）	300~400	80~90
干燥时的 $\tan\delta$（100 ℃时）	< 0.002 1	< 0.002 3
灰分（%）	< 0.35	< 1.0
水分（%）	4~10	6~9
油浸后的 ε_r	3~4	3~3.5

（二）塑料薄膜

由于电容器纸的固有介质损耗较大以及其他一些弱点，要大幅度提高电容的性能，必须采用新型介质。塑料薄膜已日益代替纸作为电容器极间介质。塑料薄膜的特点是机械强度、耐电强度都很高，中性或弱极性薄膜的 $\tan\delta$ 值远比纸小（如聚丙烯薄膜 $\tan\delta$ < 0.02%），ε_r 及 $\tan\delta$ 几乎与电源频率无关，适用于各种频率电力电容器。但是塑料薄膜难以浸渍，而如果浸渍不好，薄膜耐电晕性能差，工作场强就难以提高，电容器容量就受到限制。

塑料薄膜的种类很多，如聚丙烯薄膜、聚苯乙烯薄膜、聚酯薄膜、聚碳酸酯薄膜等。目前聚丙烯薄膜已广泛用于电力电容器。

（三）金属化纸和金属化薄膜

用纸和塑料薄膜作电容器介质时，都是用铝箔作极板的，铝箔的厚度有 0.007 mm 和 0.016 mm 等几种，而铝箔对浸渍剂有可能起不良的化学作用。金属化纸和金属化薄膜是在纸上或薄膜上涂敷一层极薄的金属膜（一般为锌锡层或铝层）作为电极。金属薄膜的厚度仅为 0.05~0.1 μm，比起铝箔厚度小得多，可以大大节约金属材料和减轻电容器的重量。特别是金属化纸和金属化薄膜有一突出的优点是具有"自愈性"，即当某处击穿时，短路电流使击穿部位周围金属化薄膜熔化蒸发而又形成绝缘。这样，就显著减少了介质中贯穿性导电质点和其他弱点对耐电强度的影响，从而提高了工作场强。用铝箔作极板时，考虑到介质中导电质点和其他弱点的存在，不得不在极板间至少用三层介质，以便让这些弱点互相错开，而金属化介质只需一层即可。

（四）液体介质

对于纸和薄膜电力电容器，为了提高其电气性能，必须浸渍液体介质，以填充纸或薄膜间或极板间的气隙。在选用液体时，除应满足对电容器介质的一般性能要求外，还应考虑以下特殊要求：① 强电场作用下吸气性好；② 要求黏度小、凝固点低、闪点高；③ 化学性能稳定，并能与电容器内其他材料稳定共存；④ 无毒或微毒。

电力电容器常用的液体介质有：电容器油、苯甲基硅油、蓖麻油、十二烷基苯、三氯联苯等。其中三氯联苯有毒，我国已停止生产。如表 2.2 所示列出几种常用液体介质的主要性能。

表 2.2　电力电容器中几种常用液体介质的主要性能

介质名称	电容器油	苯甲基硅油	蓖麻油	十二烷基苯	三氯联苯
外观	淡黄	透明淡黄	透明	透明	透明
60 ℃ 时黏度(°E)	1.9	2.33	10	1.21	1.5
凝固点(℃)不高于	−45	−65	−17	−60	−18
闪点(℃)高于	135	280	250	135	180
酸值（KOH mg/g）小于	0.02	0.013	1.5	0.01	0.02
吸气性	差	优	优	优	优
ε_r (℃)	2.2（60）	2.7（20）	4.2（20）	2.3（60）	5.2（60）
$\tan\delta$(℃)不大于	4×10^{-3}(100)	3.2×10^{-4}(25)	2×10^{-2}(60)	5×10^{-4}(60)	3×10^{-2}(90)
击穿强度不小于	24 kV/mm	18 kV/mm	18 kV/mm	24 kV/mm	18 kV/mm

三、电力电容器的基本结构

电力电容器由芯子、外壳和出线结构三部分组成。

芯子通常由元件、绝缘件和紧固件经过压装并按规定的串并联接法连接而成。元件由一定厚度及层数的介质和两块极板（通常为铝箔）卷绕一定圈数后压扁而成，如图 2.4 所示。

外壳有金属、陶瓷和酚醛绝缘纸筒等几种。金属外壳有利于散热，陶瓷和酚醛绝缘纸筒外壳的外绝缘性能好。

出线结构包括出线导体和出线绝缘两部分。出线导体通常包括金属导杆或连接线（片）及金属法兰和螺栓等；出线绝缘通常为绝缘套管。

把芯子或由多个芯子组成的器身与外壳、出线结构进行装配，经过真空干燥、浸渍液体介质和密封后，即成电容器。

如图 2.5 所示为单相移相电容器的结构。它采用金属长方形外壳，芯子由卷绕压扁形元件和绝缘件组成。

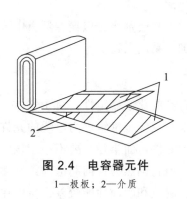

图 2.4　电容器元件

1—极板；2—介质

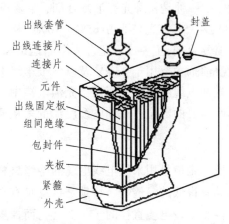

图 2.5　单相移相电容器的内部结构

任务二　电力电缆

用于电力的传输和分配的电缆称为电力电缆。

一、电力电缆常用的绝缘介质

电力电缆的绝缘介质应该具有的主要性能是：击穿强度高，介质损耗小，绝缘电阻相当高，绝缘性能长期稳定，对于固体而言还要具有一定的柔软性和机械强度。电力电缆常用的绝缘介质有电缆纸、浸渍剂、橡皮、塑料和气体等。

1. 电缆纸

电缆纸的主要成分是纤维素，现代电缆纸都是木质纤维制成。

电缆纸的主要技术指标已于表 2.1 列出。电缆纸的性能除了与纤维素的含量、结构有关外，还跟其他许多因素有关，例如纸的灰分越高，$\tan\delta$ 越大；含水量多，会明显地降低纸的绝缘电阻和击穿强度，也会使 $\tan\delta$ 增大。所以电缆纸应尽可能少含杂质，且应该避免受潮。

2. 浸渍剂

为了提高电缆纸的击穿强度，在制造电缆时，纸内的水分和空气在经真空干燥驱除以后，要用浸渍剂进行浸渍，浸渍后纸的击穿强度可以提高到未浸渍时的 6~8 倍。浸渍剂按其黏度可以分为两大类：黏性浸渍剂和充油浸渍剂。

黏性浸渍剂的黏度高，在电缆工作温度范围内不流动或基本不流动，可以防止流失。另一方面又要求在浸渍温度下具有较低的黏度，以保证良好的浸渍性能。黏性浸渍剂有两种主要配方：一种是松香光亮油复合剂，主要成分是松香和光亮油（又称低压电缆油），一般松香占 30%～35%，光亮油占 65%～70%，松香含量越高复合剂黏度越大；另一种是不滴流电缆用浸渍复合剂，主要成分是合成微晶地蜡和光亮油，其中微晶地蜡约占 40%，光亮油约占 60%。黏性浸渍剂主要用于 35 kV 及以下纸绝缘电力电缆的浸渍。

充油电缆浸渍剂主要用于充油电缆中，其黏度比黏性浸渍剂小，以便在油道中流动而补充到所需要的部位。充油电缆浸渍剂多从原油中经过加工精制而得。

3. 橡 皮

橡皮是最早用来做电线电缆的绝缘材料。橡皮具有高的化学稳定性，对于气体、潮湿、水分具有很低的渗透性。特别是橡皮具有高弹性，例如，浸渍纸绝缘电力电缆的允许弯曲半径不得小于该电缆直径的 15～25 倍，而橡皮电力电缆的允许弯曲半径只要不小于该电缆直径的 6～10 倍即可。因此，橡皮的价格虽然比浸渍纸高，但它仍然为目前制造高柔软性的移动式机器供电电缆的重要绝缘材料。但由于橡皮耐电晕、耐热和耐油性能较差，所以在高压电缆中很少采用。

橡皮是以橡胶为主体，配以各种配合剂，经混合成橡料，再经硫化而制成。近年来，随着合成橡胶工业的迅速发展，电缆绝缘也大量使用合成橡胶，如丁苯橡胶、丁基橡胶、乙丙橡胶等。

4. 塑 料

塑料的基本成分是合成树脂。塑料是在树脂中添加配合剂，并在一定条件下制造而成的。由于塑料具有比重小、机械性能好、绝缘性能优异、化学性能稳定、耐水、耐油、成型加工方便以及原材料来源丰富等优点，因而塑料电缆发展十分迅速。用于电缆绝缘的塑料主要有聚氯乙烯、聚乙烯、交联聚乙烯等，其中聚氯乙烯是电缆中应用最早、最广泛的绝缘材料。

5. 气 体

在充气电缆中，需充以气体，这些气体就是电缆的绝缘或是绝缘层的组成部分。一般要求气体具有高的耐电强度、化学稳定性和不燃性。通常用作电缆绝缘的气体有氮气（N_2）和六氟化硫（SF_6）气体，也有用氟利昂气体的。SF_6 和氟利昂的耐电强度比 N_2 高得多。SF_6 具有高的热稳定性和化学稳定性，它在 150 ℃的条件下，不与水、酸、碱、卤素、氧、氢、碳、银铜和绝缘材料起作用，在 500 ℃以下不分解（参见 1.4 节的七相关内容）。

二、纸绝缘电缆的结构

目前纸绝缘电力电缆在输配电系统中的应用最为广泛。纸绝缘电力电缆根据浸渍剂黏度的不同，可以分为黏性浸渍纸绝缘电力电缆、充油电力电缆和充气电力电缆等。下面对纸绝缘电力电缆的绝缘结构进行介绍。

（一）黏性浸渍纸电力电缆

如图 2.6 所示的三相带式绝缘（总包绝缘）电缆，就是浸渍纸绝缘电力电缆典型结构。

它包括：电缆芯 1，是由多根铜线或铝线绞合而成，以便具有充分的柔韧性。绞合的芯线，在单芯电缆内是圆形的，而在多芯电缆中通常是扇形的，这样使电缆结构更加紧凑。电缆的每一根芯线都用带状电缆纸包绕起来，构成电缆各相间的绝缘，称为相绝缘 4。为了使电缆总的截面成圆形，各芯线间的空隙内填入纸绳或麻绳，即填料 2。所有三根芯线连同它们的相绝缘并与填料一起，还包绕公共的电缆纸绝缘，即总包绝缘，又叫带绝缘 3。此后，电缆再经过真空干燥，以除去纸绝缘中的水分和空气，然后用黏性浸渍剂进行浸渍。浸渍过的电缆包以铅皮 5，使电缆密封，以防水分、潮气浸入。但是铅皮的机械强度不够大，它不能保护电缆在使用时可能发生的机械磨损，为此，采用坚固的钢带 8 裹覆。在裹覆钢带前，铅皮上预先包绕纸带 6 和黄麻保护层 7，以便铅皮与钢带之间形成一个软垫，不致使钢带磨损铅皮。由于钢带有被腐蚀的可能，所以外面还要包裹麻纱并浸渍沥青防锈层 9。

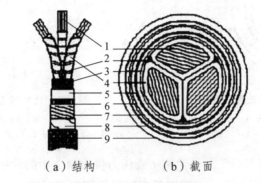

（a）结构　　　　　（b）截面

图 2.6　三相电缆的结构

1—芯线；2—填料；3—带绝缘；4—相绝缘；5—铅皮；
6—纸带；7—黄麻保护层；8—钢带；9—沥青麻皮

此外，在电缆导电芯线表面和铅皮内侧，通常还包以半导电纸带或金属化纸带的屏蔽层。近年来，多用 0.12 mm 厚的含炭黑的半导电纸带（俗称炭黑纸），其电阻率为 $10^7 \sim 10^8$ Ω·m。这种纸既能改善此处由于导电芯线表面（或铅皮内侧）不光整而引起的电场集中现象，所含炭黑还具有吸附浸渍剂中杂质离子的作用。

由上述知，黏性浸渍纸电力电缆的结构比较简单，也不需要其他附属设备。但它的生产和运行过程中，不可避免地会在绝缘中形成气隙，降低电缆的电气性能。因而，黏性浸渍纸绝缘电力电缆一般只用于交流 35 kV 及以下电压等级。为了解决电缆绝缘中出现的气隙以及气隙的耐电强度远较浸渍纸低的问题，从基本原理上看，有两条解决途径：设法经常不断地用低黏度油来填充气隙（充油电缆）；设法提高气隙的耐电强度（充气电缆）。

（二）充油电缆

充油电缆是利用补充浸渍油原理消除绝缘层中形成的气隙，以提高电缆工作场强的一种电缆结构。充油电缆根据护层结构的不同分为两类：一类为自容式充油电缆；另一类为钢管充油电缆。

1. 自容式充油电缆

自容式充油电缆的结构与前述的浸渍纸绝缘电缆结构相似，如图 2.7 所示。自容式充油电缆一般在芯线中心（有的在金属护套下），具有与补充浸渍设备（供油箱等）相连接的油道。当电缆温度升高时，浸渍剂受热膨胀，膨胀出来的浸渍剂经过油管流到补充浸渍剂设备中；当电缆温度下降时，浸渍剂收缩，补充浸渍剂设备中的浸渍剂经过油道对电缆绝缘层进行补充浸渍。这样既消除了绝缘层中气隙的产生，提高了电缆的工作场强，又防止了电缆中产生过高的压力。为了提高补充浸渍速度，充油电缆一般采用低黏度油作为浸渍剂。为了提高绝缘层的耐电强度，防止护套破裂时潮气浸入，也为了便于补充浸渍，一般浸渍剂压力高于大气压。如图 2.8 所示为典型的自容式充油电缆图。

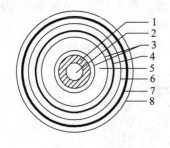

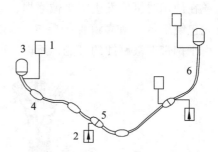

图 2.7　自容式充油电缆截面

1—芯线；2—油道；3—屏蔽；4—铅套；5—绝缘；
6—内衬；7—加强层；8—护层

图 2.8　自容式充油电缆工作原理图

1—重力供油箱；2—压力供油箱；3—终端盒；
4—连接接头盒；5—阻止式连接接头盒；6—电缆

　　电缆内浸渍剂的增减可由重力供油箱 1 或压力供油箱 2 中的油来调整，重力供油箱安装于电缆线路的最高位置，而压力供油箱则根据线路的需要和可能，可安装在线路的任何地点。阻止式连接接头盒 5 的作用是将电缆分为只有电的连接而油道互不相通的两段，以限制电缆内静压力的增加和故障影响区的扩大。连接接头盒 4 的作用是维持油道的畅通。

　　2. 钢管充油电缆

　　钢管充油电缆是由三根屏蔽的单芯电缆置于无缝钢管内组成，如图 2.9 所示。芯线用铝丝或铜丝绞合，没有中心通道。电缆绝缘层的浸渍剂黏度较高，以保证电缆在拉入钢管时，浸渍剂不会大量从绝缘层流出。在绝缘层表面包有半导电屏蔽层。屏蔽层外缠上 2～3 根半圆形（D 型）青铜丝（又叫滑丝，见图 2.9 中5），包缠节距约为 300 mm，其作用是减少电缆拖入钢管时是拉力，并防止电缆拖入钢管时损伤电缆绝缘层。同时，由于青铜丝使电缆绝缘外屏蔽与钢管内壁间保持一定距离，浸渍剂在这个间隙中可以流通，因此还有降低电缆热阻，提高电缆载流量的作用。为了避免在运输过程中潮气浸入电缆，电缆表面具有临时铅套，在拖入钢管时剥去。同时管内油压较高（约 1 500 kPa），以消除绝缘层中可能形成的气隙。

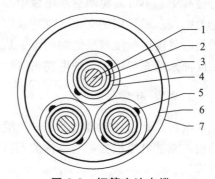

图 2.9　钢管充油电缆

1—导电芯线；2—导线屏蔽层；3—绝缘；4—绝缘外屏蔽；
5—半圆滑丝；6—钢管；7—房腐层

（三）充气电缆

充气电缆是利用提高绝缘层中气隙的耐电强度，来提高电缆工作场强的一种结构形式。

由气体电气性能可知，当气体压力超某一数值时，气体的击穿电压随压力的增加而增加，同时还知道某些气体（如 SF_6 等）的相对耐电强度比较高，充气电缆主要就是基于这些原理设计制作的。

如图 2.10 所示为 10 kV 低压力三芯充气电缆结构截面图。由图可见，其基本结构与一般黏性浸渍纸电缆相似，只是在电缆三芯间空隙处不充填任何填料，而是将其作为供气的通道，充以较高压力的气体。

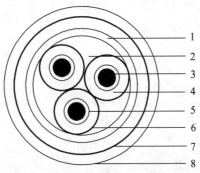

图 2.10　低压力三芯充气电缆截面

1—铅皮；2—供气通道；3—芯线导体；4—绝缘层；5—内屏蔽层；
6—外屏蔽层；7—钢带铠装；8—外护层

充气电缆所充的气体是绝缘层的组成部分，因此，要求它的电气性能优良，且对绝缘层及其他材料无损害。一般采用纯度为 99.95% 以上的干燥氮气。近年来已试用 SF_6 等高耐电强度的气体，以提高总体绝缘的耐电强度。

三、电力电缆中的电场分布

对于单芯电缆，其结构如图 2.11 所示。电缆绝缘中的电场强度为同轴圆柱体的电场，如图 2.12 所示，电场为径向，垂直于绝缘层，最大电场强度在线芯表面处，其值如下：

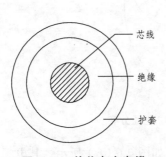

图 2.11　单芯电力电缆

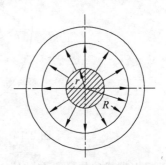

图 2.12　单芯电缆同轴柱形电场

$$E_{\mathrm{m}} = \frac{U}{r \ln \dfrac{R}{r}} \qquad\qquad (2\text{-}1)$$

式中　E_{m}——单芯电缆绝缘层中最大电场强度，即电缆线芯表面的电场强度；

　　　U——单芯电缆线芯对地电压；

　　　r——线芯半径；

　　　R——绝缘层外半径。

当导电线芯是由多根细线绞合而成时，最大电场强度要比式（2-1）计算的增加 25%~35%。

对于扇形导电线芯，且有分相铅包时，如图 2.13 所示，也可以借用同轴圆柱电场公式近似计算。导电芯表面 A、B 处电场强度分别为

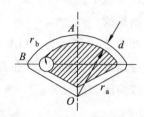

图 2.13　扇形线芯分相屏蔽时计算场强用图

$$E_{\mathrm{A}} = \frac{U}{r_{\mathrm{a}} \ln \dfrac{r_{\mathrm{a}} + d}{r_{\mathrm{a}}}} \qquad\qquad (2\text{-}2)$$

$$E_{\mathrm{B}} = \frac{U}{r_{\mathrm{b}} \ln \dfrac{r_{\mathrm{b}} + d}{r_{\mathrm{b}}}} \qquad\qquad (2\text{-}3)$$

式中　U——导电线芯对地电压；

　　　d——相绝缘厚度；

　　　r_{a}，r_{b}——如图 2.13 所示。

一般 $r_{\mathrm{b}} < r_{\mathrm{a}}$，由式（2-2）、式（2-3）可以看出，扇形线芯表面两端（B 点）电场强度最大。

对于三相分相铅包电缆，如图 2.14 所示。从电场分布来看，可以看成三根单芯电缆。所以电缆绝缘层中电场也为同轴柱体的电场，每一相最大电场强度的计算与单芯相同。

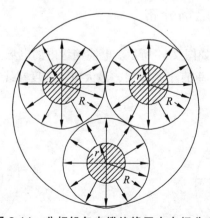

图 2.14　分相铅包电缆绝缘层中电场分布

对于三相带式绝缘（总包绝缘）电缆，其结构截面如图 2.6（b）所示，其电场强度已不是同轴圆柱体电场，而且在交流电压的每一周期中各个瞬时的电场强度分布也各不相同，绝

缘层中许多地方电场的分布不但存在垂直于浸渍纸层的径向分量，而且还存在沿浸渍纸层的切线分量。对于浸渍纸，沿纸表面（切线）的耐电强度只有垂直纸面的 1/10～1/20。于是沿纸表面电场分量的出现，会大大降低电缆的耐电强度。另外，带式绝缘电缆中的电场，不仅作用于带绝缘和相绝缘，而且还作用于相间的填料，而填料（纸绳或麻绳）的电气性能比浸渍纸的低。所以较高电压等级的电缆都不采用带式绝缘结构。

　　在交流电缆中，为降低导电线芯表面绝缘层中的电场强度，在靠近导电线芯处的绝缘层采用密度较大的薄纸包绕，因为薄纸的介电系数较高，所以靠近导电线芯处的场强有所下降；另一方面厚度 d 薄的纸的耐电强度 E_j 比厚度厚的纸的高，如图 2.15 所示。在直流电缆中绝缘中电场的分布取决于各层的电阻率，电阻率低，电场强度减小。为改善电场，在靠近导电线芯处采用电阻率比外层绝缘材料电阻率低的绝缘材料。

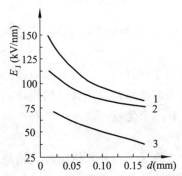

图 2.15　油浸电缆纸的短时耐电强度 E_j 与纸带厚度 d 的关系曲线

1，2—冲击电压下油浸纸、浸渍纸的曲线；3—工频电压下浸渍纸的曲线

任务三　高压绝缘子和高压套管

　　高压绝缘子和套管（有时统称为绝缘子），在电力系统中应用十分普遍。它的作用是将处于不同电位的导电体在机械上互相连接，而在电气上互相绝缘。绝缘子按用途分为线路类绝缘子和电站、电器类绝缘子。

一、高压绝缘子的组成及其材料

　　如图 2.16 所示，高压绝缘子主要由用作绝缘的绝缘材料 1、用作固定或导电的金具 2、金具与绝缘材料相互黏合固定的黏合剂 3 组成。

1. 绝缘材料

　　电瓷是目前用途最广泛的绝缘材料。电瓷是无机介质，由石英、长石和黏土作原料焙烧而成，能耐受不利的大气环境，不受酸碱污秽的侵蚀，抗老化性能好，具有足够的电气和机械强度。在均匀电场中，厚度为 1.5 mm 的瓷片试样，工频耐电强度为 17 ~ 22 kV/mm，在冲击全波电压作用下的耐电强度比工频下高 50% ~ 70%。

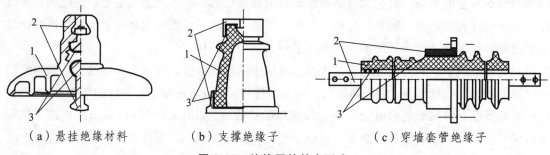

（a）悬挂绝缘材料　　　（b）支撑绝缘子　　　（c）穿墙套管绝缘子

图 2.16　绝缘子的基本形式

1—绝缘材料；2—金具；3—黏合剂

瓷是一种脆性材料，抗压强度比抗拉强度大的多。不上釉的瓷表面粗糙，容易开裂，机械强度比上釉的低 10% ~ 20%。

玻璃也是绝缘子的一种良好的绝缘材料。它具有和陶瓷同样的环境稳定性，而且工艺简单。经过退火和钢化处理后，玻璃的机械强度比普通的瓷还高 1 ~ 2 倍，电气强度也高于瓷。输电线路采用钢化玻璃绝缘子还有一个优点：损坏后具有"自爆"的特性，便于巡线时及时发现。

环氧树脂也可用以压制或浇注绝缘子。环氧树脂玻璃钢绝缘子，具有重量轻、机械强度高和制作方便等优点，但它的抗老化性能比较差。

作为套管的内绝缘，绝缘油、纸以及复合胶也广泛地用作绝缘材料。

2. 金　具

绝缘子的金属附件主要是由铸铁和钢制成。对一些通过大电流的产品，为了减少附件的涡流损耗，也有用硅铜合金、硅铝合金作附件的。导电的金属，如套管的导电杆，一般采用铜或铝材料。

3. 黏合剂

最常用的黏合剂是 500 号硅酸盐水泥，配以瓷粉或瓷砂作为填充剂，并在胶装瓷面和金具表面涂一层沥青作缓冲剂。在个别场合，也有采用其他黏合剂的，如甘油氧化铝，环氧树脂等。也有一些绝缘子，特别是一些大型瓷套是用卡装方法与金具固定，而不用黏合剂。

二、高压绝缘子的电气性能和机械强度

绝缘子是起电气绝缘和机械固定作用的外绝缘部件，在运行中要受到各种不同因素的作用，如工作电压和过电压、机械负荷、剧烈的温度和湿度变化等。这些作用决定了对绝缘子一系列的基本要求，特别是电气性能和机械强度的要求。

1. 绝缘子的电气性能

绝缘子的电气性能主要用以下一些特性指标来衡量和表示，而且这些特性指标均有国家标准或其他有关技术条件的具体规定。

（1）工频干闪络电压：在工频电压下，表面清洁干燥的绝缘子的闪络电压数值。

（2）工频湿闪络电压：在工频电压下，清洁的绝缘子在人工淋雨情况下的闪络电压数值。我国规定：人工雨水的雨量为 3 mm/60 s，雨水体积电阻率为 10^2 Ω·m，降雨方向与水平线成45°角。

（3）全波冲击闪络电压：在 1.5/40 μs 标准冲击波下，表面清洁的绝缘子50%冲击闪络电压数值。

（4）载波冲击闪络电压：在 2～3 μs 载波下，表面清洁的绝缘子50%冲击闪络电压数值。

（5）工频击穿电压：在工频电压下，绝缘子的绝缘介质被击穿的最低电压数值。

2. 绝缘子的机械强度

对绝缘子的机械强度要求，取决于它的运行条件，上釉绝缘子的机械性能按它在运行中承受外力和导线拉力的形式可分为以下几种。

（1）拉伸负荷：以作用在绝缘子两端的拉伸力来表示，例如悬挂输电线的绝缘子受重力和导线拉力造成的拉伸负荷。线路悬式绝缘子对抗拉性能要求极为严格，在超高压线路中，当线路通过大河、大山谷时跨度较大，其拉伸负荷可达数十万牛。为了保证承受必要的拉力，当负荷巨大时，绝缘子串可以并联使用。

（2）弯曲负荷：以作用在绝缘子顶部的垂直于绝缘支柱的垂直力来表示。例如支柱绝缘子和套管受到的横向的导线拉力、风力及短路电流的电动力作用，由于力的方向与支柱垂直造成弯曲负荷。

（3）扭转负荷：以作用在绝缘子顶部的扭矩来表示。例如隔离开关的支柱绝缘子常以转动方式来开闭触头，转动时绝缘子将承受扭转力矩。

三、高压套管的结构特点

高压套管属于电站、电器类高压绝缘子，它的作用是将载流导体引入或引出变压器、断路器、电容器等电气设备的金属外壳（电器用套管）；还可将载流导体穿过建筑物或墙壁（电站用套管）。

如图 2.17 所示为最简单的绝缘套管，包括绝缘部分 1、金具固定连接套筒（又称法兰）2 以及中心导电杆 3。外部为瓷套，瓷套与中间导电杆之间则有各种结构方式，按套管的不同结构方式而分为纯瓷套管、充油套管和电容套管。

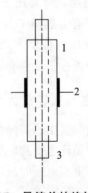

图 2.17　最简单的绝缘套管

1—绝缘；2—法兰；3—导电杆

1. 纯瓷套管的结构特点

纯瓷套管以电瓷（或还有空气）为绝缘，结构简单，维护方便。纯瓷套管又分为空心和实心两种。如图 2.16（c）所示即为空心纯瓷套管，在瓷件与导电杆之间有一空气腔。纯瓷空心套管一般只能用于较低电压等级。当电压过高时，由于导电杆周围电场强度甚高，空气腔产生电晕，使套管表面容易发生滑闪放电。在空气腔套管的导电杆上缠有几层胶纸（3～5 mm 厚），因纸的 ε_r 较空气的大，所以导电杆部位在交流电压下的电场强度降低。可以提高起晕电压，从而提高了套管的闪络电压。

空心纯瓷套管的缺点是中部直径大，内部鼓形空腔的制造不方便，导电杆如用纸层包裹也容易老化或受潮。因此，目前我国在 20 kV 以上则采用无空气腔的实心套管。实心套管在瓷件与导电杆之间没有空气腔，瓷件内壁涂以半导体釉均压层，然后用弹簧片与导电杆接通，使瓷件与导电杆同电位，这样内腔的气隙不承受电压，以免发生电晕。

纯瓷套管一般只做到 35 kV 及以下较低电压等级。当电压更高时，则采用充油套管或电容套管。

2. 充油套管的结构特点

充油套管就相当于在纯瓷套管的空心内腔里充以绝缘油。充油套管的击穿电压、散热性能比原来空心时大为改善。

20 kV 及以下的充油套管，主要就靠瓷套里所充的变压器油作绝缘。当电压较高，如 35 kV 以上时，导电杆表面处油道里的电场强度已很高，为此，常在导电杆上套以胶纸管或包以电缆纸（5～15 mm），这样可以显著提高油道的击穿电压。

对于 60 kV 或 110 kV 以上的充油套管，只是在导电杆上套装胶纸管或包绕电缆纸，其击穿电压往往不能满足要求，需在油隙中再加入几个胶纸筒，利用屏蔽作用来提高击穿电压。将油隙分得越细，击穿电压越高。如图 2.18 所示为高压试验变压器充油套管主要部件局部截面示意图。由图可见，在导电杆 1 与法兰 6 间有四个壁厚 3 mm 的胶纸筒 3；为减小导电杆附近油道中的场强，在导电杆上包以 40 mm 厚的油浸浸纸 2；为降低法兰处场强，提高沿瓷面的滑闪电压，在法兰内设有接地屏 4，运行中接地屏与法兰用导线相连。在高压充油套管的屏障（胶纸筒）上，有时还覆有金属箔（黄铜或铝箔），带有下述电容式套管中的均压极板的作用——调整径向及轴向的电位分布，从而进一步改善套管的电气性能。

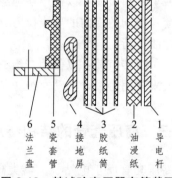

6　5　4　3　2　1
法　瓷　接　胶　油　导
兰　套　地　纸　浸　电
盘　管　屏　筒　纸　杆

图 2.18　某试验变压器套管截面

3. 电容式套管的结构特点

充油套管中，屏障数目不能太多（通常不超过 6～8 个），数目太多会使套管的制造发生困难，油循环也受到阻碍；何况充油套管里总还有较宽的油道，其电气强度远比纸层的低。

所以更高电压时改用电容式套管。如图 2.19 所示为电容式套管示意图，它主要由导电杆 1、电容芯子 5、瓷套 3、法兰 4、油箱 2 等组成。

电容式套管的性能主要取决于电容芯子。电容芯子是在导电杆上用绝缘纸和金属箔（铝箔）交替缠绕而成，如图 2.20 所示。电容芯子制成锥状，即金属箔的长度随离开导电杆的距离增加而减小。目的是为了调整导电杆与地极间的电场，使之比较均匀。调整原理：在图 2.20 中，每两层金属箔间形成一圆柱电容器，每层金属箔是径向电场强度为

$$E_r = \frac{Q}{2\pi \cdot r \varepsilon_0 \varepsilon_r l} \qquad (2\text{-}4)$$

式中 Q——金属箔上的电荷；

r——金属箔圆柱的半径；

ε_0——真空介电常数；

ε_r——金属箔间绝缘纸的相对介电常数；

l——金属箔的长度。

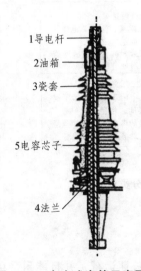

图 2.19 电容式套管示意图

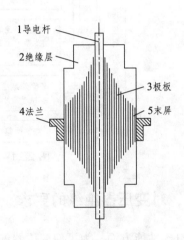

图 2.20 电容芯子示意图

因为 ε_0、ε_r 与 Q 均为常数，所以 $E_r = f(rl)$；只有当 rl 为一常数时，E_r 才为常数，即各层径向电场强度才均匀相等。此时，离导电杆较远（r 大）的金属箔圆柱的长度（l）较短，这样电容的体积就成了锥体状。

电容套管由于采用了电容芯子作为内绝缘，因此电气性能比充油套管好，同时具有较小的体积和较大的机械强度。所以，目前电容式套管已在全国大量生产和应用，并逐步取代充油套管。但由于多层介质巨大的吸湿性，电容套管密封不好容易受潮；还有电容套管散热性较差，有可能引起热击穿。

任务四 变压器

变压器的绝缘，对变压器的体积、重量、造价具有很大的影响，例如在额定电压为 330 kV 及以上的自耦变压器中，绝缘材料可达总重的 30%~45%。变压器绝缘的质量以及运行中对

绝缘的维护，对变压器可靠运行的影响就更为突出。高压变压器所发生的事故中，相当大的一部分是由于绝缘问题造成的。例如，有研究者对若干台 110 kV 以及以上的电力变压器所发生的 93 次事故做过统计分析，其中由于绝缘引起的占 80%以上。可见，认真地研究和解决变压器的绝缘问题，是保证电力系统安全运行的重要环节。

一、变压器绝缘的分类

通常将变压器油箱以外的绝缘称为外绝缘；而将在油箱以内的绝缘称为内绝缘（包括绝缘油及浸在油里的纸和纸板等）。内绝缘又常分为主绝缘和纵绝缘，绝缘分类如图 2.21 所示。

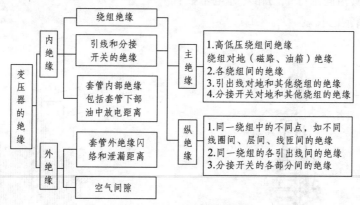

图 2.21　油浸式变压器的绝缘分类

二、对变压器绝缘的要求

在电气性能方面，为了使变压器绝缘能在额定电压下长期运行，并且能耐受可能出现的过电压，国家标准中规定了各种变压器的试验电压值。变压器的绝缘应能耐住在规定试验电压下各种耐压试验，如交流耐压试验、冲击耐压试验等。

在机械性能方面，变压器的绝缘结构要考虑能承受住因短路电流而产生的电动力的作用。变压器的短路电流可以达额定电流的 25～30 倍，电动力与电流的平方成正比，因而在突然短路的瞬间，变压器的绝缘线圈上所产生的电动力可达正常情况下的几百甚至近千倍，有时 1 m 长的绝缘线圈所受的电动力可达 10 000 N。在这种情况下，如果变压器绝缘线圈包扎不紧、固定不牢，或绝缘材料变脆等，将会受到破坏而造成事故。

此外，在运行过程中，由于铁芯及导线中的损耗会引起发热。在长期高温作用下，纸或纸板等固体绝缘会变脆；绝缘漆可能溶解而产生油泥；变压器油会由于氧气的存在而发生氧化。总之，变压器的绝缘性能会由于过热发生显著下降。因此，通常在变压器运行中限制油温高出环境温度不得超过 55 ℃，线圈高出环境温度不得超过 65 ℃。

还有，变压器油在受潮以及含有杂质、气泡以后，都将明显的影响其绝缘性能，再加上热的作用，更加使油老化。所以对变压器油，应该防止潮气的浸入和混进杂质。运行中，变压器油劣化后，应该及时处理或更换。

三、高压绕组绝缘的基本结构形式

变压器高压绕组常采用的基本结构形式有饼式及圆筒式两种。如图 2.22（a）所示为饼式绕组。这种绕组是以扁导线连续绕成若干个线饼，各线饼间利用绝缘垫块的支撑而形成（幅向）油道，以便油流动将变压器运行中产出的热量带走，所以散热性能较好。此外绕组的端面大，便于轴向固定；机械强度较高。但这种绕组在绕制时技术要求较高。

如图 2.22（b）所示为多层圆筒式绕组。这种绕组在绕制时，每一线匝紧贴着前一个线匝成螺旋形沿绕组高度轴向排列而成，形状像一个圆筒。圆筒式绕组的制造工艺简单，不受容量限制。但是，圆筒式绕组的端面小，机械强度不容易得到保证；另外，层间长而窄的轴向油道不如饼式绕组的径向油道那样容易散热。

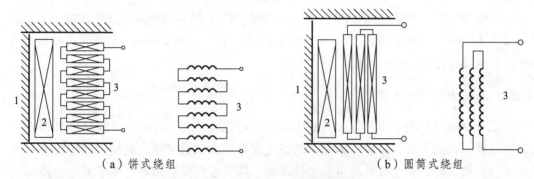

（a）饼式绕组　　　　　　　　　（b）圆筒式绕组

图 2.22　高压绕组的两种基本形式

1—铁芯；2—低压绕组；3—高压绕组

四、油浸变压器常用的绝缘材料

目前国内外的电力变压器，特别是高压变压器，几乎都是油浸式的。油浸式变压器常用的绝缘材料有变压器油、绝缘纸和纸板以及其他一些绝缘材料。

（一）变压器油

这是油浸变压器最基本的绝缘材料，充满整个变压器油箱，起绝缘和散热两种重要作用。变压器油的主要性能要求如表 2.3 所示。变压器油的绝缘性能可以参见课题一有关部分。

表 2.3　变压器油的主要性能指标

项　目		新　油	运行中的油
水溶性酸或碱		无	无
机械混合物或游离碳		无	无
酸值（KOH mg/g）		≤0.05	≤0.1
闪点（℃）		≥135	不比新油标准或前一次测得值降低 5 ℃
耐电强度（kV/2.5 mm）	对 15 kV 及以下变压器	≥25	≥20
	对 20～35 kV 运行变压器	≥35	≥30
	对 44～220 kV 运行变压器	≥40	≥35
介质损耗角正切值（70 ℃）		≤0.005	≤0.02

（二）绝缘纸和纸板

绝缘纸和纸板的品种很多，目前用于油浸变压器的主要有：电缆纸、电话纸、皱纹纸、绝缘纸板（筒或环）等。

电缆纸的主要性能已在表 2.1 中列出。变压器常用的是厚度 0.12 mm 的电缆纸，主要用于导线的绝缘、层间绝缘和出线头、分线头绝缘等。

电话纸的质地与电缆纸基本相同，但较薄，有 0.04 mm、0.05 mm、0.075 mm 等厚度规格，可用于导线的绝缘、层间绝缘、出线头和分接头绝缘等。

包扎引线需要机械强度较高的绝缘材料。过去常用黄蜡布等，现已逐渐被皱纹纸所替代，因皱纹纸的包扎工艺性好，标准紧密、平滑，绝缘性能也高。

绝缘纸板在变压器中用作绕组垫块、撑条、相间隔板，或制成绝缘筒及角环等。绝缘纸板经干燥浸油后的电气性能很好，$\varepsilon_r \approx 4$，耐电强度为 $170 \sim 250$ kV/cm。但是它具有很大的吸湿性，受潮以后就失去耐电强度。

（三）油纸绝缘和油-屏障绝缘

油与纸结合使用性能非常良好，具有极高的耐电强度，比一般其他绝缘材料高得多，也比二者分开时任何一种高得多。但是，油纸绝缘易吸潮和被污染，而油中即使仅含有极微量的水分和杂质时，其电气性能也会明显降低。因此在实际应用中，应尽可能使油和纸纯净。

关于油-屏障绝缘及其中作用参见课题一有关部分，这里不再赘述。

（四）其他绝缘材料

（1）漆布或带：用棉布、绸或玻璃丝浸以耐油漆加工制成。用以加强有一定机械强度要求或折叠处理的绝缘，如线端附近的绝缘等。

（2）绝缘漆：绕组浸渍耐油的绝缘漆后，可以提高机械强度和散热性。

（3）玻璃丝或石棉：有时可用作导线绝缘，如玻璃丝包电磁线，可以提高耐热性。

（4）木材：经处理（如干燥后）的木材，在变压器绕组中作为板条和垫块，以代替绝缘纸板。

以上几种绝缘材料一般只用于较低电压等级的变压器中，在高压特别是超高压变压器中一般不大采用。

五、变压器的主、纵绝缘方式

（一）绕组间及绕组对铁芯柱间的绝缘

变压器的主绝缘主要是用油-屏障绝缘，各种电压等级的高压绕组 4、低压绕组 2 间及绕组对铁芯 1 间的绝缘结构如图 2.23 所示。由图可见，电压等级越高，所用的屏障纸筒 3 数目越多，油隙分得越细，其电气强度越高。目前在超高压变压器的主绝缘中，越来越多地采用薄纸筒小油道结构。不过，这时应综合考虑变压器的散热问题。

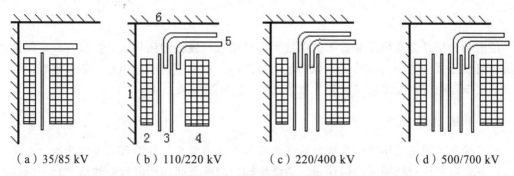

（a）35/85 kV　　　（b）110/220 kV　　　（c）220/400 kV　　　（d）500/700 kV

图 2.23　高压变压器绝缘结构示意图

1—铁芯；2—低压绕组；3—纸筒；4—高压绕组；5—角环；6—铁轭

（二）绕组对铁轭的绝缘

变压器绕组端部对铁轭（见图 2.23 中 6）之间常常是主绝缘的薄弱环节。在这里电场远远没有绕组之间均匀，在绕组之间的电场中，电力线大都与绕组间的绝缘纸筒 3（或板）相垂直，很少有切线分量；可是在绕组对铁轭的绝缘中，端部电场对固体绝缘表面存在垂直分量的同时，不可避免地存在强烈的切线分量。所以，在绕组端部，容易发生沿固体绝缘表面的电晕放电和滑闪放电，表面滑闪和烧焦的延伸容易导致绕组端部与铁轭间绝缘击穿。因此在绕组与铁轭间的绝缘距离要取得比绕组之间的大得多，同时还用绝缘纸筒制成角环（见图 2.23 中 5）将油道分开。

表 2.4　110 kV 及以下的变压器的引线距离

额定电压（kV）	10	35	110
工频试验电压（kV）	35	85	200
引线最小直径（mm）	2.44	4.1	10
引线包绕绝缘的厚度（mm）	0/3	0/6	10
图（a）引线对平面 d_1（mm）	20/10	50/20	70
图（b）引线对尖角 d_2（mm）	20/10	55/25	150
图（c）引线对引线 d_3（mm）	20/0	50/20	60
图（d）沿夹件：木件/纸板 d_4（mm）	50/30，0/0	140/80，50/30	150/100

　　　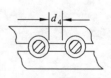

（a）引线对平面　　　（b）引线对尖角　　　（c）引线对引线　　　（d）沿夹件

（三）引线绝缘

绕组到分接开关或出线套管等的引线大都采用直径较粗的圆导线，并包有一定厚度的绝缘层，与油箱及其他不同电位处应保持足够的距离，以保证在试验电压下不被击穿。110 kV及以下变压器引线绝缘厚度及其尺寸如表 2.4 及表内图所示。

（四）纵绝缘

纵绝缘在油浸式变压器中主要是导线本身包覆的绝缘漆、棉纱和纸等的绝缘。对于饼式绕组，各线饼间用垫块隔成径向油道，沿绕组轴向的撑条间隔构成轴向油道；对于圆筒式绕组，各圆筒间的撑条间隔构成轴向油道。这是纵绝缘的油绝缘部分。

六、改善绕组中冲击电压分布的措施

在变压器里，不仅有绕组本身的电感、电阻，还有绕组内部各部分之间（层间、段间等）的纵向电容，通常叫主链电容，如图 2.24（b）中 K 所示；绕组对地的横向电容，通常叫侧链电容，如图 2.24（b）的 C 所示。在冲击电压的作用瞬间，由于波头很短，电压变化率 $\mathrm{d}u/\mathrm{d}t$ 很大，相当于极高频率的电压作用，这时变压器绕组的感抗很大，可以认为电感开路。于是，变压器绕组中在冲击电压作用的瞬间，电压分布取决于电容值。假若绕组对地电容 $C=0$，即侧链中无分流，则主链 K 中的电容电流恒定，沿绕组高度上的电压均匀分布；而侧链电容 C 值越大，则主链 K 中的电流被侧链 C 不断分流，使得越靠近起始端的主链 K 中电流越大，以致那里的电压降（梯度）也越大。实验表明，110 kV 变压器绕组在冲击电压下，当没有采取改善电压分布措施时，其首端线圈电压降可达 20%～35%全电压，这样首端绝缘就容易受到损坏。因此，必须采取改善措施。

根据以上的扼要分析，改善变压器绕组中冲击电压分布的措施应该从以下原则考虑：设法减小绕组对地侧链电容 C；增加主链电容 K，以减弱侧链电容 C 的影响；设法另外加入附加电容，以补偿侧链电容 C 中的电流；使主链电容中的电流恒定（或少变化）。通常采用以下改善冲击电压分布的措施。

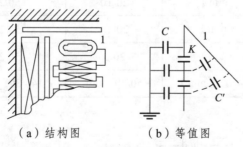

（a）结构图　　　　（b）等值图

图 2.24　静电板的作用原理图

1—静电板；C'—静电板对各线饼电容；C—侧链电容

（一）静电板

如图 2.24 所示，静电板 1 是开口的非磁性金属环，外包绝缘层，通常设置在绕组端部。静电板对绕组各线饼间存在电容C'，为绕组各部分对地电容C的电流提供了补偿的通路，即相当于流经电容C的电流不再经过K，使流经K的电流比较恒定，电压分布也就比较均匀了。

（二）静电线匝（又叫静电圈）

静电线匝的电气连接如图 2.25 所示。图中装有与进线端相连的静电线匝 2（开口线圈），利用它对变压器线饼间的电容C_x来补偿对地电容C中的电容电流，如图 2.25（b）所示。这样冲击电压下也起到均压的作用。

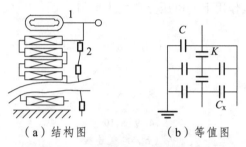

（a）结构图　　　　　（b）等值图

图 2.25　静电线匝的作用原理图

1—静电板；2—静电线匝

不过，由于静电线匝的采用对变压器的散热不利，又加大了变压器总尺寸，因此近年来已逐渐为下述的纠结式绕组所代替。

（三）纠结式绕组

纠结式绕组是利用改变绕组中匝间相对位置的方法来增大纵向电容K，从而改善冲击电压下的电压分布。没有采用纠结式的普通饼式绕组中，线匝是按自然数列 1、2、3…的顺序排列的，如图 2.26 所示。图（a）是线匝布置图，图（b）是电气连接图，图（c）是由 1、10 两点看进去时全部串联线匝相互之间的电容接线图。由此可得

$$K_{1,10} = \frac{K'}{8} \tag{2-5}$$

式中　K'——每匝间的电容；

　　　$K_{1,10}$——全部串联匝间（即两饼间）电容。

（a）线匝布置　　　　（b）电气连接　　　　（c）1、10 两点电容

图 2.26　普通饼式绕组

如图 2.27 所示为纠结式绕组，图（a）是线匝布置图，图（b）是电气连接图，（c）是等值匝间电容接线图。纠结式绕组就是在电气上相邻的两个线匝中间插入另外的一匝，好似很

多线匝纠结在一起。由图（b）可看出对于 1、10 两点看进去，全部线匝之间的电容主要由 $K_{1,6}$、$K_{5,10}$ 串联构成，如图 2.27（c）所示，即

$$K_{5,10} = \frac{K'}{2} \qquad\qquad (2\text{-}6)$$

式中　K'——每匝间的电容；

这样，在纠结式绕组中，就可以使两饼间的电容显著增大，即增大了变压器绕组纵向电容 K，使绕组在冲击电压作用下的电压分布大为均匀。

（a）线匝布置　　　　　　（b）电气连接　　　　　（c）1、10 两点间电容

图 2.27　纠结式绕组

（四）圆筒式绕组

以上几种措施都是保留饼式结构，改善连接线绕法，从而改善绕组在冲击电压下的电压分布。而多层圆筒式绕组间电容大，对地电容小，因此在冲击电压下的电压分布比饼式好得多。如果多层圆筒式再采用静电屏蔽措施，绕组在冲击电压下的电压分布就更加均匀了。

任务五　互感器

互感器是一种特殊的变压器，它分为电流互感器和电压互感器两种。电流互感器是将一次系统中的大电流，按比例变换成额定电流为 1 A 或 5 A 的小电流；电压互感器则是将一次系统的高电压，按比例变换成额定电压为 100 V 或 $100/\sqrt{3}$ V 的低电压，供给测量仪表、继电保护和自动装置。由于有了互感器，使测量仪表、保护及自动装置与高压电路隔离，从而保证了电压仪表、装置及工作人员的安全。

一、电流互感器的绝缘

电流互感器的结构与变压器相似，也是由铁芯、一次绕组和二次绕组组成。其一次绕组匝数只有一或几匝，串联在大电流电路中；二次绕组匝数较多，通常互相独立，分别与仪表和继电保护装置的电流线圈相连，负载阻抗很小（与短路相当）；为了满足不同的测量要求，互感器也可以有多个铁芯。因此，电流互感器实际上相当于一台容量很小、励磁电流可忽略不计的短路变压器。

电流互感器的一次绕组串接在高压回路中，处于高电位；而二次绕组与仪表等相连，处于低电位。所以在一、二次绕组之间存在很高的电位差。此外，与变电所内的其他电气设备一样，电流互感器绝缘上也将受到各种过电压的作用。

额定电压不很高（10～20 kV）的电流互感器，通常采用浇注式的绝缘结构，其一、二次绕组的绝缘一般是用环氧树脂浇注。浇注式的绝缘具有绝缘性能好、机械强度高、防潮、防烟雾等特点。

额定电压在 35 kV 及以上的电流互感器，大多采用全封闭油浸式结构。这种绝缘结构的电流互感器有"8"字形和"U"字形两种。"8"字形结构的电流互感器主要用于 35～110 kV 电压等级，其一次绕组（呈环状）套在绕有二次绕组的环形铁芯上（构成"8"字形，见图 2.28），一次绕组和铁芯上都包有很厚的电缆纸，通常两者厚度相等，然后将两个环一起浸在充满变压器油的瓷套中。"8"字形结构的绝缘层中电场分布很不均匀，再加上沿环形包缠纸带，不容易包得均匀、密实，因而这种结构容易出现绝缘弱点。

"U"字形结构电流互感器（见图 2.29），用于 110 kV 及以上电压等级，一次绕组做成"U"字形，主绝缘全部包在一次绕组上，为多层电缆纸绝缘，层间放置同心圆筒形的铝箔电容屏，内屏与一次绕组连接，最外层的屏接地，构成一个同心圆筒形的电容器串，这种绝缘结构称为电缆电容型绝缘。保持电容屏各层的电容量相等，可以使主绝缘各层的电场分布均匀，绝缘得到充分利用，减小绝缘的厚度，在"U"字形一次绕组外屏的下部两侧，分别套装两个环形铁芯，铁芯上绕着二次绕组。再将其浸入充满变压器油的瓷套中。

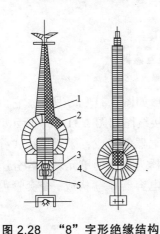

图 2.28　"8"字形绝缘结构

1——次绕组；2——次绕组绝缘；3—二次绕组及铁芯；
4—支架；5—二次绕组绝缘

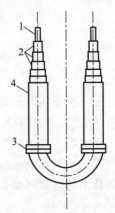

图 2.29　"U"字形电流互感器结构原理图

1——次绕组；2—电容屏；3—二次绕组及铁芯；4—末屏

二、电压互感器的绝缘

电磁式电压互感器的结构、原理和接线都与变压器相同，差别在于电压互感器的容量很小，通常只有几十到几百伏安，它实际上是一台小容量的空载变压器。

电压互感器的绝缘方式较多，有干式、油浸式和充气式等。干式（浸绝缘胶）的绝缘结构，绝缘强度较低，只适用于 6 kV 以下的户内配电装置；浇注式结构紧凑，适用于 3～35 kV

户内配电装置；油浸式绝缘性能好，可用于 10 kV 以上的户内外配电装置；充气式用于 SF$_6$ 全封闭组合电器中。此外还有电容式电压互感器。

油浸式电压互感器按结构又分为普通式和串级式，3～35 kV 电压等级的都常采用普通式，110 kV 及以上的普遍采用串级式。普通油浸式电压互感器，是将铁芯和绕组皆浸于充满变压器油的油箱内。串级式电压互感器如图 2.30 所示。其一次绕组分成匝数相等的两部分，分别绕在一个口字形铁芯的上、下柱上，两者相串联，接点与铁芯连接，铁芯与底座绝缘，置于瓷箱内，该瓷箱即起高压出线套管作用，代替油箱。每柱绕组为一个绝缘分级，正常运行时，每柱绕组对铁芯的电位差只有互感器工作电压的一半，铁芯对地的电位差也是工作电压的一半；而普通结构的互感器，则必须按全电压设计绝缘。二次绕组则绕在下铁芯柱上，并置于一次绕组的外面。为了加强绕在上铁芯柱上的一次绕组和下铁芯柱上的二次绕组间的磁耦合，减小电压互感器的误差，增设了平衡绕组，它分别绕在上下铁芯柱上，并反向相连。采用串级式结构，绕组和铁芯是分级绝缘，简化了绝缘结构，节省了绝缘材料，并减轻了重量，降低了造价。

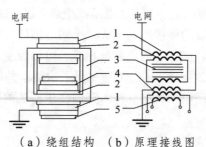

（a）绕组结构　（b）原理接线图

图 2.30　110 kV 串级式电压互感器

1—一次绕组；2—平衡绕组；3—铁芯；4—二次绕组；5—附加二次绕组

电容式电压互感器实际上是一个电容分压器，其外形如图 2.31（a）所示。它由若干个相同的电容器串联组成，接在高压导线与地之间，其原理接线图如图 2.31（b）所示。YDR-110 型电容式电压互感器主要由电容分压器、电磁装置、阻尼器等组成，采用单柱式叠装结构，上部为电容分压器，下部为电磁装置和安装支架，阻尼器为单独的单元。电容分压器主要由瓷套和置于瓷套中的电容器串（包括主电容器 C_1 和分压电容器 C_2）构成。瓷套管内充满电容器油，构成主绝缘。

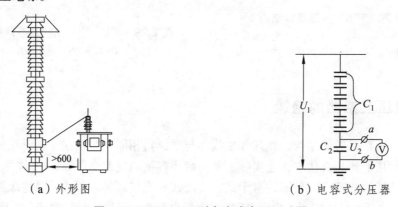

（a）外形图　　　　　　　　（b）电容式分压器

图 2.31　TDR-110 型电容式电压互感器

任务六 旋转电机

一、旋转电机绝缘的工作条件

旋转电机包括发电机、调相机、变频机和电动机等。目前大型旋转电机的额定电压一般为 6.3 kV、10.5 kV、13.8 kV、15.75 kV、18 kV。电机绝缘的工作条件限制了其大幅地提高电机额定电压。

首先，因电机有高速旋转部分，不可能像变压器、电缆那样把它全浸在绝缘油里。而固体绝缘不浸渍油里，其电气性能将受到气体的影响而显著降低。

其次，电机定子铁芯的尺寸本来很小，如果再提高额定电压，势必要增加槽内绝缘厚度，为此，只有减小槽内铜线的截面面积，那么满槽率（槽内铜导线的截面与整个线槽截面之比）将更低。而且绝缘越厚，向外散热就越困难。这样也就限制了电机额定电压的提高。

旋转电机的绝缘在运行中主要受到热的、机械的和电场的作用。

运行中，电机的热量不仅来自于铜损、铁损、介质损耗等，还有由于高速旋转的摩擦等所产生的发热。在长期较高温度下，会引起电机绝缘老化。此外，运行中随温度的变化，各种材料也发生膨胀或收缩，当处在一起的几种材料膨胀系数不一样时，将引起绝缘的分层、开裂等情况。

由于电机是在旋转中运行，绝缘绕组不但受到交变电流引起的周期性的电动力作用，而且不断地受到机械振动。因此，电机绝缘容易松动、变形以致损坏。

电机绝缘长期在交流电压下运行，绝缘内部空气隙里或绝缘与芯槽间的空气层里及绝缘的表面，都可能发生局部放电，由此引起的热、电、化学腐蚀也会使绝缘迅速老化。随着绝缘老化过程的发展，其在过电压或试验电压下易发生击穿，有时甚至在工作电压下也可能发生击穿。

二、旋转电机常用的绝缘材料

旋转电机常用的绝缘材料主要有：云母制品、绝缘漆和漆布等。

（一）云母制品

云母是一种硅酸盐矿物晶体，它有很好的电气性能和机械性能，耐热、耐燃、化学性质稳定，很少吸水，具有非常良好的耐电性能。在高压旋转电机绝缘中，迄今尚无其他材料可与之比拟。

云母制品是云母、补强材料（如玻璃布，有的云母制品没有补强材料）和黏合剂组成，是电机（特别是高压电机）中极为重要的绝缘材料。云母制品按用途分为云母板、云母箔、云母带三大类。云母板是云母片和黏合剂（如虫胶）一起经加工压制而成，用作电机的绝缘衬垫，也可以制成不同形状的绝缘零件，如绝缘管子等。云母箔是将云母片用黏合剂黏合在整张薄纸上制成，主要用于电机直线部分的绝缘。

过去用沥青作黏合剂，以纸或绸布为补强材料，与片云母制成沥青云母带，作为高压电机绕组对地绝缘。沥青云母带的缺点是因片云母来源稀缺而使其成本很高。此外沥青是热塑性材料软化点低，纸和绸也都是耐热性较低的有机纤维材料，以致沥青云母带耐热等级仅为 A 级，极限温度为 105 ℃。

目前广泛用环氧粉云母带代替沥青云母带，作为高压电机绕组对地绝缘。环氧粉云母带使用耐热性和机械性能都较好的环氧树脂作黏合剂，以粉云母代替片云母。以玻璃丝带作补强材料制成。因此，环氧粉云母带的电气性能、机械性能及耐热性能都大为提高，很适合作为大型旋转电机的绝缘材料。目前环氧粉云母带还有一些缺点，如贮存期短、生产应用不便、热态机械性能较差等，有待进一步改进。

（二）绝缘漆和漆布

绝缘漆由漆基（沥青、树脂、干性油等）、溶剂或稀释剂（苯、甲苯等）和辅助材料（着色、防腐剂等）三部分组成。绝缘漆按用途分为浸渍漆、覆盖漆、黏合漆三种。

浸渍漆用于浸渍电机绕组及纤维材料，以提高绝缘的电气性能、导热性、耐热性、耐潮湿性以及绕组的整体性。覆盖漆又叫涂刷漆，是涂在已浸渍过的绝缘表面，以加强绝缘的机械性，使绝缘光滑、防潮、防尘等。黏合漆用以黏合各种绝缘材料，如云母、纸、布等。漆布是棉布或玻璃丝布在绝缘漆中浸渍干燥后制成的柔软绝缘材料，多用于高压电机绝缘外层的防护层。漆布与青壳纸复合，也可用于中小型低压电机的槽绝缘。

三、旋转电机常用的绝缘结构

旋转电机的绝缘一般可分为主绝缘、匝间绝缘、股间绝缘和层间绝缘。主绝缘是指绕组对机身和其他绕组间的绝缘，一般也称对地绝缘；匝间绝缘是同一绕组中各线匝间的绝缘；股间绝缘指并联的各股导线间的绝缘；层间绝缘是绕组上下层间的绝缘。旋转电机定子主绝缘的结构可以分为套筒式（又叫衬套式）和连续式。

表 2.5　国内常用的电机绝缘厚度（单面）

额定电压 U_e（kV）	套筒式	连续式		
	虫胶云母箔	沥青云母带		环氧粉云母带
	厚度（mm）	厚度（mm）	半包绕层数	厚度（mm）
3.15	2.0	2.0	～6	
6.3	2.75	3.0	～10	2.2～3.0
10.5	3.5	4.0	～14	3.5～3.75
13.8		4.75	～17	4.3～4.6
15.75		5.25	～19	～4.75
18.0		6.25	～23	～5.5

（一）套筒式绝缘

套筒式绝缘是在电机绕组的直线部分用大张云母箔包绕到所需厚度（见表 2.5），然后经过钢模热压而成，如图 2.32 中 2 所示。绕组端部则是用云母带作螺旋状包绕，如图 2.32 中 4

所示。包绕时，后一圈绝缘带要将前一圈搭盖上一半，称为半叠包绕；达到所需厚度后外面再绕一层漆布作保护层。在直线部分与端部绝缘交接处包绕成反锥形，如图 2.32 中 2 和 4 所示，以增加沿绝缘间隙表面的放电距离，即增加所谓的爬电距离。

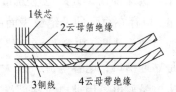

图 2.32　套筒式绝缘用的反锥形包缠示意图

　　套筒式绝缘工艺简单，成本较低，绝缘表面平整光滑。但是，由于直线部分与端线部分的绝缘存在接缝，即使采用反锥形使爬电距离大为增加，这里也仍然是电和机械的薄弱点，其击穿电压仅为槽部的 20% ~ 40%；另外，大张的云母箔烘卷时，常在层间留下气隙，容易产生局部放电，介质损耗较大。目前，国外一些厂家仍然采用这种绝缘结构，我国大型电机的制造时则不予采用，而是采用连续式绝缘结构。

（二）连续式绝缘

　　连续式绝缘是在整个绕组上采用同一种绝缘带半叠包绕若干层，以达到所需厚度，然后再外包几层纱布带，进行真空压力浸渍沥青胶，再解除外层纱布带而成。用作连续式绝缘的绝缘带材料在不断发展中，前已述及，过去主要是用沥青片云母带，近年来越来越广泛地应用新绝缘材料，如环氧粉云母带等。

　　连续式绝缘的直线部分和端部都是同一种绝缘，没有套筒式那样的两种绝缘间的接缝，直线与端线交接处的绝缘跟槽部绝缘的电气强度相同。另外，由于经过真空压力浸胶，绝缘内部气隙极少，所以不容易产生局部放电，介质损耗小。但是，连续式绝缘的工艺复杂，成本较高。还有，在运行过程中，在热和机械的作用下，连续式绝缘容易产生松动和分裂，特别是槽口部分更是如此，从而显著降低该处的电气强度。此外，由于浸渍沥青胶，受沥青软化点温度限制，连续式绝缘运行允许温度较低。

四、旋转电机中的电场分布及防电晕措施

（一）旋转电机中的电场分布

　　在旋转电机定子槽部的绕组与槽壁间存在一定的空气间隙，这样在具有高电位的导线与具有零电位的铁芯之间既有固体绝缘层，又有薄层空气间隙，两层介质互相串联，由于空气的介电常数比固体绝缘的小，因此在交流电压下电机槽部薄层空气隙中的电场较强，而空气的耐电强度远比电机的固体绝缘的低（例如环氧云母带的耐电强度不小于260 kV/cm，而空气的约为 30 kV/cm），所以电机槽部薄层空气隙最容易发生电晕放电。另外，定子铁芯槽部的棱角比较突出，特别是通风道处更是这样，这些地方电场强度很高，空气层更容易发生放电。

　　电机绕组在制造过程中，尽管经过热压或浸胶，绝缘中难免存在气隙，这些气隙在高电压作用下也要发生电晕放电。

高压电机端部槽口处的电场分布更为不均匀，如图 2.33 所示，不但存在垂直绝缘表面的电场分量，也存在很强的沿绝缘表面的电场切线分量，其等值电路如图 2.34 所示。由图可见，由于导线对地（铁芯）电容 C_1 和绝缘层 2 的体积电容 C_0 的分布作用，体积电容电流分布不均匀，越是靠近槽口，电容电流 I_C 越大，沿绝缘的电位梯度越高，电场越强，这里的气隙越是容易发生电晕放电，因此电机端部槽口处的电晕常常比槽内的更为严重。

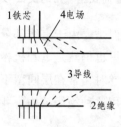

图 2.33　槽口附近的电场分布形式

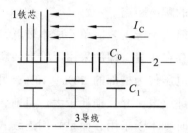

图 2.34　线圈从槽中伸出处的等值电路

（二）旋转电机的防电晕措施

电晕放电的危害很大，从实践中可以看到，电晕放电会使电机绝缘表面出现白色或黄色粉末，严重时可以使绝缘表面烧成许多如虫蛀的小洞，明显地缩短电机的使用寿命。因此，无论制造厂还是有运行部门都十分重视电机的防电晕问题。

1. 电机槽部的防电晕措施

（1）改善工艺，改善材料，以尽量减少由于制造或运行带来的绝缘内部的气隙。

（2）在绕组的外层包以半导体玻璃丝带，在定子绕组下线前将定子槽内壁涂以半导体漆，从而将绕组固体绝缘与铁芯间的气隙短路，减小气隙上所承担的电压，以抑制电晕的发生。

（3）下线以后，绕组应压紧密，若间隙过大，用半导体适形材料或半导体波纹板等塞紧。

以上槽部所用半导体材料，一般要求其表面电阻率在 $10 \sim 10^3$ $\Omega \cdot m$ 内，若太低，有可能将铁芯硅钢片间短路而增加铁损。

2. 电机绕组出槽口处的防电晕措施

电机绕组出槽口处的防电晕措施主要是设法改善沿面电压分布不均匀性。具体方法如下：

（1）沿出线处的端部绝缘表面涂半导体漆或包半导体带，其电阻率为 $10^6 \sim 10^8$ $\Omega \cdot m$，增大表面的电导电流，以减小由于电容电流的作用带来的电位分布不均匀性。

如图 2.35 所示为电机出槽口处涂以半导体层后的等值电路图，R 为半导体层的电阻。体积电容 C_0 被 R 分流，当 $R \ll \dfrac{1}{\omega C_0}$ 时，C_0 的作用很小，可以忽略，这样就降低了靠近槽口处的电位梯度，于是抑制了该处电晕的发生。

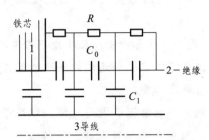

图 2.35　电机绕组出槽口处涂以半导体层时的等值电路

对于额定电压较高的电机，还可以将半导体层分为多级，离槽口越近，所用半导体阻值越小。如图 2.36 所示为额定电压 18 kV 的绕组出槽口处所采用的一种防电晕结构。

近年来国内外不少电机厂采用碳化硅半导体漆，由于它属于非线性半导体材料，其阻值随外加电场强度的增高而减小，如槽口处场强过高，它就自动降低阻值，减小该处场强，从而自动调节电位分布。

（2）采用内屏蔽方法就像高压套管那样，在绝缘层中加进不同长度的均压极板（内屏蔽），如图 2.37 所示，通过强制内部场强较均匀分布来改善绝缘表面的电场分布。内屏蔽层数不宜过多，1～2 层即可，而且宜与绝缘层外的半导体层配合使用。内屏蔽的材料现在用的是半导体玻璃丝布。

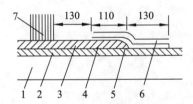

图 2.36　18 kV 电机绕组槽口处防电晕结构

1—导线；2—绝缘；3—槽部低电阻层；4—中电阻半导体层；
5—高阻值半导体层；6—绝缘覆盖层；7—铁芯

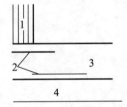

图 2.37　内屏蔽示意图

1—铁芯；2—内屏蔽；3—绝缘层；4—导线

习题 2

2-1　对高压电气设备绝缘油有哪些基本要求？

2-2　电力工业中的移相电容器有何作用？为什么能起这些作用？

2-3　电力电容器常用的绝缘介质有哪些？它们各有何主要特点？

2-4　试简述黏性浸渍纸电力电缆的结构。

2-5　从电场分布的角度看，为什么较高电压等级的电缆不采用三相带式绝缘电缆？

2-6　高压套管按瓷套与导电杆之间结构方式的不同分为哪几种？它们各自的结构特点是什么？

2-7　电容式套管的电容芯子为什么制成锥体状？

2-8　为什么在电力变压器高压绕组与铁轭之间的绝缘距离要求比高低压绕组之间的绝缘距离还要大？

2-9　具体分析变压器纠结式绕组改善冲击电压下电压分布的原理。

2-10　试分别叙述旋转电机套筒式绝缘和连续式绝缘的结构和各自的优缺点。

2-11　旋转电机的防电晕措施有哪些？

2-12　请综合归纳运行中的电力电容器、电力电缆、绝缘子和套管、电力变压器、旋转电机等高压电气设备绝缘检查试验的基本项目及其一般标准。

课题三　高压电气设备绝缘测量与试验

本课提示：本课题介绍了电气设备的绝缘试验中常用的高压试验装置及测试仪器的原理与试验方法。电气设备绝缘试验是保证电气设备安全、可靠工作的检验手段。试验的目的是为了及早发现绝缘缺陷，减少事故，确保电气设备安全、可靠的运行。课内涉及的内容有绝缘电阻和吸收比的测量、介质损耗角正切值的测量、局部放电的测量、工频耐压试验、直流泄漏电流的测量与直流耐压试验、冲击高压试验等。要求着重理解和掌握各种试验的原理、方法、判断标准以及试验时测试数据的分析和判断。

电力系统中的各种电气设备，在安装后投入运行前，要进行交接试验。在运行过程中还要定期进行绝缘的预防性试验。它是判断设备能否投入运行、预防设备绝缘损坏及保证设备安全可靠运行的重要措施。

电气设备绝缘中可能存在着各种各样的缺陷，它们可能是在制造或修理过程中潜伏下来的，也可能是在运输及保管过程中形成的，还有可能是在运行中绝缘老化而发展起来的。为此，在电力系统中，必须定期对电气设备绝缘进行预防性试验，以便有效地发现各种绝缘缺陷，并通过检修把它们排除掉，以减少设备损坏或停电事故发生，保证电力系统的安全运行。

绝缘的缺陷通常可分为两类：一类是局部性或集中性的缺陷，例如：悬式绝缘子的瓷质开裂；发电机绝缘局部磨损、挤压破裂；电缆由于局部有气隙在工作电压作用下发生局部放电逐步损坏绝缘，以及其他的机械损伤、受潮等。另一类是整体性或分布性的缺陷，它是指由于受潮、过热及长期运行过程中所引起的整体绝缘老化、变质、绝缘性能下降等。

电气设备的绝缘预防性试验也可以分成两大类：一类是非破坏性试验，它是指在较低的电压下或者用其他不会损伤绝缘的方法测量绝缘的各种特性，以间接地判断绝缘内部的状况。非破坏性试验包括绝缘电阻和吸收比测量、泄漏电流以及 $\tan\delta$ 的测量、电压分布的测量、局部放电的测量、绝缘油的气相色谱分析等。各种方法反映绝缘的性质是不同的，对不同的绝缘材料和绝缘结构的有效性也不同，往往需要采用多种不同的方法进行试验，并对试验结果进行综合分析比较后，才能作出正确的判断。另一类叫耐压试验，它是模拟电气设备绝缘在运行中可能遇到的各种等级的电压（包括电压幅值、波形等），对绝缘进行试验，从而检验绝缘耐受这类电压的能力，特别是能暴露一些危险性较大的集中性缺陷。耐压试验能保证其绝缘有一定的耐压水平，故耐压试验对绝缘的考验比较直接和严格，但试验时有可能会对绝缘造成一定的损伤，并可能使有缺陷但可以修复的绝缘（如受潮）发生击穿。因此耐压试验通常在非破坏性试验之后进行。如果非破坏性试验已表明绝缘存在不正常情况，则必须在查明原因，并加以消除后才能再进行耐压试验，以免给绝缘造成不应有的损伤。

　　本课题主要介绍电力系统中常用的各种绝缘预防性试验方法和它的基本原理。在具体判断某一电气设备的绝缘状况时，应注意对各项试验结果进行综合分析，并注意和历史资料以及与该设备的其他相进行比较。为便于与历次试验结果相互比较，最好在相近的温度和试验条件下进行试验，以免因温度换算带来误差。试验应尽量在良好的天气下进行。有关绝缘预防性试验进一步的内容，可参考《电力设备预防性试验规程》和我国电力部门出版的有关书籍和资料。

任务一　绝缘电阻和吸收比测量

　　用兆欧表来测量电气设备的绝缘电阻是一种简单易行的绝缘试验方法。绝缘电阻的测量在设备维护检修时，广泛地用作常规的绝缘试验。

　　如课题一中任务一中"二"所述，当直流电压作用在任何电介质上时，流过它的电流是随加压时间的增长而逐渐减小的，在相当长时间后，趋于一稳定值，这个稳定电流即为泄漏电流。如图 3.1 中的曲线 1 即是这一电流随时间的变化曲线，这一现象称为吸收现象。如被试设备绝缘状况良好，吸收过程进行得较慢，吸收现象很明显，如图 3.1 中绝缘电阻值随加压时间的变化曲线 2 所示。如被试设备绝缘受潮严重，或有集中性的导电通道，则其绝缘电阻值显著降低，泄漏电流将增大，吸收过程加快，吸收现象不明显，此时绝缘电阻值随加压时间的变化如图 3.1 中的曲线 3 所示。如上所述，显然可根据被试设备泄漏电流变化的情况可以判断设备的绝缘状况。为了方便，在一般情况下，不是直接测量电气设备绝缘的泄漏电流，而是用兆欧表来测量绝缘的电阻变化，因为当直流电压一定时，绝缘电阻与泄漏电流成反比。

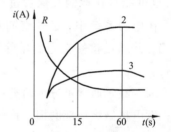

图 3.1　泄漏电流、绝缘电阻测量值与
时间的关系

一、兆欧表的工作原理

　　兆欧表（亦称摇表）是测量设备绝缘电阻的专用仪表，它的原理接线图如图 3.2 所示，以图中手摇直流发电机 M（也可能是交流发电机通过晶体二极管整流代替）作为电源，它的测量机构为流比计 N，它有两个绕向相反且互相垂直固定在一起的电压线圈 LU 和电流线圈 LA，它们处在同一个永磁磁场中（图中未画出），它可带动指针旋转，由于没有弹簧游丝，故没有反作用力矩，当线圈中没有电流时，指针可以停留在任意的位置上。

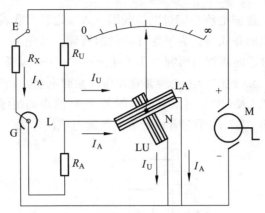

图 3.2　兆欧表原理接线图

兆欧表的端子"E"接被试品 R_X 的接地端，端子"L"接被试品的另一端，摇动发电机手柄（一般转速为 120 r/min，手柄转速超过时表内机械稳速装置会使发电机转速稳定在该转速下），直流电压 U 就加到两个并联的支路上。第一个支路电流 I_U 通过电阻 R_U 和电压线圈 LU；第二个支路电流 I_A 通过被试品电阻 R_X、保护 R_A 和电流线圈 LA，两个线圈中电流产生的力矩方向相反。在两个力矩差的作用下，线圈带动指针旋转，直至两个力矩平衡为止。当到达平衡时，指针偏转的角度 α 正比于 I_U / I_A，即

$$\alpha = f\left(\frac{I_U}{I_A}\right)$$

因为

$$I_U = \frac{U}{R_U}，\quad I_A = \frac{U}{R_A + R_X}$$

从而可得

$$\alpha = f\left(\frac{I_U}{I_A}\right) = f\left[\frac{U/R_U}{U/(R_A + R_X)}\right] = f\left(\frac{R_A + R_X}{R_U}\right) = f'(R_X) \tag{3-1}$$

式中　R_U——分压电阻（包括电压线圈的电阻）；

　　　R_A——限流电阻（包括电流线圈的电阻）；

　　　R_X——被试品的绝缘电阻。

对于一只兆欧表，R_U 和 R_A 均为常数，故指针偏转角 α 的大小仅由被试品的绝缘电阻值 R_X 决定，即兆欧表指针偏转角的大小反映了被试品绝缘电阻值的大小。

"G"为屏蔽接线端子，因为测试的绝缘电阻值是绝缘体的体积电阻。为了避免由于表面受潮而引起测量误差，可以利用导线把屏蔽电极接到屏蔽端子"G"上，从而使绝缘表面的泄漏电流不通过电流线圈 LA 以减少测量误差。

二、绝缘电阻的测试方法

如图 3.3 所示为测量套管的绝缘电阻的接线图。测量时将端子"E"接于套管的法兰 1 上，将端子"L"接于导电芯柱 4，如果不接屏蔽端子"G"，则从法兰沿套管表面的泄漏电流和

从法兰至套管内部体积的泄漏电流均流过电流线圈 LA，此时兆欧表测得的绝缘电阻值是套管的体积电阻和表面电阻的并联值。为了保证测量的精确，避免由于表面受潮等而引起的测量误差，可在导电芯柱附近的套管表面缠上几匝裸铜丝（或加一金属屏蔽环 3），并将它接到兆欧表的屏蔽端子"G"上，此时由法兰经套管表面的泄漏电流将经过"G"直接回到发电机负极，而不经过电流线圈 LA（参见兆欧表电路图），这样测得的绝缘电阻便消除了表面泄漏电流的影响。故兆欧表的"G"端子起着屏蔽表面泄漏电流的作用。

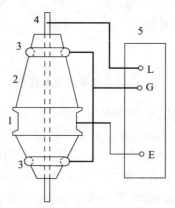

图 3.3　测量套管绝缘电阻的接线图

1—法兰；2—瓷体；3—屏蔽环；4—芯柱；5—兆欧表

测量绝缘电阻时规定以加电压后 60 s 测得的数值为该被试品的绝缘电阻值。当被试品中存在贯穿的集中性缺陷时，反映泄漏电流的绝缘电阻将明显下降，用兆欧表测量时，便可很容易发现，在绝缘预防性试验中所测得的被试品的绝缘电阻值应等于或大于一般规程所允许的数值。但对于许多电气设备，反映泄漏电流的绝缘电阻值往往变动很大，它与被试品的体积、尺寸、空气状况等有关，往往难以给出一定的判断绝缘电阻的标准。通常把处于同一运行条件下，不同相的绝缘电阻值进行比较，或者把本次测得的数据与同一温度下出厂或交接时的数值及历年的测量记录相比较，与大修前后和耐压试验前后的数据相比较，与同类型的设备相比较，同时还应注意环境的可比条件。比较结果不应有明显的降低或有较大的差异，否则应予以注意，对重要的设备必须查明原因。

常用的兆欧表的额定电压有 500 V、1 000 V、2 500 V 及 5 000 V 等几种，高压电气设备绝缘预防性试验中规定，对于额定电压为 1 000 V 及以上的设备，应使用 2 500 V 的兆欧表进行测试；而对于 1 000 V 以下的设备，则使用 1 000 V 的兆欧表。

三、吸收比的测量

对于电容量较大的设备，如电机、变压器等，我们还可以利用吸收现象来测量其绝缘电阻值随时间的变化，以判断其绝缘状况，通常测定加压后 15 s 的绝缘电阻值 R''_{15} 和 60 s 时的绝缘电阻值 R''_{60}，并把后者对前者的比值称为绝缘的吸收比 K；对于大容量试品，还需测定加压后 10 min 的绝缘电阻 R'_{10} 值和 1 min 时的绝缘电阻 R'_1 值，把前者对后者的比值称为极化指数 K'，即

$$K = \frac{R''_{60}}{R''_{15}}$$ （3-2）

$$K' = \frac{R'_{10}}{R'_{1}}$$ （3-3）

对于不均匀试品的绝缘（特别是对 B 级绝缘），如果绝缘状况良好，则 K 值远大于 1，吸收现象特别明显。如果绝缘受潮严重或是绝缘内部有集中性的导电通道，由于泄漏电流大增，吸收电流迅速衰减，使加压后 60 s 时的电流基本上等于 15 s 时的电流，K 值将大大下降，$K \approx 1$。因此，利用绝缘的吸收曲线的变化或吸收比 K 值的变化，可以有助于判断其绝缘状况。

《电力设备预防性试验规程》中规定：沥青浸胶及烘卷云母绝缘（电机容量为 6 000 kW 及以上）的吸收比 K 不应小于 1.3 或极化指数 K' 不应小于 1.5 时为绝缘干燥，如果小于以上的数值，则可判断绝缘可能受潮。

需要注意的是：有些设备的集中性缺陷虽已发展得很严重，以致在耐压试验中被击穿，但耐压试验前测出的绝缘电阻值和吸收比均很高，这是因为这些缺陷虽然严重，但还没有贯穿两极的缘故。因此，只凭测量绝缘电阻和吸收比来判断绝缘状况是不完全可靠的，但它毕竟是一种简单而且有一定效果的方法，故使用十分普遍。

四、影响因素

（1）温度的影响：一般温度每下降 10 ℃，绝缘电阻增加到原来的 1.5 ~ 2 倍。为了比较测量结果，需将测量结果换算成同一温度下的数值。

（2）湿度的影响：绝缘表面受潮（特别是表面污秽）时，沿绝缘表面的泄漏电流增大，泄漏电流流入电流线圈 LA 中，将使绝缘电阻读数显著下降，引起错误的判断。为此，必须很好地清洁被试品绝缘表面，并利用屏蔽电极 3 接到兆欧表的屏蔽端子"G"的接线方式（见图 3.3），以消除表面泄漏电流的影响。

五、测量绝缘电阻时的注意事项

（1）测试前应先拆除被试品的电源及对外的一切连线，并将其接地，以充分释放残余电荷。

（2）测试时以额定转速（约 120 r/min）转动兆欧表把手（不得低于额定转速的 80%），待转速稳定后，接上被试品，兆欧表指针逐渐上升，待指针读数稳定后，开始读数。

（3）对大容量的被试品测量绝缘电阻时，在测量结束前，必须先断开兆欧表"L"端子与被试品的连线，再停止转动兆欧表，以免被试品的残余电荷对兆欧表反充电而损坏兆欧表。

（4）兆欧表的线路端"L"与接地端"E"引出线不要靠在一起，接线路端的导线不可放在地上。

（5）记录测量时的温度和湿度，以便进行校正。在湿度较大条件下测量时，必须加以屏蔽。

任务二 介质损耗角 $\tan\delta$ 的测量

介质损耗角正切值 $\tan\delta$ 是在交流电压作用下，电介质中电流的有功分量与无功分量的比值，它是一个无量纲的数（参见课题一的任务一）。在一定的电压和频率下，它反映电介质内单位体积中能量损耗的大小，它与电介质体积尺寸大小无关。由于绝缘的状态跟绝缘体的能耗有对应的关系，因此从测得的 $\tan\delta$ 数值能直接了解绝缘情况。

介质损耗角正切值 $\tan\delta$ 的测量是判断绝缘状况的一种比较灵敏和有效的方法，从而在电气设备制造、绝缘材料的鉴定以及电气设备的绝缘试验等方面得到了广泛的应用，特别对受潮、老化等分布性缺陷比较有效，对小体积设备比较灵敏，因而 $\tan\delta$ 的测量是绝缘试验中一个较为重要的项目。

因套管绝缘其体积小，故 $\tan\delta$ 测量是一项必不可少且较为有效的试验。当固体绝缘中含有气隙时，随着电压的升高，气隙中将产生局部放电，使 $\tan\delta$ 急剧增大，因此在不同电压下测量 $\tan\delta$，不仅可判断绝缘内部是否存在气隙，而且还可以测出局部放电的起始电压 U_0，显然 U_0 的值不应低于电气设备的工作电压。

在用 $\tan\delta$ 值判断绝缘状况时，除应与有关标准规定值进行比较外，同样必须与该设备历年的 $\tan\delta$ 值以及与处于同样运行条件下的同类型其他设备相比较。即使 $\tan\delta$ 值未超过标准，但当与历史数据或与同样运行条件下的同类型其他设备比，$\tan\delta$ 值有明显增大时，必须要进行处理，以免在运行中发生事故。

一、QS1 型电桥原理

在绝缘预防性试验中，常用来测量设备绝缘的 $\tan\delta$ 值和电容 C 值和方法是采用 QS1 电桥（西林电桥）。QS1 电桥原理接线图如图 3.4 所示，它由四个桥臂组成，臂 1 为被试品 Z_x，图中用 C_x 及 R_x 的并联等值电路来表示；臂 2 为标准无损电容器 C_N，一般为 50 pF，它是用空气或其他压缩气体作为介质（常用氮气），其 $\tan\delta$ 值很小，可认为是零；臂 3、4 为装在电桥本体内的操作调节部分，包括可调电阻 R_3、可调电容 C_4 及与其并联的固定电阻 R_4。外加交流高压电源 u（电压一般为 10 kV），接到电桥的对角线 CD 上，在另一对角线 AB 上则接上平衡指示仪表 G，G 一般为振动式检流计。

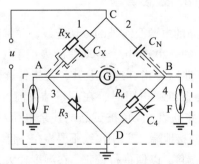

图 3.4　QS1 型电桥平衡原理接线图

进行测量时，调节 R_3、C_4，使电桥平衡，即使检流计中的电流为零，或 U_{AB} 为零，这时有

$$Z_X Z_4 = Z_2 Z_3 \tag{3-4}$$

$$Z_X = \frac{1}{\dfrac{1}{R_X} + j\omega C_x}$$

$$Z_2 = \frac{1}{j\omega C_N}$$

$$Z_3 = R_3$$

$$Z_4 = \frac{1}{\dfrac{1}{R_4} + j\omega C_4}$$

将上述阻抗值代入式（3-4），并使等式左右的实数部分和虚数部分分别相等，即可求得

$$\tan\delta = \frac{1}{\omega C_x} = \omega C_4 R_4 \qquad (3-5)$$

$$C_x = C_N \frac{R_4}{R_3} \times \frac{1}{1 + \tan^2\delta}$$

因 $\tan\delta$ 很小， $\tan^2\delta \ll 1$ 故得

$$C_x \approx C_N \frac{R_4}{R_3} \qquad (3-6)$$

由于我国使用的工频电源频率为 50 Hz，故 $\omega = 2\pi f = 100\pi$（rad·s^{-1}），为便于读数，在电桥制造时常取 $R_4 = 10^4/\pi = 3\ 184\ \Omega$，因此

$$\tan\delta = \omega C_4 R_4 = 100\pi \times \frac{10^4}{\pi} C_4 = 10^{-6} C_4(\text{F}) = C_4\ (\mu\text{F}) \qquad (3-7)$$

这样，当调节电桥平衡时，在分度盘上 C_4 的数值就直接以 $\tan\delta$（%）来表示，极为方便。

为了避免外界电场与电桥各部分之间产生的杂散电容对电桥产生干扰，电桥本体必须加以屏蔽，如图 3.4 中的虚线所示。由被试品和标准无损电容器连到电桥本体的引线也要使用屏蔽导线。在没有屏蔽时，由高压引线到 A、B 两点间的杂散电容分别与 C_x 与 C_N 并联（见图 3.4），将会影响电桥平衡。加上屏蔽后，上述杂散电容变为高压对地的电容，与整个电挢并联，就不影响电桥的平衡了。但加上屏蔽后，屏蔽与低压臂 3、4 间也有杂散电容存在，如果要进一步提高测量的标准度，必须消除它们的影响，但在一般情况下，由于低压臂的阻抗及电压降都很小，这些杂散电容的影响可以忽略不计。

二、接线方式

用国产 QS1 型电桥测量 $\tan\delta$ 时，常有以下两种接线方式。

1. 正接线

如图 3.4 所示接线方式中，电桥的 C 点接到电源的高压端，D 点接地，这种接线称为正接线。此种接线由于桥臂 1 及 2 的阻抗 Z_X 和 Z_N 的数值比 Z_3 和 Z_4 大得多，外加高电压大部分降落在桥臂 1 及 2 上，在调节部分 R_3 及 C_4 上的电压降通常只有几伏，对操作人员没有危险。为了防止被试品或标准电容器一旦发生击穿时在低压臂上出现高电压，在电桥的 A、B 点上和接地的屏蔽间接有放电管 F，以保证人身和设备的安全。正接线测量的准确度较高，试验时较安全，对操作人员无危险，但要求被试品不接地，两端部对地绝缘，故此种接线适用于试验室中，不适用于现场试验。

2. 反接线

现场电气设备的外壳大都是接地的，当测量一极接地的试品的 $\tan\delta$ 时，可采用如图 3.5 所示的反接线方式，即把电桥的 D 点接到电源的高压端，而将 C 点接地。在这种接线中，被试品处于接地端，调节元件 R_3 与 C_4 处于高压端，因此电桥本体（图 3.4 虚线框内）的全部元件对机壳必须具有高绝缘强度，调节手柄的绝缘强度应能保证人身安全，国产携带式 QS1 型电桥的接线即属这种方式。

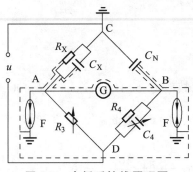

图 3.5 电桥反接线原理图

三、干扰的产生与消除

在现场测量 $\tan\delta$ 时，特别是在 110 kV 及以上的变电所进行测量时，被试品和桥体往往处在周围带电部分的电场作用范围之内，虽然电桥本体及连接线都采用了前面所述的屏蔽，但对被试品通常无法做到全部屏蔽，如图 3.6 所示。这时等值干扰电源电压 U' 就会通过与被试品高压电极间的杂散电容 C' 产生干扰电流 I'，因而影响测量的准确。

当电桥平衡时，流过检流计的电流 $I_G = 0$，此时捡流计支路可看作开路，干扰电流 I' 在通过 C' 以后分成两路，一路 I_X' 经 C_X 入地，另一路 I_1 经 R_3 及试验变压器的漏抗入地，由于前者的阻抗远大于后者，故可以认为 I' 实际上全部流过 R_3。

在没有外电场干扰的情况下，电桥平衡时流过 R_3 的电流即为流过被试品的电流 I_x，相应的介质损耗角为 δ_x，如图 3.7 所示。有干扰时，由于干扰电流流过 R_3，改变了电桥的平衡条件，这时要电桥平衡就必须把 R_3 和 C_4 调整到新的数值。由于 C_4 值的改变，测得的损耗角 δ_x' 已不同于没有干扰时的实际损耗角 δ_x 了，因此对流过 R_3 的电流 $\dot{i}_x$ 已变成 $\dot{i}_x'$，即相当于在 $\dot{i}_x$ 上叠加一个干扰电流 $-\dot{i}'$，$\dot{i}_x'$ 与 $\dot{i}_N$ 的夹角就是 δ_x'。同时 R_3 值的改变也引起了测得的 C_x 值改变。$\dot{i}'$ 引起 $\tan\delta$ 和 C_x 测量值的变化将随 $\dot{i}'$ 的数值和相位定。在干扰源固定时，$\dot{i}'$ 的相量端点的轨迹为一圆。

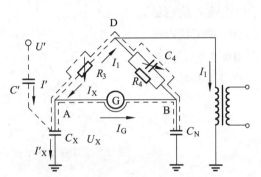

图 3.6　外界电源引起的电场干扰

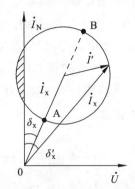

图 3.7　有电场干扰时的相量图

在某些情况下，当干扰结果使 $\dot{i}'$ 的相量端点落在图 3.7 所示的阴影部分的圆弧上时，$\tan\delta$ 值将变为负值，这时电桥在正常接线下已无法达到平衡，只有把 C_4 从桥臂 4 换接到桥臂 3 与 R_3 并联，才能使电桥平衡，并按照新的平衡条件计算出 $\tan\delta$ 值。当 $\dot{i}'$ 的相量端点落在图 3.7 中的 A、B 点时，即干扰电流 $\dot{i}'$ 与 $\dot{i}_x'$ 同相或反相时，$\tan\delta$ 值不变，但此时的 I_x 值变大或变小，将引起测得的 C_x 值变大或变小。为了避免干扰，消除或减小由电场干扰所引起的误差，可采用下列措施。

1. 尽量远离干扰源

在无法远离干扰源时，加设屏蔽，用金属屏蔽罩或网将被试品与干扰源隔开，并将屏蔽罩与电桥的屏蔽相连，以消除 C' 的影响，但这往往在实际中不易做到。

2. 采用移相电源

由图 3.7 可看出，在有干扰的情况下，只要使 $\dot{i}'$ 与 $\dot{i}_x$ 同相或反相，则测得的 $\tan\delta$ 值不变。干扰电流 $\dot{i}'$ 的相位一般是无法改变的，但可以改变电源的相位和电压从而改变 $\dot{i}_x$ 的相位以达到上述目的。应用移相电源消除干扰时，在试验前先将 Z_4 短接，将 R_3 调到最大值，使干扰电流尽量通过检流计（因其内阻很小），并调节移相电源的相角和电压幅值，使检流计指示达最小，这表明 $\dot{i}_x$ 与 $\dot{i}'$ 相位相反，移相任务已经完成，即可退去电源电压，保持移相电源相位，拆除 Z_4 间的短接线，然后正式开始测量。若在电源电压正、反相二种情况下测得的 $\tan\delta$ 值相等，说明移相效果良好，此时测得的 $\tan\delta$ 为真实值。

但正、反相两次所测得的电流 $I_{OA} = I_x - I'$，和 $I_{OB} = I_x - I'$，$I_x = (I_{OA} + I_{OB})/2$，因此，被试品电容的实际值应为正、反相两次测得的平均值。用移相法基本上可以消除同频率的电场干扰所造成的测量误差。

3. 采用倒相法

倒相法是一种比较简便的方法。测量时将电源正接和反接各测一次，得到二组测量结果 $\tan\delta_1$、C_1 和 $\tan\delta_2$、C_2，然后进行计算求得 $\tan\delta$ 值和 C_x 值。

如图 3.8 所示为被试品电流 $\dot{I}_x$ 和干扰电流 $\dot{i}'$ 的相量图。在图中，当电源反相时，实际上就相当于把干扰电流反相变成 $-\dot{i}'$ 而其余相量不动，故在图中用反相的 $\dot{i}'$ 代替反相的 $\dot{I}_x$，这样使分析比较方便，而其结果是一样的。由图 3.8 中可看出：

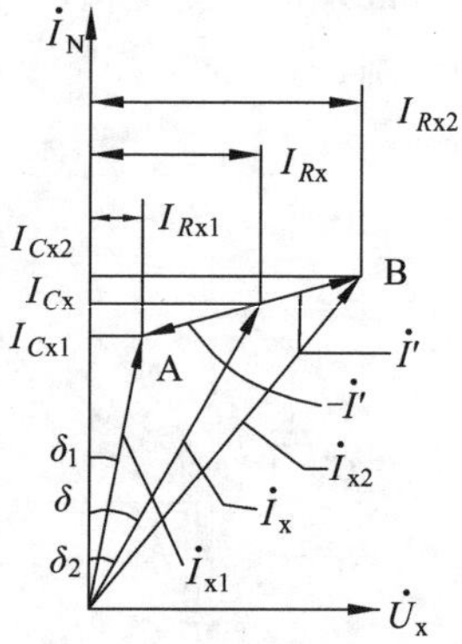

图 3.8　倒相法除干扰的相量图

$$\tan\delta_1 = \frac{I_{Rx1}}{I_{Cx1}}, \quad \tan\delta_2 = \frac{I_{Rx2}}{I_{Cx2}}$$

$$\tan\delta = \frac{(I_{Rx1} + I_{Rx2})/2}{(I_{Cx1} + I_{Cx2})/2} = \frac{I_{Cx1}\tan\delta_1 + I_{Cx2}\tan\delta_2}{I_{Cx1} + I_{Cx2}}$$

由于　　$I_{Cx1} = U\omega C_1$，$I_{Cx2} = U\omega C_2$ 代入上式可得

$$\tan\delta = \frac{C_1\tan\delta_1 + C_2\tan\delta_2}{C_1 + C_2} \tag{3-8}$$

又因　　$I_C = U\omega C_x = \dfrac{I_{Cx1} + I_{Cx2}}{2} = \dfrac{U\omega C_1 + U\omega C_2}{2}$

故得

$$C_x = \frac{C_1 + C_2}{2} \tag{3-9}$$

应用式（3-8）和式（3-9）可以正确地计算出 $\tan\delta$ 值和 C_x 值。当干扰不大，即 $\tan\delta_1$ 与 $\tan\delta_2$ 相差不大且 C_1 与 C_2 相差不大时，式（3-8）可简化为

$$\tan\delta = \frac{\tan\delta_1 + \tan\delta_2}{2} \tag{3-10}$$

即可取两次测量结果的平均值，作为被试品的介质损耗角正切值。

在现场进行测量时，不但受到电场的干扰，还可能受到磁场的干扰。一般情况下，磁场的干扰较小，而且电桥本体都有磁屏蔽，C_X 及 C_N 的引线虽较长，但其阻抗较大，感应弱时，不能引起大的干扰电流。但当电桥靠近电抗器等漏磁通较大的设备时，磁场的干扰较为显著。通常，这一干扰主要是由于磁场作用下电桥检流计内的电流线圈回路所引起的。可以把检流计的极性转换开关放在断开位置，此时如果光带变宽，即说明有此种干扰。为了消除干扰的影响，可设法将电桥移到磁场干扰范围以外。若不能做到，则可以改变检流计极性开关进行两次测量，用两次测量的平均值作为测量结果，以减小磁场干扰的影响。

四、测量 $\tan\delta$ 时的注意事项

（1）无论采用何种接线方式，电桥本体必须良好接地。

（2）反接线时，三根引线均处于高压，必须悬空，与周围接地体应保持足够的绝缘距离。此时，标准电容器外壳带高电压，也不应有接地的物体与外壳相碰。

（3）为防止检流计损坏，应在检流计灵敏度最低时接通或断开电源。

（4）在体积较大的设备中存在局部缺陷时，测量总体的 $\tan\delta$ 不易反映；而对体积较小的设备就比较容易发现绝缘缺陷，为此，对能分开测量的试品应尽量分开测量。

如果绝缘内的缺陷不是分布性而是集中性的，则用测 $\tan\delta$ 值来反映绝缘的状况就不很灵敏，被试绝缘的体积越大，越不灵敏，因为此时测得的 $\tan\delta$ 反映的是整体绝缘的损耗情况，而带有集中性缺陷的绝缘是不均匀的，可以看成是由两部分介质并联组成的绝缘，其整体的介质损耗为这两部分损耗之和，即

$$P = P_1 + P_2$$

或者

$$U^2 \omega C \tan\delta = U^2 \omega C_1 \tan\delta_1 + U^2 \omega C_2 \tan\delta_2$$

得

$$\tan\delta = \frac{C_1 \tan_1 + C_2 \tan\delta_2}{C}$$

且

$$C = C_1 + C_2$$

若整体绝缘中体积为 V_2 的一小部分绝缘有缺陷，而大部分良好的绝缘的体积为 V_1，即 $V_2 \ll V_1$，则得 $C_2 \ll C_1$，$C \approx C_1$，于是

$$\tan\delta = \tan\delta_1 + \frac{C_2}{C_1} \tan\delta_2$$

由于上式（3-3）中的系数 C_2/C_1 很小，所以当第二部分的绝缘出现缺陷，即 $\tan\delta_2$ 增大时，并不能使总的 $\tan\delta$ 值明显增大。只有当绝缘有缺陷部分所占的体积较大时，在整体的 $\tan\delta$ 中才会有明显的反映。例如在一台 110 kV 大型变压器上测得总的 $\tan\delta$ 为 0.4%，是合格的，但把变压器套管分开单独测得 $\tan\delta$ 达 3.4% 就不合格。所以当变压器等大设备的绝缘由几部分组成时，最好能分别测量各部分的 $\tan\delta$，以便于发现绝缘的缺陷。

电机、电缆等设备，运行中的故障多为集中性缺陷发展造成的，用测 $\tan\delta$ 的方法不易发现绝缘的缺陷，故对运行中的电机、电缆等设备进行预防性试验时，不测 $\tan\delta$。

（5）一般绝缘的 $\tan\delta$ 值均随温度的上升而增大。各种试品在不同温度下的 $\tan\delta$ 值也不可能通过通用的换算式获得准确的换算结果。故应争取在差不多的温度下测量 $\tan\delta$ 值，并以此作相互比较。通常都以 20 ℃ 时的值作为标准（绝缘油例外）。为此，一般要求在 10 ~ 20 ℃ 内进行测量。

（6）试验时被试品的表面应当干燥、清洁，以消除表面泄漏电流的影响。

（7）在进行变压器、电压互感器等绕组的 $\tan\delta$ 值和电容值的测量时，应将被试设备所有绕组的首尾短接起来，否则会产生很大的误差。

任务三　局部放电的测量

高压设备绝缘内部不可避免地存在着一些气泡、空隙、杂质和污秽等缺陷。这些缺陷有些是在制造过程中未消除的，有些是在运行过程中由于绝缘介质的老化、分解而产生的。在运行中这些缺陷会逐渐发展。在强电场作用下，当这些气隙、气泡或局部固体绝缘表面的场强达到一定数值时，有缺陷处就可能产生局部放电。

局部放电并不立即形成贯穿性的通道，而仅仅分散地发生在极微小的局部空间内，故当时它几乎并不影响整个介质的击穿电压。但是，局部放电所产生的电子、离子在电场作用下运动，撞击气隙表面的绝缘材料，会使电介质逐渐分解、破坏。放电产生的导电性和活性气体会氧化、腐蚀介质。同时，局部放电使该处的局部电场畸变加剧，进一步加剧了局部放电的强度。局部放电处也可能产生局部的高温，使绝缘产生不可恢复的损伤（脆化、炭化等），这些损伤在长期的运行中继续不断扩大，加速了介质的老化和破坏，发展到一定程度时，有可能导致整个绝缘在工作电压下发生击穿或沿面闪络，故测定绝缘在不同电压下局部放电强度的规律能显示绝缘的情况。它是一种判断绝缘在长期运行中性能好坏的较好的方法。

一、测量原理

如图 3.9（a）所示是介质中有气泡时的情况，如图 3.9（b）所示是等值电路。图中 C_0 为气泡的电容，C_1 为与气泡串联的绝缘部分的电容，C_2 为完好绝缘部分的电容，Z 为相应于气隙放电脉冲频率的电源阻抗，F 表示放电间隙。当绝缘介质中有气泡时，由于气体的介电常数比固体介质的介电常数小，气泡中的电场强度比固体介质中的电场强度大，而气体的绝缘强度又比固体介质的绝缘强度低，故当外加电压达一定值时，气泡中首先开始放电。当电源电压瞬时值 u 上升到某一数值 U_T 时，间隙 F 上的电压 u_F 为 $U_F = \dfrac{C_1}{C_0 + C_1} U_T$，假定这时恰好能引起间隙 F 放电。放电时，放电产生的空间电荷建立反电场，使 C_0 上的电压急剧下降到剩余电压 U_S 时放电就此熄灭，气隙恢复绝缘性能。由于外加电压 U 还在上升，使气隙上的电压又随之充电达到气隙的击穿电压 U_F 时，气隙又开始第二次放电，如此循环……此时的电压、电流波形如图 3.10 所示。

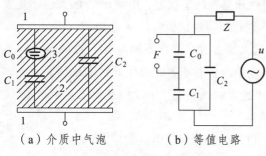

（a）介质中气泡　　（b）等值电路

图 3.9　局部放电的等值电路

1—电极；2—绝缘介质；3—气泡

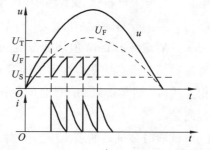

图 3.10　气隙放电的电压电流波形

这样，由于充放电使局部放电重复进行，使得电路中产生脉冲电流。C_0 放电时，其放电电荷量为

$$q_S = \left(C_0 + \frac{C_1 C_2}{C_1 + C_2}\right)(U_F - U_S) \approx (C_0 + C_1)(U_F - U_S) \qquad (3\text{-}11)$$

式中　q_S——真实放电量，但因 C_0、C_1 等实际上无法测定，因此 q_S 也无法测得。

由于气隙放电引起的电压变动（$U_F - U_S$）将按电容反比分配在 C_1、C_2 上（从气隙两端看 C_1、C_2 是串联的），故在 C_2 上的电压变动 ΔU 应为

$$\Delta U = \frac{C_1}{C_1 + C_2}(U_F - U_S)$$

即当气隙放电时，试品两端电压也突然下降 ΔU ，相应于试品放掉电荷：

$$q = (C_1 + C_2)\Delta U = C_1(U_F - U_S) \qquad (3\text{-}12)$$

式中　q——视在放电量。

q 虽然可以由电源加以补充，但必须通过电源侧的阻抗，因此，ΔU 及 q 值是可以测量到的。通常将 q 作为度量局部放电强度的参数。比较式（3-11）及式（3-12）可得

$$q = \left(\frac{C_1}{C_0 + C_1}\right)q_S \qquad (3\text{-}13)$$

即视在放电量比真实放电量小得多。

二、测量回路

当电气设备绝缘内部发生局部放电时，将伴随着出现许多现象，有些属于电现象，如电脉冲、介质损耗的增大和电磁波辐射等；有些属于非电的现象，如光、热、噪声、气体压力的变化和化学变化等。可以利用这些现象来判断和检测是否存在局部放电。因此，检测局部放电的方法也可以分为电和非电两类。但在大多数情况下，非电的测试方法都不够灵敏，多半属于定性的，即只能判断是否存在局部放电，而不能借以进行定量的分析，而且有些非电的测试必须打开设备才能进行，很不方便。目前得到广泛应用而且比较成功的方法是电的方法，即测量绝缘中的气隙发生放电时的电脉冲，它是将被试品两端的电压突变转化为检测网路中的脉冲电流，利用它不仅可以判断局部放电的有无，还可测定放电的强弱。前面已经指出，当试品中的气隙放电时，相当于试品失去电荷（视在放电量）q，并使其端电压突然下降 ΔU，这个一般只有微伏级的电压脉冲叠加在数量级为千伏的外施电压上。局部放电测试设备的工作原理就是把这种电压脉冲检测反映出来。如图 3.11 所示是目前国际上推荐的三种测量局部放电的基本回路。

图 3.11（a）及（b）电路的目的都是要把一定电压作用下被试品 C_x 中由于局部放电产生的脉冲电流作用到检测用的阻抗 Z_m 上，然后将 Z_m 上的电压经放大器 A 放大后送到测量仪器 M 中去，根据 Z_m 上的电压，可推算出局部放电的视在放电量 q。

为了达到上述目的，首先采用将测量阻抗 Z_m 直接串联接在被试品 C_x 低压端与地之间，如图 3.11（a）所示的串联测量回路。由于试验变压器绕组对高频脉冲具有很大的感抗，阻塞高频脉冲电流的流通，所以必须另加耦合电容器 C_k 形成低阻抗的通道。为了防止电源噪声流入测量回路以及被试品局部放电脉冲电流流到电源去，在电源与测量回路间接入一个低通滤波器 Z，它可以让工频电压作用到被试品上，但阻止被测的高频脉冲或电源的高频成分通过。

测量时，图 3.11（a）的串联测量电路中，被试品的低压端必须与地绝缘，故不适用于现场试验。为此，可将图 3.11（b）中的 C_x 与 C_k 的位置相互对调，组成图 3.11（b）所示的并联测量电路，Z_m 与被试品 C_x 并联。不难看出，两者对高频脉冲电流的网络是相同的，都是串联地流经 C_x、C_k 与 Z_m 三个元件，在理论上两者的灵敏度也是相等的，但并联测试电路可适用于被试品一端接地的情况，在实际测量中使用较多。

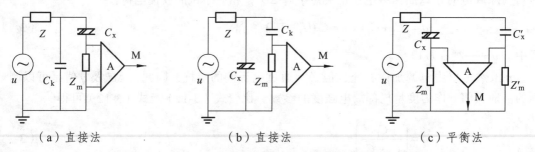

（a）直接法　　　　　　　（b）直接法　　　　　　　（c）平衡法

图 3.11　测量局部放电的基本回路

C_x—被试品；C_k—耦合电容；Z_m、Z'_m—测量阻抗；C'_x—辅助被试品；
u—电压源；A—放大器；M—测量仪器；Z—低通滤波器

直接法测量的缺点是抗干扰性能较差。为了提高抗外来干扰的能力，可以采用如图 3.11（c）所示的桥式测量回路（又称平衡测量回路，简称平衡法）。C'_x 及 Z'_m 为辅助被试品和辅助电感，测量仪器测量 Z_m 和 Z'_m 上的电压差。因为电源及外部干扰在 Z_m 及 Z'_m 上产生的信号基本上可以互相抵消，故此回路抗外部干扰的性能良好。

所有上述回路，都希望 Z、Z'_m 及 C_k、C'_x 本身在试验电压下不发生局部放电，一般情况下，希望电容 C_k 的值不小于 C_x，以增加 Z_m 上的信号，同时 Z_m 的值应小于 Z，使得在局部放电时，C_k 与 C_x 之间能较快的转换电荷，但从电源重新充电的过程则较缓慢。上述两个过程，都为使 Z_m 上出现电压脉冲，经放大后，用适当的仪器（示波器、脉冲电压表、脉冲记数器）进行测量。为了知道测量仪器上显示的信号在一定的测量灵敏度下代表多大的放电量，必须对测量装置进行校准（常用方波定量法校准）。

局部放电的另一种测最方法是测 $\tan\delta$ 的方法，测量出 $\tan\delta = f(u)$ 的曲线，曲线开始上升的电压 U_0 即为局部放电起始电压，但与上述测量放电脉冲法相比较，测 $\tan\delta$ 的灵敏度较低，特别是对变电设备来说，由于测 $\tan\delta$ 的 QS1 型电桥的额定电压远低于设备的工作电压，故测量 $\tan\delta$ 通常难以反映绝缘内部在工作电压下的局部放电缺陷。

局部放电试验用于测量套管、电机、变压器、电缆等绝缘的裂缝、气泡等内在的局部缺陷（特别是在程度上尚较轻时）是一个比较有效的方法。经过多年来的研究改进，此项试验方法已逐渐趋于成熟，很多制造厂和运行厂已将测试局部放电列入试验的项目，并取得了较为显著的成效。

三、注意事项

测量局部放电时，除了一些高压试验的注意事项外，还必须注意：

（1）试验前，被试品的绝缘表面应当清洁干燥，大型油浸式试品移动后需停放一定时间，试验时试样的温度应处于环境温度。

（2）测量时应尽量避免外界的干扰源，有条件时最好用独立电源。试验最好在屏蔽室内进行。

（3）高压试验变压器、检测回路和测量仪器三者的地线需连成一体，并应单独用一根地线，以保证试验安全和减少干扰。高压引线应注意接触可靠和静电屏蔽，并远离测量线和地线，以避免假信号引入仪器。

（4）仪器的输入单元应接近被试品，与被试品相连的线越短越好，试验回路尽可能紧凑，被试品周围的物体应良好接地。

任务四 工频耐压试验

工频耐压试验是鉴定电气设备绝缘强度最有效和最直接的方法。它可用来确定电气设备绝缘的耐受水平，可以判断电气设备能否继续运行，是避免在运行中发生绝缘事故的重要手段。

工频耐压试验时，对电气设备绝缘施加比工作电压高得多的试验电压，该试验电压称为电气设备的绝缘水平。耐压试验能够有效地发现导致绝缘抗电强度降低的各种缺陷。为避免试验时损坏设备，工频耐压试验必须在一系列非破坏性试验之后再进行，只有经过非破坏性试验合格后，才允许进行工频耐压试验。

对于 220 kV 及以下的电气设备，一般用工频耐压试验来考验其耐受工作电压和操作过电压的能力，用全波冲击电压试验来考验其耐受大气过电压的能力。但必须指出，在这种系统中确定工频试验电压时，同时考虑了内过电压和大气过电压的作用。而且由于工频耐压试验比较简单，因此，通常把工频耐压试验列为大部分电气产品的出厂试验。所以，在交接和绝缘预防性试验中都需要进行工频耐压试验。

作为基本试验的工频耐压试验，如何选择恰当的试验电压值是一个重要的问题，若试验电压过低，则设备绝缘在运行中的可靠性也降低，在过电压作用下发生击穿的可能性会增加；若试验电压选择过高，则在试验时发生击穿的可能性也会增加，从而增加检修的工作量和检修费用。一般考虑到运行中绝缘的老化及累积效应、过电压的大小等，对不同设备需加以区别对待，这主要由运行经验来决定。我国有关国家标准以及我国原电力工业部颁发的《电力设备预防性试验规程》中，对各类电气设备的试验电压都有具体的规定。

按国家标准规定，进行工频交流耐压试验时，在绝缘上施加工频试验电压后，要求持续 1 min，这个时间的长短一是为保证全面观察被试品的情况，同时也能使设备隐藏的绝缘缺陷暴露出来。该时间不宜太长，以免引起不必要的绝缘损伤，使原本合格的绝缘发生热击穿。运行经验表明，凡经受得住 1 min 工频耐压试验的电气设备，一般都能保证其安全运行。

一、工频耐压试验接线

对电气设备进行工频耐压试验时，常利用工频高压试验变压器来获得工频高压，其线路如图 3.12 所示。

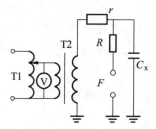

图 3.12　工频耐压试验接线图

T1—调压器；R—球隙保护电阻；T2—工频试验变压器；
F—球间隙；C_x—试品电容；r—保护电阻

通常被试品都是电容性负载 C_x。试验时，电压应从零开始逐渐升高。如果工频试验变压器 T2 一次绕组上不是由零逐渐升压，而是突然加压，则由于励磁涌流，会在被试品上出现过电压；或者在试验过程中突然将电源切断，这相当于切除空载变压器（小电容试品时），也将引起过电压，因此，必须通过调压器 T1 逐渐升压或降压。r 是工频试验变压器的保护电阻，试验时，如果被试品突然击穿或放电，工频试验变压器不仅会由于短路产生过电流，而且还将由于绕组内部的电磁振荡，在工频试验变压器匝间或层间绝缘上引起过电压，为此在工频试验变压器高压出线端串联一个保护电阻 r。保护电阻 r 的数值不应太大或太小，若阻值太小，短路电流过大，起不到应有的保护作用；若阻值太大，会在正常工作时由于负载电流而有较大的电压降和功率损耗，从而影响到加在被试品上的电压值。一般 r 的数值可按将回路放电电流限制到工频试验变压器额定电流的 1～4 倍来选择，通常取 0.1 Ω/V。保护电阻应有足够的热容量和足够的长度，以保证当被试品击穿时，不会发生沿面闪络。

二、工频试验变压器

产生工频高压最主要的设备是工频高压试验变压器，它是高压试验的基本设备之一，工频试验变压器的工作原理与电力变压器相同，但由于用途不同，工频试验变压器又独有一些特点。

1. 工频试验变压器的特点

工频高压试验变压器的工作电压很高，一般都做成单相的，变比较大，而且要求工作电压在很大的范围内调节。由于其工作电压高，对绕组绝缘需作特别考虑，为减轻绝缘的负担，应使绕组中的电位分布尽量保持均匀，这就要适当固定某些点的电位，以免在试验中因被试品绝缘损坏发生放电所引起的过渡过程使电位分布偏离正常情况太多，从而避免导致其绝缘损坏。当试验变压器的电压过高时，试验变压器的体积很大，出线套管也较复杂，给制造工艺带来很大的困难。故单个的单相试验变压器的额定电压一般只做到 750 kV，更高电压时可采用串级获得。三相的工频高压试验变压器用得很少，必要时可用三个单相试验变压器组合成三相。

工频试验变压器工作时，不会遭受到大气过电压或电力系统内过电压的作用，而且不是连续运行，因此其绝缘裕度很低。在使用时应该严格控制其最大工作电压不超过其额定值。

工频试验变压器的额定容量应满足被试品击穿（或闪络）前的电容电流和泄漏电流的需要，在被试品击穿或闪络后能短时地维持电弧。这就是说，试验变压器的容量应保证在正常试验时被试品上有必需的电压，且在被试品击穿或闪络时，应保证有一定的短路电流，所以试验变压器的容量一般是不大的。一般情况下，由于其负载大都是电容性的，根据电容电流的要求，工频试验变压器的容量可根据被试品的电容来确定，即

$$S = 2\pi f C_x U^2 \times 10^{-3} \tag{3-14}$$

式中　U ——被试品的试验电压，kV；

　　　C_x ——被试品的电容，μF；

　　　f ——电源的频率，工频为 50 Hz；

　　　S ——工频试验变压器的容量，kV·A。

工频试验变压器的高压侧额定电流在 0.1～1 A 内，电压在 250 kV 及以上时，一般为 1 A。对于大多数试品，一般可以满足试验要求。由于工频试验变压器的工作电压高，需要采用较厚的绝缘及较宽的间隙距离，所以其漏磁通较大，短路电抗值也较大，试验时允许通过短时的短路电流。

工频试验变压器在使用时间上也有限制，通常均为间歇工作方式，一般不允许在额定电压下长时间的连续使用，只有在电压和电流远低于额定值时才允许长期连续使用。由于工频试验变压器的容量小、工作时间短，因此，工频试验变压器不需要像电力变压器那样装设散热管及其他附加散热装置。

工频试验变压器大多数为油浸式，分为金属壳及绝缘壳两类。金属壳变压器又可分为单套管和双套管两类。单套管变压器的高压绕组一端接外壳接地，另一端（高压端）经高压套管引出，如果采用绝缘外壳，就不需要套管了；双套管变压器的高压绕组的中点通常与外壳相连，两端经两个套管引出，这样，每个套管所承受的电压只有额定电压的一半，因而可以减小套管的尺寸和质量，当使用这种形式的试验变压器时，若高压绕组的一端接地，则外壳应当按额定电压的一半对地绝缘起来。

国产的工频试验变压器的容量如下，对于额定电压为 50 kV 时，即高压绕组的额定电流为 0.1 A，容量为 5 kV·A；对于额定电压为 100 kV 时，即高压绕组的额定电流为 0.1 A 或 0.25 A，容量为 10 kV·A 或 25 kV·A；对额定电压为 150 kV，即高压绕组的额定电流为 0.167 A

或 0.67 A，容量为 25 kV·A 或 100 kV·A；对额定电压为 250～2250 kV 的工频试验变压器，高压绕组的额定电流均取 1 A。

2. 串接式工频试验变压器

如前所述，当单台工频试验变压器的额定电压提高时，其体积和质量将迅速增加，不仅在绝缘结构的制造上带来困难，而且费用也大幅度增加，给运输上亦增加了困难，因此，对于需要 500～750 kV 以上的工频试验变压器时，常将 2～3 台较低电压的工频试验变压器串接起来使用。这在经济、技术和运输方面都有很大的优点，使用上也较灵活，还可将两台接成二相使用，万一有一台试验变压器发生故障，也便于检修，故串接装置目前应用较广。

如图 3.13 所示是常用的三台试工频试验变压器 T1、T2、T3 串接的原理接线图。由图中可看到，三台工频试验变压器的高压绕组互相串联，后一级工频试验变压器的电源由前一级工频试验变压器高压端的激磁绕组供给。因此，工频试验变压器 T2 的铁芯和外壳的对地电位应与 T1 高压绕组的额定电压 U 相等，所以它必须用绝缘支架或支柱绝缘子支承起来，绝缘支架或支持绝缘子应能耐受电压 U。同理，T3 的铁芯和外壳的对地电压为 $2U$，绝缘支架或支持绝缘子应能耐受电压 $2U$。T1、T2、T3 高压绕组互相串联输出电压为 $3U$。

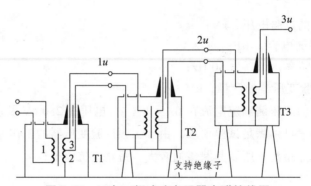

图 3.13 三台工频试验变压器串联接线图

1—低压绕组 2—高压绕组；3—激磁绕组

串接的工频试验变压器装置中，各工频试验变压器高压绕组的容量是相同的，但各变压器的容量（即低压绕组容量）和激磁绕组的容量并不相等。若忽略其损耗，T3 高压绕组的容量设为 S，低压绕组的容量亦为 S；T2 的输出容量分为两部分，一部分由高压绕组供给负载，容量为 S，另一部分由激磁绕组供给 T3 低压绕组，其容量亦为 S，因此，T2 低压绕组的容量为 $2S$；同理可推出，T1 的容量为 $3S$。所以，三台串接的工频试验变压器装置中，每台变压器的容量是不相同的，三台变压器的容量之比为 3∶2∶1。三台工频试验变压器串接，其输出容量 $S_{sh} = 3S$；如果串接的台数为 n，则总的输出容量为 $S_{sh} = nS$，而总的装置容量为

$$S_{zh} = S + 2S + 3S + \cdots + nS$$
$$= S(1 + 2 + 3 + \cdots + n)$$
$$= \frac{n(n+1)}{2}S$$

这样，n 级串接装置容量的利用系数为

$$\eta = \frac{S_{sh}}{S_{zh}} = \frac{nS}{\dfrac{n(n+1)}{2}S} = \frac{2}{n+1}$$ （3-15）

由以上分析可见，随着工频试验变压器串接台数的增加，其利用系数越来越小，而且串接装置的漏抗比较大，串接的台数越多，漏抗越大。加上工频试验变压器外壳对地电容的影响，每台工频试验变压器上的电压分布都不均匀，因此，串接试验变压器串接的台数不宜过多，一般不超过三台。

三、调压方式

1. 对工频试验变压器调压的基本要求

（1）电压可由零至最大值之间均匀地调节；

（2）不引起电源波形的畸变；

（3）调压器本身的阻抗小、损耗小，不因调压器而给试验设备带来较大的电压损失；

（4）调节方便、体积小、质量轻、价廉等。

2. 常用的调压方式

（1）用自耦调压器调压。自耦调压器是最常用的调压器，如图 3.12 所示，其特点为调压范围广、漏抗小、功率损耗小、波形畸变小、体积小、质量轻、结构简单、价格低廉、携带和使用方便等。当工频试验变压器的容量不大（单相不超过 10 kV·A）时，该调压方式被普遍使用。但由于它存在滑动触头，当工频试验变压器的容量较大时，调压器滑动触头与线圈接触处的发热较严重，因此，这种调压方式只适用于小容量工频试验变压器中的调压。

（2）用移圈式调压器调压。用移圈式调压器调压不存在滑动触头及直接短路线匝的问题，功率损耗小，容量可做得很大，调压均匀。但移圈式调压器本身的感抗较大，且随调压的状态而变，波形稍有畸变，这种调压方式被广泛地应用在对波形的要求不是十分严格，额定电压为 100 kV 及以上的工频试验变压器上。

移圈式调压器的原理接线与结构示意图如图 3.14 所示。通常主绕组 C 和辅助绕组 D 匝数相等而绕向相反，两绕组互相串联起来组成一次绕组。短路线圈 K 套在主绕组和辅助绕组的外面。通过短路线圈的上下移动就可以调节调压器的输出电压。

当调压器的一次绕组 AX 端加上电源电压 U_1 后，若不存在短路线圈 K，则主绕组 C 和辅助绕组 D 上的电压各为 $U_1/2$。由于两绕组 C 和 D 的绕向相反，它们产生的主磁通 $\varPhi_C$ 和 $\varPhi_D$ 方向也相反，$\varPhi_C$ 和 $\varPhi_D$ 只能分别通过非导磁材料（干式调压器介质主要是空气，油浸式调压器则为油介质）组成闭合回路[见图 3.14（b）]。由于短路线圈 K 的存在，铁芯中的磁通分布将发生相应的变化。当短路线圈 K 处在最下端，完全套住绕组 C 时，绕组 C 产生的磁通 $\varPhi_C$ 几乎完全为短路线圈 K 感应产生的反磁通 $\varPhi_K$ 所抵消，绕组 C 上的电压降接近于零，亦即输出电压 $U_2 \approx 0$。电源电压 U_1 几乎全部降落在绕组 D 上。

当短路线圈 K 位于最上端时，情况正好相反。绕组 D 上的电压降几乎为零，电源电压 U_1 完全降落在绕组 C 上，输出电压 $U_2 \approx U_1$。而当短路线圈 K 由最下端连续而平稳地向上移动时，输出电压 U_2 即由零逐渐均匀地升高，这样就实现了调压。

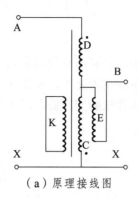
（a）原理接线图

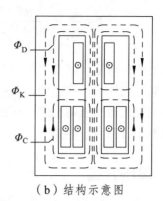
（b）结构示意图

图 3.14　移圈式调压器原理及结构示意图

一般移圈式调压器还在主绕组 C 上增加一个补偿绕组 E，其作用是补偿调压器内部的电压降落，使调压器的输出电压稍高于输入电压。有无补偿绕组的移圈式调压器的工作原理均相同。

移圈式调压器没有滑动触头，容量可做得较大，可从几十千伏安到几千千伏安，适用于大容量试验变压器的调压。移圈式调压器的主要缺点之一是短路阻抗较大，因而减小了工频高压试验下的短路容量。另外，移圈式调压器的主磁通要经过一段非导磁材料，磁阻很大，因此，空载电流很大，约达额定电流的 1/4 ~ 1/3。

（3）用单相感应调压器调压。调压性能与移圈式调压器相似，对波形的畸变较小，但调压器本身的感抗较大，且价格较贵，故一般很少采用。

（4）用电动机-发电机组调压。这种调压方式不受电网电压质量的影响，可以得到很好的正弦电压波形和均匀的电压调节。如果采用直流电动机做原动机，则还可以调节试验电压的频率。但这种调压方式所需要的投资及运用费用都很大，运行和管理的技术水平要求也较高，故这种调压方式只适用于对试验要求很严格的大型试验基地。

四、工频高压的测量

在工频耐压试验中，试验电压的准确测量也是一个关键的环节。工频高压的测量应该既方便又能保证有足够的准确度，其幅值或有效值的测量误差应不大于 3%。测量工频高压的方法很多，概括起来讲可以分为两类：低压侧测量和高压侧测量。

1. 低压侧测量

低压侧测量的方法是在工频试验变压器的低压侧或测量线圈（一般工频试验变压器中设有仪表线圈或称测量线圈，它的匝数一般是高压线圈的 1/1 000）的引出端接上相应量程的电压表，然后通过换算，确定高压侧的电压。在一些成套工频试验设备中，还常常把低压侧电压表刻度换算成高压侧的电压刻度，使用更方便。这种方法在较低电压等级的试验设备中，应用很普遍。由于这种方法只是按固定的匝数比来换算的，实际使用中会有较大的误差，一般在试验前应对高压与低压之比予以校验。有时也将此法与其他测量装置配合，用于辅助测量。

2. 高压侧测量

进行工频耐压试验时，被试品一般均属电容性负载，试验时的等值电路如图 3.15 所示。图中 r 为工频试验变压器的保护电阻的电阻值，X_L 表示试验变压器的漏抗，C_x 为被试品的电容。在对重要设备，特别是容量较大的设备进行工频耐压试验时，由于被试品的电容 C_x 较大，流过试验回路的电流为一电容电流 I_C，I_C 在工频试验变压器的漏抗 X_L 上将产生一个与被试品上的电压 U_{Cx} 反方向的电压降落 $I_C X_L$，如图 3.16 所示，从而导致被试品上的电压 U_{Cx} 比工频试验变压器高压侧的输出电压 U_1 还高，此种现象称为"容升现象"，也称"电容效应"。由于"电容效应"的存在，要求直接在被试品的两端测量电压，否则将会产生很大的测量误差，也可能会人为地使 U_{Cx} 过高造成试品绝缘损伤。被试品的电容量及试验变压器的漏抗越大，则"电容效应"越显著。

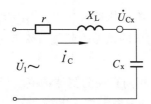

图 3.15　工频试验变压器耐压试验等值电路

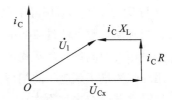

图 3.16　电容效应引起的电压升高

在工频试验变压器高压侧直接测量工频高压的方法有以下几种：

（1）用静电电压表测量工频电压的有效值。静电电压表是试验现场常用的高压测量仪表。测量时，将静电电压表并接于被试品的两端，即可直接读出加于被试品上的高电压值。静电电压表的工作原理图如图 3.17 所示。它由固定电极 1、可动电极 3 及屏蔽电极 2 三个电极组成。电极 2 中间有一个小缺口，放置可动电极 3，可动电极 3 由悬丝与屏蔽电极 2 连接且一并接地；悬丝对可动电极 3 起支持作用；屏蔽电极 2 的作用是避免边缘效应和外电场的影响，使固定电极 1 和可动电极 3 间的电场均匀。测量时，固定电极 1 接高压，被测量的电压 U 加在电极 1 和 3

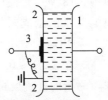

图 3.17　静电电压表工作原理图

1—固定电极；2—屏蔽电极；3—可动电极

（及 2）之间，在电场力的作用下，电极 3 可绕其支点转动。若两电极间的电容量为 C，所加的电压为 U，则两电极间的电场能量 $W_C = \dfrac{1}{2}CU^2$。在电场力的作用下，可动电极 3 绕支点转动的转矩为

$$M_1 = \frac{\mathrm{d}W_C}{\mathrm{d}\alpha} = \frac{\mathrm{d}}{\mathrm{d}\alpha}\left(\frac{1}{2}CU^2\right) = \frac{1}{2}U^2\frac{\mathrm{d}C}{\mathrm{d}\alpha}$$

式中　α ——偏转角；

$\quad\quad C$ ——可动电极 3 与固定电极 1 之间的电容；

$\quad\quad W_C$ ——电容 C 在外加电压为 U 时储存的能量。

力矩 M_1 由可动电极的悬丝（或弹簧）所产生的反作用力矩 M_2 来平衡，而

$$M_2 = K\alpha$$

式中　　K——常数。

在平衡时，$M_1 = M_2$，于是得

$$\alpha = \frac{1}{2K}U^2\frac{\mathrm{d}C}{\mathrm{d}\alpha} \tag{3-16}$$

由式（3-16）可见，偏转角 α 的大小和被测电压 U^2 及 $\dfrac{\mathrm{d}C}{\mathrm{d}\alpha}$ 有关，而 $\dfrac{\mathrm{d}C}{\mathrm{d}\alpha}$ 决定于静电电压表的电极结构。为使静电电压表的刻度比较均匀，常将可动电极做成特殊的形状，使 $\dfrac{\mathrm{d}C}{\mathrm{d}\alpha}$ 随 α 的增加而减小。α 的大小由固定在悬丝上的小镜片经一套光系统，将光反射到刻度尺上来读数。

由于 α 与 U^2 成正比，故用静电电压表测得的数值为交流电压的有效值。用静电电压表测直流电压，当脉动系数不超过 20% 时，测得的数值与平均值的误差不超过 1%，故可视为在直流下静电电压表的测量值为平均值。

（2）用球隙测量工频电压的幅值。测量球隙是由一对相同直径的铜球构成。当球隙之间的距离 S 与铜球直径 D 之比不大时，两铜球间隙之间的电场为稍不均匀电场，放电时延很小，伏秒特性较平，分散性也较小。在一定的球隙距离下，球隙间具有相当稳定的放电电压值。因此，球隙可以用来测量交流电压的幅值，也可用来测量直流高压和冲击电压的幅值。测量球隙可以水平布置（直径 25 cm 以下大都采用水平布置），也可作垂直布置。使用时，一般一极接地。测量球隙的球表面要光滑，曲率要均匀，对球隙的结构、尺寸、导线连接和安装空间的尺寸如图 3.18 所示。使用时下球极接地，上球极接高压。标准球径的球隙放电电压值与球间隙距离的关系已制成国际通用的标准表（详见有关资料），利用球隙放电现象及查表就可以得到测量电压值。在 $S/D \leqslant 0.5$ 且满足其他有关规定时，用球隙测量的准确度可保持在 ±3% 以内；当 S/D 在 $0.5 \sim 0.75$ 时，其准确度较差，所以测量较高的电压应使用直径较大的球隙。

球隙放电点 P（见图 3.18）对地面的高度 A 以及对其他带电或接地物体的距离 B 应满足如表 3.1 所示的要求，以免影响球隙的电场分布及测量的准确度。用球隙测量高压时，通过球隙保护电阻 R 将交流高电压加到测量球间隙上，调节球间隙的距离，使间隙恰好在被测电压下放电，根据球隙距离 S、直径 D，即可求得交流高压值。由于空气中的尘埃或球面附着的细小杂物的影响（球隙表面需擦干净），使球隙最初几次

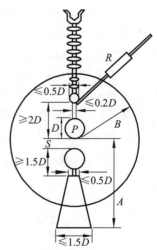

图 3.18　垂直球隙及应保证的尺寸

P—高压球的放电点；R—球隙保护电阻

的放电电压可能偏低且不稳定。故应先进行几次预放电，最后取两次连续读数的平均值作为测量值。各次放电的时间间隔不得小于 1 min，每次放电电压与平均值之间的偏差不得大于 3%。

表 3.1　球隙对地和周围空间的要求

球隙直径 D（cm）	A 的最小值	A 的最大值	B 的最小值	球隙直径 D（cm）	A 的最小值	A 的最大值	B 的最小值
6.25 及以下	$7D$	$9D$	$14S$	$50 \sim 75$	$4D$	$6D$	$8S$
$10 \sim 15$	$6D$	$8D$	$12S$	100	$3.5D$	$5D$	$7S$
25	$5D$	$7D$	$10S$	$150 \sim 200$	$3D$	$4D$	$6S$

气体间隙的放电电压受大气条件的影响，标准表中的击穿电压值只适用于标准大气条件，若测量时的大气条件与标准大气条件不同，必须按有关的公式进行校正，以求得测量时的实际电压。

用球隙测量直流高压和交流高压时，为了限制电流，使其不致引起球极表面烧伤，必须在高压球极串联一个保护电阻 R，R 同时在测量回路中起阻尼振荡的作用。电阻 R 不能太小，太小起不到应有的保护作用；但也不能太大，以免球隙击穿之前流过球隙的电容电流在电阻上产生压降而引起测量误差。测量交流电压时，这个压降不应超过 1%。由此得出保护电阻的阻值应为

$$R = K\left(\frac{50}{f}\right)U_{max} \qquad (3\text{-}17)$$

式中　U_{max} ——被测电压的幅值，V；

$\quad\quad f$ ——被测电压的频率，Hz；

$\quad\quad K$ ——由球径决定的常数，其值可如表 3.2 所示选择，Ω/V。

表 3.2　K 的取值

球径（cm）	$2 \sim 15$	25	$50 \sim 75$	$100 \sim 150$	$170 \sim 200$
K（Ω/V）	20	5	2	1	0.5

（3）用电容分压器配合低压仪表。电容分压器是由高压臂电容 C_1 和低压臂电容 C_2 串联而成的，C_2 的两端为输出端，如图 3.19 所示（可以参考课题二的任务五中"电容式电压互感器"）。为了防止外电场对测量电路的影响，通常用高频同轴电缆来传输分压信号。当然，该电缆的电容应计入低压臂的电容量 C_2 中。为了保证测量的准确度，测量仪表在被测电压频率下的阻抗应足够大，至少要比分压器低压臂的阻抗大几百倍。为此，最好用高阻抗的静电式仪表或电子仪表（包括示波器、峰值电压表等）。若略去杂散电容不计，则分压比 K 为

$$K = \frac{U_1}{U_2} = \frac{C_1 + C_2}{C_1} \qquad (3\text{-}18)$$

分压器各部分对地杂散电容 C'_e 和对接试品高压端 H 的杂散电容 C_e 的存在，会在一定程

度上影响其分压比，不过，只要周围环境不变，这种影响就将是恒定的，并且不随被测电压的幅值、频率、波形或大气条件等因素而变。所以，对一定的环境，只要一次准确地测出电容分压器的分压比，则此分压比可适用于各种工频高压的测量。虽然如此，人们仍然希望尽可能使各种杂散电容的影响相对减少。为此，对无屏蔽的电容分压器，应适当增大高压臂的电容值。

电容分压器的另一个优点是它几乎不吸收有功功率，不存在温升，也不会随温升而引起各部分参数的变化，因而可以用来测量极高的电压，但应注意高压部分的防晕。

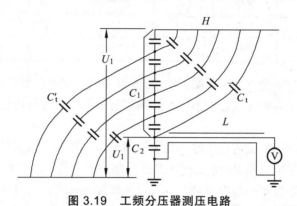

图 3.19　工频分压器测压电路

H—高压引线；C_1—高压臂电容；C_2—低压臂电容；C_e—高压臂对高压引线杂散电容；
L—同轴电缆；C_e'—高压臂对地杂散电容

（4）用电磁式电压互感器测量。将电压互感器的原边接在被试品的两端头上，在其副边测量电压，根据测得的电压值和电压互感器的变压比即可计算出高压侧的电压（可以参考课题二的任务五中"电磁式电压互感器"）。为了保证测量的准确度，电压互感器一般不低于 1 级，电压表不低于 0.5 级。

五、试验分析

对于绝缘良好的被试品，在工频耐压试验中不应击穿，被试品是否击穿可根据下述现象来分析。

（1）根据试验回路接入表计的指示进行分析：一般情况下，电流表指示突然上升，说明被试品击穿。但当被试品的容抗 X_C 与工频试验变压器的漏抗 X_L 之比等于 2 时，虽然被试品已击穿，但电流表的指示不变；当 X_C 与 X_L 的比值小于 2 时，被试品击穿后，使试验回路的电抗增大，电流表的指示反而下降。通常 $X_L \ll X_C$ 不会出现上述现象，只有在被试品容量很大或工频试验变压器的容量不够时，才有可能发现上述现象。此时，应以接在高压侧测量的被试品上的电压表指示来判断，被试品击穿时，电压表指示明显下降。低压侧电压表的指示也会有所下降。

（2）根据控制回路的状况进行分析：如果过流继电器整定适当，在被试品击穿时，过流继电器应动作，使自动空气开关跳闸；若过流继电器整定值过小，可能在升压过程中，因电容电流的充电作用而使开关跳闸；当过流继电器的整定值过大时，即使被试品放电或小电流击穿，继电器也不会动作。因此，应正确整定过流继电器的动作电流，一般应整定为工频试验变压器额定电流的 1.3 ~ 1.5 倍。

（3）根据被试品的状况进行分析：被试品发出击穿响声或断续的放电声或出现冒烟、出气、焦臭味、闪弧、燃烧等都是不允许的，应查明原因。这些现象如果确定是绝缘部分出现的，则认为被试品存在缺陷或被击穿。

六、注意事项

（1）被试品为有机绝缘材料时，试验后应立即触摸绝缘物，如出现普遍或局部发热，则认为绝缘不良，应立即处理，然后再做试验。

（2）对夹层绝缘或有机绝缘材料的设备，如果耐压试验后的绝缘电阻值，比耐压试验前下降 30%，则认为该试品不合格。

（3）在试验过程中，若由于空气的温度、湿度、表面脏污等影响，引起被试品表面滑闪放电或空气放电，不应认为被试品不合格，需经清洁、干燥处理之后，再进行试验。

（4）试验时调压必须从零开始，不允许冲击合闸。升压速度在 40%试验电压以内，可不受限制，其后应均匀升压，升压速度约为每秒钟 3%的试验电压。

（5）耐压试验前后，均应测量被试品的绝缘电阻值。

（6）试验时，应记录试验环境的气象条件，以便对试验电压进行气象校正。

任务五　直流耐压试验

一、直流耐压试验方法

目前在发电机、电动机、电缆、电容器等设备的绝缘预防性试验中广泛地应用直流耐压试验。它与工频耐压试验相比，主要有以下一些特点：

（1）在进行工频耐压试验时，试验设备的容量 $S = 2\pi f C_x U^2 \times 10^{-3}$，当被试品电容 C_x 较大时，需要较大容量的试验设备，在一般情况下不容易办到。而在直流电压作用下，没有电容电流，故做直流耐压试验时，只需供给较小的（最高只达毫安级）泄漏电流，加上可以用串级的方法产生直流高压，试验设备可以做得体积小而轻巧，适用于现场预防性试验的要求。

（2）在进行直流耐压试验时，可以同时测量泄漏电流（详见下节），并根据泄漏电流随所加电压的变化特性来判断绝缘的状况，以便及早地发现绝缘中存在的局部缺陷。

（3）直流耐压试验比工频耐压试验更能发现电机端部的绝缘缺陷。其原因是由于交流电压作用下，绝缘内部的电压分布是按电容分布的，在交流电压作用下，电机绕组绝缘的电容电流沿绝缘表面流向接地的定子铁芯,在绕组绝缘表面半导体防晕层上产生明显的电压降落，离铁芯越远，绕组上承受的电压越小；而在直流电压下，没有电容电流流经绕组绝缘，端部绝缘上的电压较高，有利于发现绕组端部的绝缘缺陷。

（4）直流耐压试验对绝缘的损伤程度较小。工频耐压试验时产生的介质损耗较大，易引起绝缘发热，促使绝缘老化变质。对被击穿的绝缘，工频耐压试验时的击穿损伤部分面积大，增加了修复的困难。

（5）由于直流电压作用下在绝缘内部的电压分布和工频电压作用下的电压分布不同，直流耐压试验对设备绝缘的考验不如工频耐压试验接近实际运行情况。绝缘内部的气隙也不像在工频电压作用下容易产生游离、发生热击穿，因此，相对来说，直流耐压试验发现绝缘缺陷的能力比工频耐压试验差。因此，不能用直流耐压试验完全代替工频耐压试验，两者应配合使用。

（6）直流耐压试验时，试验电压值的选择是一个重要的问题。如前所述，由于直流电压下的介质损耗小，局部放电的发展也远比工频耐压试验时弱，故绝缘在直流电压作用下的击穿强度比工频电压作用下高，在选择直流耐压试验的试验电压值时，必须考虑到这一点，并主要根据运行经验来确定。例如对发电机定子绕组，按不同情况，其直流耐压试验电压值分别取 2 ~ 3 倍额定电压；对油纸绝缘电力电缆，2 ~ 10 kV 电缆取 5 倍额定电压；15 ~ 30 kV 取 4 倍额定电压；35 kV 及以上分别取 2.6 ~ 2 倍额定电压。直流耐压试验时的加压时间也应比工频耐压试验长一些，例如发电机试验电压是以每级 0.5 倍额定电压分阶段升高的，每阶段停留 1 min，读取泄漏电流值；电缆试验时，在试验电压下持续 5 min，以观察并读取泄漏电流值。

二、直流高压的测量

当试验时，若被试品的电容量 C_x 较大，或滤波电容器 C 的数值较大，同时其泄漏电流又非常小时，其输出的直流电压较为平稳，此时，被试品上所加的直流电压值可在工频试验变压器的低压侧进行测量，然后换算出高压侧的直流电压值。但一般情况下，最好在高压侧进行测量。高压侧测量直流电压的方法通常有下列几种：

（1）用如图 3.20（a）所示高值电阻串联微安表或如图 3.20（b）所示电压表配高值电阻分压器。这两种方法是测量直流高压的常用而又比较方便的方法。被测电压为

$$U_1 = IR_1 \text{ 或 } U_1 = U_2 \frac{R_1 + R_2}{R_2}$$

（3-19）

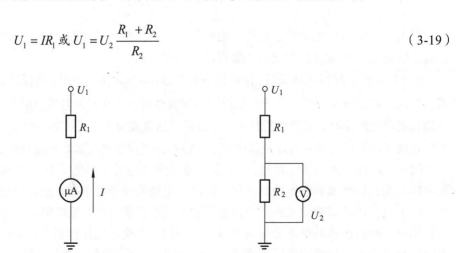

（a）用高值电阻串联微安表 　　　　（b）用高值电阻分压器

图 3.20　直流电压的测量接线图

使用分压器时，应选用内阻极高的电压表，如静电电压表、晶体管电压表、数字电压表或示波器等。

电阻 R_l 是一个能够承受高电压且数值稳定的高值电阻，通常由多个碳膜电阻或金属膜电阻串联而成。由于高压直流电源的容量较小，为了使 R_l 的接入不致影响其输出电压，也为了使 R_l 本身不致过热，通过 R_l 的电流不应太大；另一方面，这一电流也不应太小，以免由于电晕放电和绝缘支架的漏电流而引起测量误差。一般按照通过 R_l 的电流为 0.1 ~ 1 mA 来选取 R_l 值，并把 R_l 放在绝缘筒中，并充以绝缘油，可以抑制或消除电晕放电和漏电，降低温升，从而提高 R_l 阻值的稳定性。

（2）用高压静电电压表测量直流高压的平均值。

（3）用球-球间隙测量直流高压的峰值。

三、试验时的注意事项

（1）试验完毕，必须先将被试品上的残余电荷释放，放电时最好先通过电阻放电。

（2）试验小容量的试品时上需接入 0.1 μF 左右的滤波电容 C，以减小被试品上的电压脉动。

任务六 直流泄漏电流的测量

测量泄漏电流的原理和用兆欧表测量绝缘电阻的原理相同，不过直流泄漏电流试验中所用的直流电源一般均由高压整流设备供给，用微安表来指示泄漏电流，它与用兆欧表测绝缘电阻相比的优越之处是试验电压高，并可以随意调节，对不同电压等级的被试设备施以相应的试验电压，可比兆欧表测绝缘电阻更有效地发现一些尚未完全贯通的集中性缺陷，同时，在试验的升压过程中，可以随时监视微安表的指示，以便及时了解绝缘情况。另外，微安表比兆欧表读数更灵敏。

如图 3.21 所示为某发电机的直流泄漏电流 I_∞ 随所加直流电压 U 的变化曲线。在同一直流电压作用下，良好绝缘的泄漏电流较小，且随电压的增加泄漏电流正比增加（见曲线 1）。绝缘受潮时，泄漏电流增大（见曲线 2）；当绝缘有集中性缺陷时，电压升高到一定值后，泄漏电流激增（见曲线 3）；绝缘的集中性缺陷越严重，出现泄漏电流激增的电压将越低（见曲线 4）。当泄漏电流超过一定标准时，应尽可能找出原因，并加以消除。

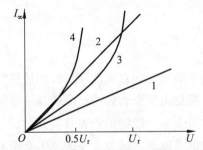

图 3.21 发电机绝缘泄漏电流与所加直流电压的关系曲线

1—良好；2—受潮；3—绝缘中有集中性缺陷；

4—有危险集中性缺陷；U_r—耐压试验电压

一、直流泄漏试验接线

1. 被试品不接地

如图 3.22 所示为被试品不接地时测量泄漏电流或做直流耐压试验的接线图。图中 T_1 为调压器，它的作用是调节电压；T_2 为工频试验变压器，通过它将交流低压变成交流高压，其电压值必须满足试验的需要；高压硅堆 V 起整流作用，由于被试设备的电导甚小，试验时电流一般不超过 1 mA。现场试验时，可用电压互感器来代替工频试验变压器。

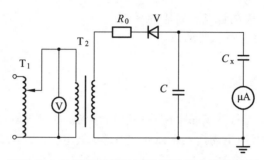

图 3.22　被试品不接地时的测泄漏电流接线图

T_1—调压器；T_2—工频试验变压器；R_0—保护电阻；
V—二极管整流器；C—滤波电容；C_x—被试电容

C 为滤波电容器，其作用是使整流电压平稳，C 越大加于被试品上的电压越平稳，直流电压的数值也就越接近工频交流高压的辐值。在现场试验时，当被试品的电容 C_x 值较大时滤波电容 C 可以不加，当 C_x 较小时，则需接入一个 0.1 μF 左右的电容器，以减小电压的脉动。

保护电阻 R_1 的作用是限制被试品击穿时的短路电流不超过高压硅堆和试验变压器的允许值，以保护工频试验变压器和硅堆，故 R_1 也叫限流电阻，其值可按 10 Ω/V 来选取，通常用玻璃管或有机玻璃管充水溶液制成。

微安表用作测量泄漏电流，它的量程可根据被试品的种类及绝缘情况等适当选择。用如图 3.22 所示的接线最简便，这时微安表接在接地端，读数安全、方便，而且高压引线的漏电流、整流元件和保护电阻绝缘支架的漏电流以及试验变压器本身的漏电流均直接流入试验变压器的接地端而不会流入微安表，故测量比较精确。但此接线被试品不能直接接地，故不适用于现场。

2. 被试品一极接地

为适应现场被试品外壳接地的情况，直流泄漏试验的接线宜采用如图 3.23 所示的方式。此时微安表接在高压端。为了避免由微安表到被试品的连接导线上产生的电晕电流以及沿支柱绝缘子表面的泄漏电流流过微安表，需将微安表及其到被试品的高压引线屏蔽起来，使其处于等电位屏蔽中，这样杂散电流就不会通过微安表，不会带来测量的误差。但此种接线，微安表对地需良好绝缘并加以屏蔽，在试验中调整微安表量程时，必须用绝缘棒，操作不便，且由于微安表距人较远，读数不易看清。

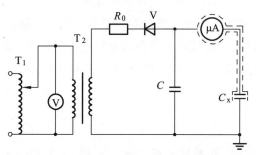

图 3.23 被试品一极接地时试验接线图

3. 串级直流装置

以上的两种半波整流电路能获得的最高直流电压等于工频试验变压器输出交流电压的峰值 U_m。如欲得到更高的直流高压并充分利用试验变压器的容量，可采用图 3.24 所示的倍压整流电路。

在图 3.24 中，当电源电势为负时，整流元件 V_2 闭锁，V_1 导通；电源电势经 V_1、R_b 向电容 C_1 充电至 U_m；当电源电势为正时，电源与 C_1 串联起来经 V_2、R_b 向 C_2 充电至 $2U_m$。当空载时，直流输出电压 $U = 2U_m$。V_1、V_2 的反峰电压也都等于 $2U_m$，电容 C_1 的工作电压为 U_m，而 C_2 的工作电压则为 $2U_m$。

当需要更高的直流输出电压时，可把若干个如图 3.24 所示的电路单元串接起来，构成串级直流高压装置。如图 3.25 所示是一个三级串级高压装置的接线，在空载情况下其直流输出电压可达 $6U_m$。

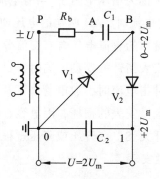

图 3.24 倍压整流电路

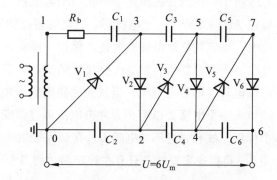

图 3.25 三级串级直流高压装置接线图

电路在空载时，各级电容的充电过程简单分析如下：在电源电势为负半波时，V_1 导通，电源电势经 V_1、R_b 向电容 C_1 充电至 U_m；正半波时，电源与 C_1 串联起来（U_{30} 由 $0 \sim 2U_m$ 变化），经 V_2、R_b 向 C_2 充电，使 C_2 上的电压达到 $2U_m$。在接下来的负半波时，电源与 C_2 串联（U_{21} 由 $U_m \sim 3U_m$ 变化），经 R_b、V_3 向 C_3 及 C_1 充电，使 C_3 及 C_1 上的总电压达到 $3U_m$，即 C_3 上的电压达到 $2U_m$；在后续正半波时，电源与 C_1、C_3 串联（U_{50} 由 $2U_m \sim 4U_m$ 变化）经 R_b、V_4 向 C_4 及 C_2 充电，使 C_4 及 C_2 上的总电压达到 $4U_m$，即 C_4 上的电压达到 $2U_m$。依此类推，最终可使点 6 上的电位即直流输出电压达到 $U = 6U_m$。

　　由于上一级电容的电荷需要由下一级电容供给和补充，串级装置在接上负载时的电压脉动 δU 和电压降 ΔU 都比较大，级数越多及负载电流越大时，δU 和 ΔU 越大。因此，这种串级直流高压装置的输出电流较小，一般只能做到 10 mA 左右。

二、试验方法

　　（1）进行直流泄漏试验时，对被试品额定电压为 35 kV 及以下的电气设备施加 10 ~ 30 kV 的直流电压；对额定电压为 110 kV 及以上的设备施加 40 kV 的直流电压。试验时按每级 0.5 倍试验电压分阶段升高电压，每阶段停留 1 min 后，微安表的读数即为泄漏电流值。同时还可以把泄漏电流 i 与加压时间 t 的关系，泄漏电流 i 与试验电压 u 的关系绘制成曲线图进行全面的分析。

　　（2）直流泄漏试验时，泄漏电流的判断标准在试验规程中作了一些规定。对泄漏电流有规定的设备，应按是否符合规定值来判断。对规程中无明确规定的设备，应进行同一设备各相之间的相互比较，或与历年的试验结果的比较及同类型的设备的互相比较，就其变化来分析判断。

三、微安表的保护

　　微安表是精密仪表，使用中应十分爱护。一般微安表都有专门的保护装置，其接线如图 3.26 所示。在微安表回路中串联一个阻值较大的电阻 R（称为增压电阻），当有电流流过时，就在 AB 两端产生一个电压降。当电流超过微安表的额定电流时，AB 两端的电压使放电管 F 放电，电流就从放电管中流过，保护了微安表。由于整流后的直流电压含有交流分量，所以并联一个电容器 C，以滤去整流后的交流分量，减小微安表指针的摆动，同时，C 还可以稳定放电管 F 的放电电压。当试验回路因突然短路而出现冲击电流时，放电管来不及动作，为此串入一个电感 L 以阻止大冲击电流流过微安表，以避免微安表的损坏；因电容 C 也具有这个作用，故有时可不加电感 L。在微安表表头两端并一开关 S，在升压或降压过程中合上开关 S，将微安表短接，只有在稳定时才将 S 打开，保护微安表。

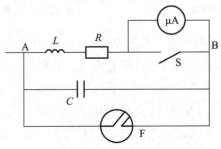

图 3.26　微安表保护装置的接线图

任务七　冲击高压试验

电力系统中的高压电气设备，除了承受长时间的工作电压作用外，在运行过程中，还可能会承受短时的雷电过电压和操作过电压的作用。冲击高压试验用来检验高压电气设备在雷电过电压和操作过电压作用下的绝缘性能或保护性能。由于冲击高压试验本身的复杂性等原因，电气设备的交接及预防性试验中，一般不要求进行冲击高压试验。

雷电冲击电压试验采用全波冲击电压或截波冲击电压，这种冲击电压持续时间较短，约数微秒至数十微秒，它可以由冲击电压发生器产生；操作冲击电压试验采用操作冲击电压，其持续时间较长，约数百至数千微秒，它可利用冲击电压发生器产生，也可利用变压器产生。许多高电压试验室的冲击电压发生器既可以产生雷电冲击电压波，也可以产生操作冲击电压波[参见课题一的任务四中"（一）标准波形"]。本节仅将产生全波的冲击电压发生器作一简单的介绍。

一、冲击电压发生器

冲击电压发生器是产生冲击电压波的装置。如前所述，雷电冲击电压波形是一个很快地从零上升到峰值然后较慢地下降的单向性脉冲电压。这种冲击电压通常可以利用高压电容器通过球隙对电阻电容回路放电而产生的。图 3.27 给出了冲击电压发生器的两种基本回路：回路 1 如图 3.27（a）所示，回路 2 如图 3.27（b）所示。

图 3.27 中的冲击主电容 C_1 在被间隙 G 隔离的状态下由直流电源充电到稳态电压 U_0。当球隙 G 被点火击穿后，主电容 C_1 上的电荷对电阻 R_2 放电（回路 1 中要经过 R_1），同时对负荷电容 C_2 充电，在被试品上形成上升的电压波前。当 C_2 上的电压波充电达到最大值后，反过来 C_2 又与 C_1 一起对 R_2 放电（回路 2 中要经过 R_1），在被试品上形成下降的电压波尾。

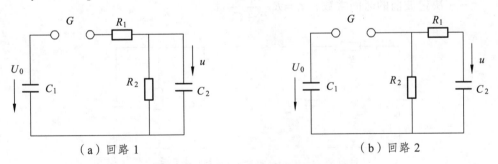

（a）回路 1　　　　　　　　　　　　　　（b）回路 2

图 3.27　冲击电压发生器的基本回路

被试品的电容可以等值地并入电容 C_2 中。一般选择 R_2 比 R_1 大得多，这样就可以在 C_2 上得到所要求的波前较短（时间常数 $R_1 C_2$ 较小）而波长较长（时间常数 $R_2 C_1$ 较大）的冲击电压波形。输出电压峰值 U_m 与 U_0 之比，称为冲击电压发生器的利用系数 η。由于 U_m 不可能大于由冲击电容上的起始电荷 $U_0 C_1$ 分配到（$C_1 + C_2$）后所决定的电压，即 $U_m \leqslant U_0 \dfrac{C_1}{C_1 + C_2}$，故得

$$\eta = \frac{U_m}{U_0} \leqslant \frac{C_1}{C_1 + C_2} \quad\quad (3\text{-}20)$$

可见，为了提高冲击电压发生器的利用系数，应该选择 C_1 比 C_2 大得多。

如上所述，由于一般选择 $R_2 C_1 \gg R_1 C_2$，在回路 2 中，在很短的波前时间内，C_1 对 R_2 的放电时，对 C_1 上的电压没有显著影响，所以回路 2 的利用系数主要决定于上述电容间的电荷分配，即

$$\eta_2 \approx \frac{C_1}{C_1 + C_2} \quad\quad (3\text{-}21)$$

而在回路 1 中，影响输出电压幅值 U_m 的，除了电容上的电荷分配外，还有在电阻 R_1、R_2 上的分压作用。因此，回路 1 的利用系数可近似地表示为

$$\eta_1 \approx \frac{R_2}{R_1 + R_2} \times \frac{C_1}{C_1 + C_2} \quad\quad (3\text{-}22)$$

比较式（3-21）及式（3-22）可知，$\eta_2 > \eta_1$，所以回路 2 称为高效率回路。由于回路 2 具有较高的利用系数，在实际的冲击电压发生器中，回路 2 常被用作冲击电压发生器的基本接线方式。

下面就以如图 3.28 所示回路 2 为基础来分析回路元件与输出冲击电压波形的关系。为使问题简化，在决定波前时，可忽略 R_2 的作用，即把图 3.27 回路 2 简化成如图 3.28（a）所示电路。这样，C_2 上的电压可用下式表示

$$u(t) = U_m(1 - e^{-t/\tau_1}) \quad\quad (3\text{-}23)$$

式中　τ_1——决定波前的时间常数，$\tau_1 = R_1 \dfrac{C_1 C_2}{C_1 + C_2}$。

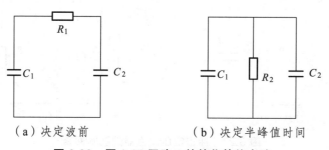

（a）决定波前　　　　　　　（b）决定半峰值时间

图 3.28　图 3.27 回路 2 的简化等值电路

根据冲击波视在波前 T_1 的定义（详见课题一任务四中"（一）标准波形"），可知当 $t = t_1$ 时，$u(t_1) = 0.3 U_m$；$t = t_2$ 时，$u(t_2) = 0.9 U_m$ 则，

$$0.3 U_m = U_m(1 - e^{-t_1/\tau_1})$$

即

$$e^{-t_1/\tau_1} = 0.7 \tag{3-24}$$

及 $0.9U_m = U_m(1 - e^{-t_2/\tau_1})$ 即

$$e^{-t_2/\tau_1} = 0.1 \tag{3-25}$$

式（3-24）除以式（3-25）得

$$e^{(t_2-t_1)/\tau_1} = 7$$

则波前时间：

$$T_1 = 1.67(t_2 - t_1) = 1.67\tau_1 \ln 7$$

$$= 3.24R_1\frac{C_1C_2}{C_1 + C_2} \tag{3-26}$$

同样，在决定半峰值时间时可忽略 R_1 的作用，即把回路简化成如图 3.28（b）所示电路。这样，输出电压可用下式表示：

$$U(t) = U_m e^{-t/\tau_2} \tag{3-27}$$

式中 τ_2——决定半峰值时间的时间常数，$\tau_2 = R_2(C_1 + C_2)$。

根据半峰值时间 T_2 的定义（详见课题一中任务四节），可以列出方程式：

$$0.5U_m = U_m e^{-T_2/\tau_2}$$

由此得

$$T_2 = \tau_2 \ln 2 = 0.7\tau_2 = 0.7R_1(C_1 + C_2) \tag{3-28}$$

应当指出，式（3-26）及式（3-28）的关系是在略去了许多影响因素（其中包括回路电感的影响）以后近似推导出的。根据较详细的分析计算和在实际装置上测量校验的经验，推荐使用下述修正公式：

$$T_1 = (2.3 \sim 2.7)R_1\frac{C_1C_2}{C_1 + C_2}$$

$$T_2 = (2.3 \sim 2.7)R_2(C_1 + C_2) \tag{3-29}$$

当回路电感较大时，式（3-29）中的系数取较小的值。上述两个公式可以用来计算冲击电压发生器的参数和调整冲击电压发生器的输出电压波形。

二、多级冲击电压发生器

由于受到整流设备和电容器额定电压的限制，单级冲击电压发生器的最高电压一般不超过 200~300 kV。但实际的冲击电压试验中，常常需要产生高达数千千伏的冲击电压，就只有多级冲击电压发生器才能做到了。多级冲击电压发生器的工作原理简单说来就是利用多级电容器并联充电，然后通过球隙将各级电容器串联起来放电，即可获得幅值很高的冲击电压。适当选择放电回路中各元件的参数，即可获得所需的冲击电压波形。

如图 3.29 所示为多级冲击电压发生器的电路图。图中，先由工频试验变压器 T 经过整流元件 V 和充电电阻 R_{ch}、保护电阻 R_b 给并联的各级主电容 $C_1 \sim C_3$ 充电，达稳态时，点 1、3、5 的电位为零；点 2、4、6 的电位为 $-U_0$，充电电阻 $R_{ch} \gg$ 波尾电阻 $R_2 \gg$ 阻尼电阻 R_G，各级球隙 $G_1 \sim G_4$ 的放电电压调整到稍大于 U_0。

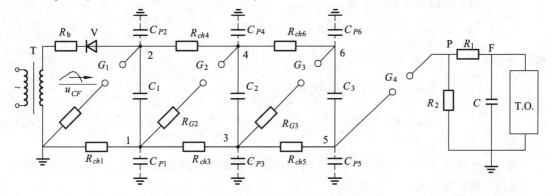

图 3.29   多级冲击电压发生器的基本电路

T—变压器；R_b—保护电阻；V—整流元件；$C_{P1} \sim C_{P6}$—各级对地杂散电容；$C_1 \sim C_3$—各级主电容；

C—另加的流前电容；$R_{ch1} \sim R_{ch6}$—充电电阻；$R_{g2} \sim R_{g3}$—阻尼电阻；

G_1—点火间隙；G_2、G_3—中间球隙；G_4—输出球隙；T. O. —被试品

当主电容充电完成后，利用触发脉冲 u_{CF} 使间隙 G_1 点火击穿，此时点 2 的电位由 $-U_0$ 突然升到零；主电容 C_1 经 G_1 和 R_{ch1} 放电，由于 R_{ch1} 的阻值很大，故放电进行得很慢，且几乎全部电压都降落在 R_{ch1} 上，使点 1 的电位升到 $+U_0$。当点 2 的电位突然升到零时，经 R_{ch4} 也会对 C_{P4} 充电，但因的 R_{ch4} 阻值很大，在极短的时间内，经 R_{ch4} 对 C_{P4} 的充电效应是很小的，点 4 的电位仍接近于 $-U_0$，于是间隙 G_2 上的电位差接近于 $2U_0$，促使 G_2 击穿，G_2 击穿后，主电容 C_1 通过串联电路 G_1—C_1—R_{G1}—G_2 对 C_{P4} 充电；同时又串联 C_2 后对 C_{P3} 充电；由于 C_{P4}、C_{P3} 的值很小，R_{G1} 的值也很小，故可以认为 G_2 击穿后，对 C_{P4}、C_{P3} 的充电几乎是立即完成的，点 4 的电位立即升到 $+U_0$，而点 3 的电位立即升到 $+2U_0$；与此同时，点 6 的电位却由于 R_{ch6} 和 R_{ch5} 的阻隔，仍维持在原电位 $-U_0$；于是间隙 G_3 上的电位差就接近 $3U_0$，促使 G_3 击穿。接着，主电容 C_1、C_2 串联后，经 G_1、G_2、G_3 电路对 C_{P6} 充电；再串联 C_3 后对 C_{P5} 充电；由于 C_{P6}、C_{P5} 很小，R_{G1}、R_{G2} 也很小，故可以认为 C_{P6} 和 C_{P5} 的充电几乎是立即完成的；也即可以认为 G_3 击穿后，点 6 的电位立即升到 $+2U_0$，点 5 的电位立即升到 $+3U_0$。P 点的电位显然未变，仍为零。于是间隙 G_4 的电位差接近达 $3U_0$，促使 G_4 击穿。这样，各级主电容 $C_1 \sim C_3$ 就被串联起来，经各组阻尼电阻 R_G 向波尾电阻 R_2 放电，形成主放电回路；与此同时，也经 R_1 对波前电容 C 和被试品电容充电，形成冲击电压波的波前。

虽然此过程中，也存在着各级主电容经充电电阻 R_{ch}、阻尼电阻 R_G 和中间球隙 G 的局部放电。由于 R_{ch} 的值足够大，这种局部放电的速度比主放电的速度慢很多倍，因此，可认为对主放电没有明显的影响。

　　中间球隙击穿后，主电容对相应各点杂散电容 C_p 充电的回路中总存在某些寄生电感，这些杂散电容的值又极小，这就可能会引起一些局部振荡。这些局部的振荡将叠加到总的输出电压。为消除这些局部振荡，应在各级放电回路中串入一阻尼电阻 R_G，此外，主放电回路本身也应保证不产生振荡。

　　冲击电压是非周期性的快速变化过程。因此，测量冲击电压的仪器和测量系统必须具有良好的瞬变响应特性。冲击电压的测量包括峰值测量和波形记录两个方面。目前最常用的测量冲击电压的方法有：① 测量球隙；② 分压器-峰值电压表；③ 分压器-示波器。球隙和峰值电压表只能测量冲击电压的峰值，示波器则能记录波形，即不仅能指示冲击电压的峰值，而且能显示冲击电压随时间的变化过程。

习题 3

　　3-1　绝缘预防性试验的目的是什么？它分为哪两大类？

　　3-2　用兆欧表测量大容量试品的绝缘电阻时，为什么随加压时间的增加兆欧表的读数由小逐渐增大并趋于一稳定值？兆欧表的屏蔽端子有何作用？

　　3-3　何谓吸收比？绝缘干燥时和受潮后的吸收现象有何特点？为什么可以通过测量吸收比来检测绝缘的受潮？

　　3-4　什么是测量 $\tan\delta$ 的正接线和反接线？各适用于何种场合？试述测量 $\tan\delta$ 时干扰产生的原因和消除的方法。

　　3-5　给出对被试品进行工频耐压试验的原理接线图，说明各元件的名称和作用。被试品试验电压的大小是根据什么原则确定的？当被试品容量较大时，其试验电压为什么必须在工频试验变压器的高压侧进行测量？

　　3-6　给出被试品一端接地时测量直流泄漏电流的接线图，并说明各元件的名称和作用。

课题四　电力系统过电压及保护

本课提示： 本课题讨论电力系统的大气雷电过电压和属于内过电压的工频过电压、操作过电压的发生、特性和防护。主要有：

（1）雷电放电的基本过程、雷电的主要参数和主要的防雷设备。要求掌握的雷电主要参数有雷电流、雷暴日、地面落雷密度和输电线路落雷次数。掌握雷电波的传播、折射、反射、通过电感及电容的特点和规律，并能加以应用。掌握避雷器的分类和作用原理。着重掌握阀式避雷器和氧化锌避雷器的结构与元件的作用原理以及主要电气参数。理解防雷接地的作用和它的计算表达式。学习中要通过计算实例，掌握避雷针的保护范围计算。学习避雷器结构时，最好能通过实物对照，以便于掌握和理解。

（2）输电线路上感应雷过电压和直击雷过电压的产生及计算方法，同时提出衡量输电线路防雷性能的两个指标，即耐雷水平和雷击跳闸率，以及它们的计算方法。同时简述了输电线路的防雷措施。要求掌握雷击塔顶和绕击这两种过电压的耐雷水平和雷击跳闸率的计算，并熟悉输电线路的防雷措施。学习时注意计算方法的推导过程，以便理解和掌握计算公式。在计算时要注意每一个参数的单位。

（3）发电厂和变电所直击雷保护和雷电波沿输电线路入侵发电厂和变电所的防雷保护。掌握防止雷直击于发电厂、变电所设备的原理和方法。理解雷电波沿输电线路入侵发电厂和变电所时，用避雷器保护的原理。掌握变电所的进线段和变压器、旋转电机的防雷保护。学习时要弄清防雷保护接线中，每一个元器件的保护作用原理，并查阅有关规程规定，加以领会和理解。

（4）电力系统中内过电压与工频过电压的基本概念、分类及其特点；并就空载线路电容效应引起的工频过电压，对其产生原因以及它对电力系统的影响作了定性的分析与阐述，对影响这种工频过电压大小的各种情况作了量化的分析。要求领会各基本概念，掌握内过电压和工频过电压的分类及特点，对由空载线路电容效应引起的工频过电压，能分析其产生原因，并能针对各影响因素来进行量化的分析与解释。

（5）电力系统中几种操作过电压的产生原因、产生的物理过程、影响过电压大小的因素及限制过电压的措施。要求领会并简要地掌握各种操作过电压产生的基本原因，影响过电压大小的因素以及限压措施。理解各种操作过电压产生的物理过程，这是其中的难点。

电力系统工作的可靠性，主要取决于其绝缘能否耐受作用于其上的各种电压。在电力系统正常运行情况下，系统中设备只承受电网的额定电压作用，但是由于各种原因，电力系统中的某些部分的电压可能升高，甚至大大超过正常状态下的电压，危及设备的绝缘，这种危及设备绝缘的过电压可分为大气过电压和内部过电压。

任务一 大气雷电过电压

本课中，将主要讨论大气过电压的计算及采取的过电压防护措施。我们知道，大气过电压是由于雷击电气设备而产生的，雷电这种现象极为频繁，在没有专门的保护设备时，雷电放电产生的过电压可达数百万伏，这样的过电压足以使任何额定电压的设备绝缘发生闪络和损坏。在电力系统中，高压架空输电线路纵横交错，广泛分布在广阔的地面上，更容易遭受雷击，以致破坏电气设备引起停电事故，给国民经济和人民生活带来严重损失。因此研究雷电的基本现象及防止雷电过电压的措施是确保电力系统安全可靠运行的一项刻不容缓的任务。本课主要介绍雷电放电的基本过程及主要的防雷设备，要求着重掌握雷电的主要参数、避雷针和避雷器的保护原理及有关计算等基本内容。

一、雷云对地放电的过程

雷电是一种自然现象，人们对这种现象的科学认识是从 18 世纪才开始的。富兰克林通过他的著名的风筝试验提出了雷电是大气中的火花放电理论；罗蒙诺索夫提出了关于乌云起电的学说。此后又有一些科学家对雷电现象不断地作出了许多研究，但至今对雷云如何会聚集起电荷还没有获得比较满意的解释。目前，一般认为包含大量水滴的积雨云并伴有强烈的高空气流是形成雷云的条件。

实测表明，对地放电的雷云绝大多数带有负电荷，在雷云电场的作用下，大地被感应出与雷云极性相反的电荷，就像一个巨大的电容器，其间的电场强度平均小于 1 kV/m，但雷云个别部分的电荷密度可能很大，当雷云附近某一部分的电场强度超过大气的绝缘强度时，就使空气游离，放电由此开始，叫作"先导放电"。当先导通道到达地面或与地面目标上发出的迎面先导相遇时，雷云及大地极性相反的巨量电荷相向运动，巨量电荷互相中和形成巨大放电电流，叫作"主放电"。主放电之后剩余少量电荷继续中和，虽然电流较小但时间较长，称为"余辉放电"。

作为工程技术人员，所关心的主要是雷云形成以后对地面的主放电。几十年来，人们对雷电进行了长期的观察和测量，积累了不少有关雷电参数的资料，尽管目前有关雷电发生和发展过程的物理本质尚未完全掌握，但随着对雷电研究的不断深入，雷电参数不断地修正和补充，使之更符合客观实际。

（一）雷击时的等值电路

雷击地面由先导放电转变为主放电的过程可以用一根已充电的垂直导线突然与被击物体接通来比拟，如图 4.1（a）所示。图中 Z 是被击物体与大地（零电位）之间的阻抗，σ 是先导放电通道中电荷的线密度，开关 S 未闭合之前相当于先导放电阶段。当先导通道到达地面或与地面目标上发出的迎面先导相遇时，主放电即开始，相当于开关 S 合上。此时将有大量的正、负电荷沿先导通道逆向运动，并使其中来自雷云的负电荷中和，如图 4.1（b）所示。与此同时，主放电电流即雷电流 i 流过雷击点 A 并通过阻抗 Z，此时 A 点电位 u 也突然升至

$u = iZ$。显然，电流 i 的数值与先导通道的电荷密度 σ 及主放电的发展速度 v 有关，并且还受阻抗 Z 的影响。因为先导通道的电荷密度很难测定，主放电的发展速度也只能根据观测大体判断，唯一容易测知的量是主放电后（相当于 S 合上后）流过阻抗 Z 的电流 i_Z。

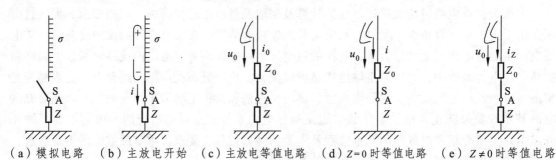

（a）模拟电路　（b）主放电开始　（c）主放电等值电路　（d）$Z=0$ 时等值电路　（e）$Z \neq 0$ 时等值电路

图 4.1　雷击放电计算模型

（二）雷电流

因为雷电波流经被击物体时的电流与被击物体的波阻抗有关，用图 4.1（c）表示主放电等值电路。图中 Z_0 和 Z 是雷云的波阻抗和被击物的波阻抗，i_0 和 u_0 是从雷云向地面传来电流波和电压波。我们把流经被击物体的波阻抗 $Z = 0$ 时的电流定义为"雷电流"，用 i 来表示[即 $Z = 0$ 时 $i_0 = i$，见图 4.1（d）；考虑雷击时实际状况及有关规程，规定 $Z \leqslant 30\ \Omega$]；i_Z 是雷击阻抗 Z 时雷电流[即 $Z \neq 0$ 时 $i_0 = i_Z$，见图 4.1（e）]。因此，按雷电流的定义 $u_0 = iZ_0$；雷击阻抗 Z 时 $u_0 = i_Z (Z_0 + Z)$，显然

$$i_Z = i \frac{Z_0}{Z_0 + Z} \tag{4-1}$$

目前，我国规程建议雷电通道的波阻抗 Z_0 为 $300 \sim 400\ \Omega$。

雷电流 i 为一非周期冲击波，它与气象、自然条件等有关，是一个随机变量。下面介绍它的幅值、波头、陡度、波长及其波形（可参阅课题一任务四中有关"雷电冲击电压"的内容）。

1. 幅　值

雷电流幅值与气象、自然条件等有关，只有通过大量实测数据才能正确估计其概率分布规律。如图 4.2 所示是根据我国年平均雷暴日大于 20 的地区，在线路杆塔和避雷针上测录到的大量雷电流数据，经筛选后，取 1 205 个雷电流值画出来的概率 P-幅值 I 的关系曲线。例如，当雷击时，出现大于 88 kA 的雷电流幅值的概率 P 约为 10%。

雷电流幅值 I 可从图 4.2 的曲线上按给定的概率 P 值查出。我国西北地区、内蒙古等雷电活动较弱，雷电流幅值可从图 4.2 按给定的 P 值查出 I 值后，将其减半求得。也可用下式求出：

$$\ln P = -\frac{I}{88} \text{ 或 } P = \mathrm{e}^{-I/88}$$

$$\ln P = -\frac{I}{44} \text{ 或 } P = \mathrm{e}^{-I/44} \tag{4-2}$$

式中 *I*——雷电流辐值，kA；

   P——雷电流为 *I* 的概率，%。

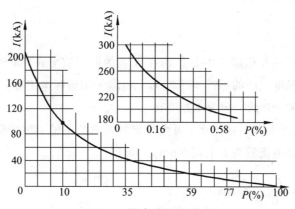

图 4.2 雷电流数据曲线

2. 波头、陡度及波长

雷电流上升段（波前）时间叫波头，波头随时间的变化率叫陡度，下降段时间叫波尾，雷电流经历波头和半幅值波尾所用时间叫波时长简称波长。根据实测结果，雷电冲击波的波头是在 1～5 μs 内变化；多为 2.5～2.6 μs；波长在 1～100 μs 内，多数为 50 μs 左右。波头及波长变化范围很大，工程上根据不同情况的需要，规定出相应的波头与波长的时间。

在线路防雷计算时，规程规定取雷电流波头时间为 2.6 μs，波长对防雷计算结果几乎无影响，为简化计算，一般可视为无限长。

雷电流的幅值与波头决定了雷电流的陡度。雷电流的陡度对雷击过电压影响很大，也是一个常用参数。可认为雷电流的陡度 *a* 与幅值 *I* 呈线性的关系，即幅值愈大，陡度也愈大。一般认为陡度超过 50 kA/ μs 的雷电流出现的概率很小。

3. 波 形

实测结果表明，雷电流的幅值、陡度、波头、波尾虽然每次不同，但都是单极性的脉冲波，电力设备的绝缘强度试验和电力系统的防雷保护设计，要求将雷电流波形等值为典型化、可用公式表达，便于计算的波形。常用的等值波形有三种，如图 4.3 所示。

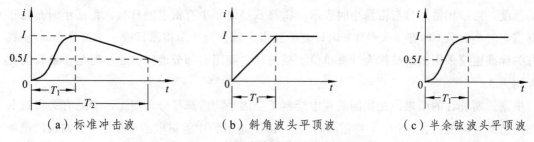

（a）标准冲击波   （b）斜角波头平顶波   （c）半余弦波头平顶波

图 4.3 雷电主放电时的电流波形

图 4.3（a）是标准冲击波，它是双指数函数的波形，可表示为

$$i = I_0 (e^{-at} - e^{-\beta t}) \tag{4-3}$$

式中 I_0 ——某一固定电流值；

a，β ——两个常数；

t ——作用时间。

当被击物体的阻抗只是电阻 R 时，作用在 R 上的电压波形 u 与电流波形 i 相同。双指数波形也用作冲击绝缘强度试验的标准电压波形。我国采用国际电工委员会（IEC）国际标准：波头 T_1=1.2 μs，波长 T_2=50 μs，记为 1.2/50 μs。

图 4.3（b）为斜角平顶波，其陡度 a 可由给定的雷电流幅值 I 和波头时间决定，$a = I/T_1$，在防雷保护计算中，雷电流波头 T_1 采用 2.6 μs，则有

$$a = \frac{I}{2.6} \quad (\text{kA/μs}) \tag{4-4}$$

式中 I ——雷电流幅值，kA。

图 4.3（c）为等值半余弦平顶波，波头部分接近半余弦波，其表达式为

$$i = \frac{I}{2}(1 - \cos \omega t) \tag{4-5}$$

式中 ω ——角频率，由波头决定，$\omega = \pi/T_1$。

这种等值波形多用于分析雷电流波头的作用，因为雷电流通过电感支路时所引起的压降的计算用余弦函数波头比较方便。此时最大陡度出现波头中间，即 $t = T_1/2$ 处，其值为

$$a_{\max} = \left(\frac{\mathrm{d}i}{\mathrm{d}t}\right)_{t=T_1/2} = \frac{I}{2}\omega$$

对一般线路杆塔来说，用余弦波头计算雷击塔顶电位与用更便于计算的斜角波计算的结果非常接近，因此，只有在设计特殊大跨越、高杆塔时，才用半余弦波来计算。

（三）雷暴日与雷暴小时

由于地理条件及气象条件等因素的不同，各地雷电活动的强烈程度不大相同，因此在进行防雷设计和采取防雷措施时，必须要从该地区的雷电活动具体情况出发。为了统计雷电的活动强度，可以用雷暴日与雷暴小时表示。雷暴日是每年中有雷电的日数，雷暴小时是每年中有雷电的小时数（即在 1 天或 1 h 内只要听到雷声就作为一个雷暴日或一个雷暴小时）。我国有关标准建议采用雷暴日作为计算单位。据统计，我国大部分地区雷暴小时与雷暴日的比值大约为 3。

根据长期统计的结果，在我国规程中绘制了全国平均雷暴日分布图（请参见有关资料），可作为防雷设计的依据。全年平均雷暴日数为 40 的地区为中等雷电活动强度区，如长江流域和华北的某些地区；年平均雷暴日不超过 15 日的为少雷区，如西北地区；超过 40 日的为多雷区，如华南的某些地区。

（四）地面落雷密度和输电线路落雷次数

每一雷暴日、每平方千米地面遭受雷击的次数称为地面落雷密度，以 γ 表示。我国有关标准建议在雷暴日为 40 的地区，γ 取 0.07。

对雷暴日为 40 的地区，避雷线或导线平均高度为 h 的线路，每 100 km 每年雷击次数为

$$\begin{cases} N = 0.28(b+4h) \\ h = h_x - \dfrac{2}{3}h_H \end{cases} \tag{4-6}$$

式中　　b——两根避雷线或导线之间的距离，m；

$\quad\quad\quad h_x$——导线悬挂点的高度，m；

$\quad\quad\quad h_H$——导线悬挂点的弧垂，m。

二、电流、电压波在无损导线中的传播

（一）雷电波

对于导线来说，雷电电压、电流是以波的形式沿导线传播的。我们可以这样简化分析：当一根与地绝缘的无限长导线（如架空长导线，以下简称导线）带电以后，可以用如图 4.4 所示的等值电路来表示。图中：L_0 代表导线每米的电感值；C_0 代表每米导线对大地的电容值；电路中每一小段导线 $\mathrm{d}x$ 电感为 $L_0\mathrm{d}x$，每一小段导线 $\mathrm{d}x$ 电容为 $C_0\mathrm{d}x$。当导线上有电压、电流时，导线上将有电能的损耗，即每米长度的导线还有电阻 R_0、对地泄漏电导 G_0。为讨论简便，可略去 R_0、G_0，这样的导线就称为无损导线。

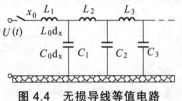

图 4.4　无损导线等值电路

当在导线某一点 x_0 处突然加一电压 $U(t)$ 时，x_0 附近的电容立即被充电，而且也要对相邻的其他电容充电。但是由于导线分布有电感，在电感的影响下，第二个电容以及后面的各个电容要隔一定的时间才能充上电，即对各个电容充电至电源电压（U）的时间是不相同的，距离电源越远，时间延后越多。另一方面，在电容充电时，将有电流流过该段导线的电感，当某一电容未充电时，它处于短路状态，其后面的导线中没有电流，如图 4.4 中，C_1 未充电时，L_2、L_3…中的电流为零，说明某段导线由于它距离电源远近不同，建立一个电流（I）的时间也是不同的，距离电源越远，时间越晚。

由上述可知，一条具有分布参数的导线，在某点加上雷后，导线各点的电压、电流随着它与电源距离的不同，是依次建立的，即雷电的电压、电流是以波的形式沿导线传播开来。我们把沿导线传播的电压、电流波统称为行波。

（二）波速和波阻

如前所述，雷电电压、电流是以波的形式沿导线传播，由于认为导线 L_0、C_0 是均匀的，所以电压波 $U(t)$、电流波 $I(t)$ 是以一定速度（即波速）沿导线传播。下面就对波速 v 进行讨论。

如图 4.5 所示，在 $t = 0$ 时，将斜角波雷电流 $i = at$（a 为雷电流的陡度，即单位时间雷电流上升的数值，单位是 kA/s；t 为时间，单位是 s）加到长导线的左端 A 点。在任意时刻 t，电流沿导线的分布如图 4.5 中阴影线所示。此时由于 B 点的电位为零，从 A 到 B 的电感 $L_0 x = L_0 vt$ 上面的压降就是 A 点的对地电压，即

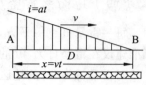

图 4.5　雷电流沿导线分布

$$u_A = L_0 vt \frac{\mathrm{d}i}{\mathrm{d}t} = L_0 vta \tag{4-7}$$

但 A 点对地电压又显然与 A 点 $\mathrm{d}x$ 段对地电容 $C_0 \mathrm{d}x$ 上储存的电荷量有关。假设 A 点每单位长度导线上的电荷为 q，则在 A 点 $\mathrm{d}x$ 段上的电荷为 $q\mathrm{d}x$，于是可求得 A 点的对地电压为

$$u_A = \frac{q\mathrm{d}x}{C_0 \mathrm{d}x} = \frac{q}{C_0} \tag{4-8}$$

电荷的流动形成电流，在 $\mathrm{d}t$ 时间内，显然电荷 $q\mathrm{d}x$ 将流过 A 点，所以 A 点的电流为

$$i = \frac{q\mathrm{d}x}{\mathrm{d}t} = qv \tag{4-9}$$

将式（4-9）代入式（4-8），并且计及 $i = at$，得

$$u_A = \frac{i}{vC_0} = \frac{at}{vC_0} \tag{4-10}$$

根据电路第二定理，式（4-7）应等于式（4-10），即 $L_0 vta = \dfrac{at}{vC_0}$，由此可得 $v = \pm \dfrac{1}{\sqrt{L_0 C_0}}$

在图 4.5 的情况下，显然的 v 值是正值，即

$$v = \frac{1}{\sqrt{L_0 C_0}} \tag{4-11}$$

对单根架空导线而言，式（4-11）中单位长度的电感 L_0 和单位长度的对地电容 C_0 可分别按下式计算：

$$L_0 = \frac{\mu_r \mu_0}{2\pi} \ln \frac{2h_P}{r} \quad (\mathrm{H/m}) \tag{4-12}$$

$$C_0 = \frac{2\pi\varepsilon_r\varepsilon_0}{\ln \dfrac{2h_P}{r}} \quad (\mathrm{F/m}) \tag{4-13}$$

式中　　μ_0——真空的磁导率，$4\pi \times 10^{-7}$ H/m；

μ_r——介质的相对导磁常数，对于架空导线及电缆均可取为 1；

ε_0——真空的介电常数，$1/(36\pi) \times 10^{-9}$ F/m；

ε_r——介质的相对介电常数，空气为 1，油浸绝缘电缆纸约为 4；

h_p——导线的对地平均高度，m；

r——导线的半径，m。

将式（4-12）、式（4-13）代入式（4-11），则得

$$v = \frac{1}{\sqrt{\varepsilon_r \mu_r \varepsilon_0 \mu_0}} = \frac{3 \times 10^8}{\sqrt{\varepsilon_r \mu_r}} \quad (\text{m/s}) \tag{4-14}$$

我们知道，真空中光速 $c = 3 \times 10^8$ m/s。对于架空线路而言（$\varepsilon_r = 1$，$\mu_r = 1$），由式（4-14）知 $v = 3 \times 10^8$ m/s $= c$（光速）；对于油浸绝缘纸电缆（$\varepsilon_r \approx 4$，$\mu_r = 1$），$v = c/2$。也就是说，雷电在架空线路中以光速传播，在电缆中以光速的一半传播。

下面再来讨论波阻抗的问题。

将波速 $v = 1/\sqrt{L_0 C_0}$ 和 $i = at$ 代入式（4-6）可得 $u_A = i\sqrt{L_0/C_0}$，则长导线对于电压波的阻碍作用为

$$Z = \frac{u_A}{i} = \sqrt{\frac{L_0}{C_0}} \tag{4-15}$$

也就是对电源 u_A 来说，可用一等值电阻 $R = Z$ 来代替长导线，所以 Z 即为导线的波阻抗。

将式（4-12）、式（4-13）代入式（4-15），可得

$$Z = \sqrt{\frac{L_0}{C_0}} = \frac{1}{2\pi} \sqrt{\frac{\mu_r \mu_0}{\varepsilon_r \varepsilon_0}} \ln \frac{2h_P}{r} = 60 \ln \frac{2h_P}{r} \quad (\Omega) \tag{4-16}$$

用式（4-16）来计算波阻时，h_p、r 应单位一致。在工程上，对于 220 kV 及以下的导线，可取 $Z \approx 500\ \Omega$，计及电晕的影响，可取 400 Ω 左右；对两根分裂导线的 330 kV 线路，$Z \approx$ 300 Ω；对于电缆，$Z \approx 30\ \Omega$。

（三）波的折射和反射及彼得逊法则

行波在导线的传播过程中，当从一种波阻的导线向另一种波阻的导线传播时，如图 4.6（a）所示，由于两导线波阻不同，导线 1 中电压波对电流波的比值与导线 2 中电压波对电流波的比值不相同，于是前行的电压波和电流波在两导线连接点处必将发生变化，从而造成波的折射；另一方面，由连续性原理知，在两导线连接点处的电压和电流只能有一个数值，由此行波在连接点处发生折射的同时，一定还有反射，如图 4.6（b）所示。现在来确定折射电压和电流、反射电压和电流的值。

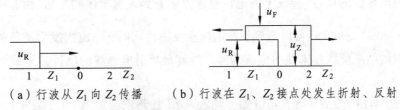

（a）行波从 Z_1 向 Z_2 传播 　　（b）行波在 Z_1、Z_2 接点处发生折射、反射

图 4.6　行波在两段不同阻抗的导线上传播（$Z_2 > Z_1$）

在图 4.6 中，设有一无限长矩形电压波 u_R 沿导线 1 传播，把它称为入射波。到达接点 0 后，沿导线继续前行的电压波称为折射波 u_Z；由 0 点反向朝线路 1 传播的电压波称为反射波 u_F。同样设入射电流波为 i_R，折射电流波为 i_Z，反射电流波为 i_F。

由于在接点处的电压和电流只有一个值，即 0 点左侧和右侧的电压和电流在 0 点必须连续，由此必然有

$$\begin{cases} u_R + u_F = u_Z \\ i_R + i_F = i_Z \end{cases} \qquad (4\text{-}17)$$

为了讨论问题方便，对电压、电流波的符号规定如下：取导线对地电容上电荷的正负作为电压波的正负号，与其运动方向无关；而把正电荷的电流波沿导线正方向传播时规定为正号。由此使得 u_R、i_R 总有相同的正负号，而 u_F、i_F 总有相反的正负号，可以表示为

$$\begin{cases} u_R / i_R = Z \\ u_F / i_F = -Z \end{cases} \qquad (4\text{-}18)$$

式（4-18）和式（4-15）说明波阻抗具有如下特点：

① 波阻抗是同方向的电压、电流波的比值，电压电流波通过波阻抗为 Z 的导线时，能量以电能、磁能的方式储存在周围介质中，而不消耗掉；② 若导线上同时有正、反向行波存在时，总电压与总电流之比不等于波阻抗，即 $\dfrac{u_R + u_F}{i_R + i_F} \neq Z$；③ 波阻抗只决定于导线单位长度的电感 L_0 电容 C_0 而与导线长度无关；④ 为区别不同方向的流动波，波阻抗也带有正负号。

根据式（4-18），对图 4.6 可得 $i_Z = \dfrac{u_Z}{Z_2}$，$i_R = \dfrac{u_R}{Z_1}$，$i_F = \dfrac{u_F}{-Z_1}$。将其代入式（4-17）得

$$\begin{cases} u_Z = \dfrac{2Z_2}{Z_2 + Z_1} u_R = \alpha u_R \\[2mm] u_F = \dfrac{Z_2 - Z_1}{Z_2 + Z_1} u_F = \beta u_R \end{cases} \qquad (4\text{-}19)$$

由此定义：电压折射系数 $\alpha = \dfrac{2Z_2}{Z_2 + Z_1}$，电压反射系数 $\beta = \dfrac{Z_2 - Z_1}{Z_2 + Z_1}$，且 $\alpha = 1 + \beta$。

由式（4-19）及 $a = 1 + \beta$ 关系可知，当 $Z_2 = \infty$（线路末端开路）时，$\alpha = 2$，$\beta = 1$，$u_Z = 2u_R$，$u_F = u_R$，此种情况称为电压全反射。全反射的结果是使线路末端电压上升到入射电压的 2 倍。随着反射电压波的反行，导线上的电压将逐点上升到入射电压的两倍。由 $i_F = \dfrac{u_F}{-Z_1} = \dfrac{u_R}{-Z_1} = -i_R$，$i_Z = i_R + i_F = 0$ 的关系式还可以看到，在电压全反射的同时，电流则发生了负的全反射，电流的负全反射的结果使线路末端的电流为零，随着负反射电流波的反行，导线上的电流将逐点下降为零。

由式（4-19）及 $\alpha = 1 + \beta$ 还可知，当 $Z_2 = 0$（线路末端短路）时，$\alpha = 0$，$\beta = -1$，$u_Z = 0$，$u_F = -u_R$，此种情况称为负的电压全反射。其结果是使线路末端电压下降为零，而且逐点向

导线首端发展。同样由 $i_F = \dfrac{u_F}{-Z_1} = \dfrac{-u_R}{-Z_1} = i_R$ 及 $i_Z = i_R + i_F = 2i_R$ 的关系式可以看到在电压负全反射的同时，电流将发生正的全反射，使线路末端的电流上升到入射电流的两倍，而且逐点向导线首端发展。

当 $Z_1 = Z_2$ 时，显然 $\alpha = 1$，$\beta = 0$，$u_Z = u_R$，$u_F = 0$，行波就没有反射的传播，和均匀导线的情况完全相同。

下面再来进一步分析当行波沿一条线路传播到某一接点后，向若干条线路折射的情况。

对于式（4-19）中的 $u_Z = \dfrac{2Z_2}{Z_1 + Z_2} u_R$，变形为 $u_Z = \dfrac{2u_R}{Z_1 + Z_2} Z_2$，进而可以认为折射电压波 u_Z 是电动势为二倍入射电压波 $2u_R$、内阻为 Z_1 的电源在负载 Z_2 上的压降。这就是彼得逊法则。

由彼得逊法则可以画出相应的电路，如图 4.7 所示，即为彼得逊等值电路。

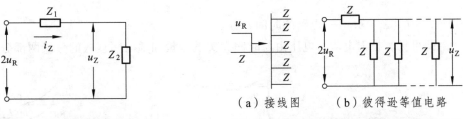

图 4.7　彼得逊等值电路　　　　图 4.8　矩形波投射于有多条出线的变电所
（a）接线图　　（b）彼得逊等值电路

用彼得逊等值电路可以很方便地解决行波沿多条线路折射的问题。如图 4.8（a）所示为有 n 条出线（图中画出 6 条）的变电所。有一矩形波 u_R 沿其中一条出线传来，设各出线的波阻为 Z，利用彼得逊法则，画出等值电路如图 4.8（b），则折射于其他各出线的折射电压波为 u_Z 及变电所母线发出的反射波 u_F，可由式（4-19）及关系式 $\alpha = 1 + \beta$ 求得，即

$$u_Z = \frac{2u_R}{Z + \dfrac{Z}{n-1}} \cdot \frac{Z}{n-1} = \frac{2}{n} u_R$$

则有　　　　　　　　　$u_F = \beta u_R = (\alpha - 1)u_R = \left(\dfrac{2}{n} - 1\right)u_R$

即　　　　　　　　　　$u_F = \dfrac{2-n}{n} u_R$　　　　　　　　　　　　　　　　（4-20）

可见此时电压折射系数 $\alpha = \dfrac{2}{n}$，电压反射系数 $\beta = \dfrac{2-n}{n}$。

式（4-20）说明各条出线上的电压与变电所的出现数目有关，出线数越多，电压越小。即行波入射到多出线的变电所时，折射到母线的电压将降低，例如 $n = 4$ 时，电压降为入线的一半。

（四）行波通过电感和通过电容

在电力系统中，常会遇到行波传播时通过与导线串联的电感器（如限制短路电流用的电

抗器或载波通信用的高频扼流圈）或通过连接在导线与大地之间的电容器（如载波通信用的耦合电容器）的情况。当行波通过电感或通过电容时，其波形都要发生变化。

如图 4.9（a）所示为行波通过串联电感时的情形。当一矩形波投射到电感 L 后，彼得逊等值电路如图 4.9（b）所示。其回路方程是

$$2u_R = (Z_1 + Z_2)i_Z + L\frac{di_2}{dt}$$

求得此方程的解并根据 $u_Z = i_Z Z_2$ 可得

$$\begin{cases} i_Z = \dfrac{2u_R}{Z_1 + Z_2}(1 - e^{-t/T_L}) \\ u_Z = i_Z Z_2 = \dfrac{2Z_2}{Z_1 + Z_2}u_R(1 - e^{-t/T_L}) \end{cases} \qquad (4\text{-}21)$$

式中 $T_L = L/(Z_1 + Z_2)$——电路的时间常数。

由此可见，折射电流、电压由与时间无关的分量和随时间衰减的分量两部分组成。

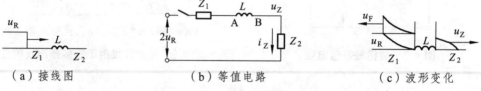

（a）接线图 （b）等值电路 （c）波形变化

图 4.9 行波通过串联电感

当 $t = 0$ 时，$u_Z = 0$，$i_Z = 0$，随后，u_Z 随时间按函数规律增长；当 $t = \infty$ 时，$u_Z = \dfrac{2Z_2}{Z_1 + Z_2}u_R$，$i_Z = \dfrac{2}{Z_1 + Z_2}u_R$，即达到稳定状态。也就是说电压行波通过电感以后，其波头被拉长，T_L 越大，波头越长、越平缓，如图 4.9（c）所示 u_Z 曲线所示。

经过电感后折射波的陡度和陡度最大值（$t = 0$ 时）为

$$\frac{du_Z}{dt} = 2u_R \frac{Z_2}{L}e^{-t/T_L} ; \quad 且 \left.\frac{du_Z}{dt}\right|_{max} = \frac{2Z_2}{L}u_R$$

由此可知波头最大陡度只与 Z_2、L 和 u_R 值有关，而与 Z_1 无关。所以减小陡度的有效办法是增加 L，但是当设备波阻抗 Z_2 很大时就需要很大的电感，这样一来经济性会较差。

对于图 4.9（b）中 A 点有

$$u_A = u_Z + L\frac{di_Z}{dt} = u_R + u_F$$

将式（4-21）带入上式并考虑式（4-18）得

$$\begin{cases} u_{\mathrm{F}} = \dfrac{Z_2 - Z_1}{Z_2 + Z_1} u_{\mathrm{R}} + \dfrac{2Z_1}{Z_1 + Z_2} u_{\mathrm{R}} \mathrm{e}^{-t/T_{\mathrm{L}}} \\[3mm] i_{\mathrm{F}} = \dfrac{u_{\mathrm{F}}}{-Z_1} = -\dfrac{Z_2 - Z_1}{Z_2 + Z_1} \dfrac{u_{\mathrm{R}}}{Z_1} - \dfrac{2u_{\mathrm{R}}}{Z_1 + Z_2} \mathrm{e}^{-t/T_{\mathrm{L}}} \end{cases} \tag{4-22}$$

当 $t = 0$ 时，$u_{\mathrm{F}} = u_{\mathrm{R}}$，$u_{\mathrm{A}} = u_{\mathrm{R}} + u_{\mathrm{F}} = 2u_{\mathrm{R}}$，$i_{\mathrm{F}} = -i_{\mathrm{R}}$，$i_{\mathrm{A}} = i_{\mathrm{R}} + i_{\mathrm{F}} = 0$；

当 $t = \infty$ 时，$u_{\mathrm{F}} = \dfrac{Z_2 - Z_1}{Z_1 + Z_2} u_{\mathrm{R}} = \beta u_{\mathrm{R}}$，$i_{\mathrm{F}} = \dfrac{Z_2 - Z_1}{Z_1 + Z_2} \cdot \dfrac{u_{\mathrm{R}}}{Z_1}$，$u_{\mathrm{A}} = u_{\mathrm{R}} + u_{\mathrm{F}} = \dfrac{2Z_1}{Z_2 + Z_1} u_{\mathrm{R}} = u_{\mathrm{B}}$。

由于电感中电流不能突变，当行波到达电感的瞬间，电感中电流仍为零，入射电压被全反射，反射电压波瞬时值为 u_{R}，使 A 点电压等于入射电压的 2 倍，之后按指数规律下降到稳定值 u_{B}，且电感两端电压相等，如图 4.9（c）所示的 u_{F} 曲线。而之后电感电流则按指数规律由零逐渐上升到稳定值，此值与电感无关，只决定于波阻抗 Z_2、Z_1 及 u_{R}。

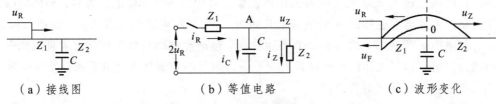

（a）接线图   （b）等值电路   （c）波形变化

图 4.10　行波通过并联电容

如图 4.10 所示为行波通过并联电容时的情形。由图 4.10（b）等值电路，列出彼得逊方程：

$$2u_{\mathrm{R}} = i_{\mathrm{R}} z_1 + u_{\mathrm{Z}}$$

而且

$$i_{\mathrm{R}} = i_{\mathrm{Z}} + i_{\mathrm{C}} = \dfrac{u_{\mathrm{Z}}}{Z_2} + C \dfrac{\mathrm{d}u_{\mathrm{Z}}}{\mathrm{d}t}$$

解方程可得

$$\begin{cases} u_{\mathrm{Z}} = \dfrac{2Z_2}{Z_1 + Z_2} u_{\mathrm{R}} (1 - \mathrm{e}^{-t/T_{\mathrm{C}}}) \\[3mm] i_{\mathrm{Z}} = \dfrac{2u_{\mathrm{R}}}{Z_1 + Z_2} (1 - \mathrm{e}^{-t/T_{\mathrm{C}}}) \end{cases} \tag{4-23}$$

式中　$T_{\mathrm{C}} = \dfrac{Z_1 Z_2}{Z_1 + Z_2} C$，为电路的时间常数。

由式（4-23）可见，折射电流、电压由与时间无关的分量和随时间衰减的分量两部分组成。当 $t = 0$ 时，$u_{\mathrm{Z}} = 0$，$i_{\mathrm{Z}} = 0$；随后，u_{Z} 根据时间常数 T_{C} 按指数规律增长；当 $t = \infty$ 时，$u_{\mathrm{Z}} = \dfrac{2Z_2}{Z_1 + Z_2} u_{\mathrm{R}}$，$i_{\mathrm{Z}} = \dfrac{2u_{\mathrm{R}}}{Z_1 + Z_2}$，即达到稳定状态。这表示行波通过电容以后，其作用性质和通过电感时相同，可使波头被拉长而变平缓。其陡度和最大陡度为

$$\dfrac{\mathrm{d}u_{\mathrm{Z}}}{\mathrm{d}t} = \dfrac{2u_{\mathrm{R}}}{Z_1 C} \mathrm{e}^{-t/T_{\mathrm{C}}}; \quad \dfrac{\mathrm{d}u_{\mathrm{Z}}}{\mathrm{d}t}\bigg|_{\max} = \dfrac{2u_{\mathrm{R}}}{Z_1 C}$$

这说明最大陡度只与 Z_1、C 及 u_{R} 值有关，而与 Z_1 无关，C 值越大，T_{C} 越大，波头越长、

越平缓，如图 4.10（c）所示 u_Z 图线中。由最大陡度式可知在 Z_2 较大时用并联电容降低陡度更为经济。

对于图 4.10（b）中 A 点有 $u_A = u_Z = u_R + u_F$，由此得

$$\begin{cases} u_F = \dfrac{Z_2 - Z_1}{Z_2 + Z_1} u_R - \dfrac{2Z_2}{Z_2 + Z_1} u_R e^{-t/T_C} \\[2mm] i_F = \dfrac{Z_1 - Z_2}{Z_2 + Z_1} \cdot \dfrac{u_R}{Z_1} + \dfrac{2Z_2}{Z_1 + Z_2} \cdot \dfrac{u_R}{Z_1} e^{-t/T_C} \end{cases} \tag{4-24}$$

当 $t = 0$ 时，$u_F = -u_Z$，$i_F = i_R$，$i_A = i_R + i_F = 2i_R$；

当 $t = \infty$ 时，$u_F = \dfrac{Z_2 - Z_1}{Z_1 + Z_2} u_R = \beta u_R$，$i_F = \dfrac{Z_1 - Z_2}{Z_2 + Z_1} \cdot \dfrac{u_R}{Z_1}$，$u_A = u_R + u_F = \dfrac{2Z_2}{Z_2 + Z_1} u_R$。

电容上电压不能突变，表现为如图 4.10（c）中 u_F 曲线所示的电压负全反射，在行波到达电容的瞬间，u_R 与 u_F 叠加使电容的作用就像电路短路一样，使电压为零；与此同时，电流发生正全反射，电容连接点 A 处电流上升到 $2i_R$，全部电场能变为磁场能。而折射到 Z_2 上的电流 i_z 和电压 u_z 都为零，之后 u_z、i_z 将随着电容逐渐充电而按指数规律增大直到稳态值。这样行波通过电容以后电压波头被拉长而变平缓，而且不会像行波过电感那样使电压升高，所以用并联电容降低陡度更为合理。

（五）行波的多次折、反射及网格法

在实际电网中，线路的长度总是有限的，例如两段架空线中间加一段电缆，或用一段电缆将发电机连到架空线上，此时夹在中间的这一段线路就是有限长的。在这些情况下，波在两个节点之间将发生多次折射、反射，这里将介绍用网格法计算行波的多次折射、反射。

1. 用网格法计算波的多次折射、反射

用网格图把波在节点上的每次折射、反射的情况，按照时间的先后逐一表示出来，使我们可以比较容易地求出节点在不同时刻的电压值。这种方法叫网格法。下面我们以计算波阻抗各不相同的三种导线互相串联时节点上的电压为例，来介绍网格法的具体应用。

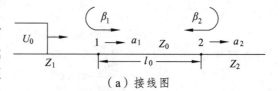

（a）接线图

如图 4.11 所示的一波阻抗为 Z_0、长度为 l_0 的线段连接于波阻抗为 Z_1 及 Z_2 的线路之间，假设波阻抗为 Z_1、Z_2 的线路是无限长的。若有无限长直角波 U_0 以速度 v 自线路 Z_1 向线路 Z_0 入侵，则波在波阻抗为 Z_0 的线路的两点 1、2 之间将发生多次反射。设波由 1 向 2 方向前进时在点 1 的折射系数为 a_1，在点 2 的折射、反射系数分别为 a_2、β_2，当波由 2 向 1 方向反行到点 1 再返回点 2 时的反射系数为 β_1，则

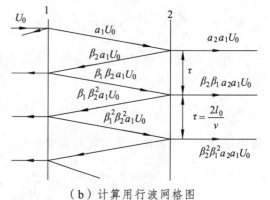

（b）计算用行波网格图

图 4.11　行波的多次折、反射

$$\begin{cases} a_1 = \dfrac{2Z_0}{Z_1 + Z_0}; \ a_2 = \dfrac{2Z_2}{Z_2 + Z_0} \\ \beta_1 = \dfrac{Z_1 - Z_0}{Z_1 + Z_0}; \ \beta_2 = \dfrac{Z_2 - Z_0}{Z_2 + Z_0} \end{cases}; \qquad (4\text{-}25)$$

入射波 U_0 自线路 Z_1 到达节点 1，在节点 1 上发生折、反射，折射波 $a_1 U_0$ 在线路 Z_0 上传播，经过 l_0/v 时间后（v 为波速）到达节点 2；在节点 2 上又发生折、反射，折射波 $a_2 a_1 U_0$ 自节点 2 沿 Z_2 向前传播；反射波 $\beta_2 a_1 U_0$ 返回向点 1 传播，经 l_0/v 时间后又到达节点 1，在节点 1 上又发生折、反射，反射波 $\beta_1 \beta_2 a_1 U_0$ 经 l_0/v 时间后又到达节点 2，……如此类推。

如图 4.11（b）所示为上述过程计算用行波网格图。若以入射波 U_0 到达节点 1 为时间起点，则根据网格图可以很容易地写出节点 2 在不同时刻的折射波电压值 u_{2Z}：

当 $0 \leqslant t < l_0/v$ 时，$u_{2Z} = 0$（电压波没到达）；

当 $l_0/v \leqslant t < 3l_0/v$ 时，$u_{2Z} = a_2 a_1 U_0$（第一次折射、反射后）；

当 $3l_0/v \leqslant t < 5l_0/v$ 时，$u_{2Z} = a_2 a_1 U_0 + \beta_1 \beta_2 a_2 a_1 U_0$（第二次折射、反射后）；

当 $5l_0/v \leqslant t < 7l_0/v$ 时，$u_{2Z} = a_2 a_1 U_0 + \beta_1 \beta_2 a_2 a_1 U_0 + \beta_1^2 \beta_2^2 a_2 a_1 U_0$（第三次折射、反射后）；

……

当经过 n 次折射、反射后，即当 $\dfrac{(2n-1)l_0}{v} \leqslant t < \dfrac{(2n+1)l_0}{v}$ 时，节点 2 上的折射波电压将为

$$\begin{aligned} u_{2Z} &= a_1 a_2 U_0 \left[1 + \beta_1 \beta_2 + (\beta_1 \beta_2)^2 + \cdots + (\beta_1 \beta_2)^{n-1} \right] \\ &= a_1 a_2 \frac{1}{1 - \beta_1 \beta_2} U_0 - a_1 a_2 \frac{(\beta_1 \beta_2)^n}{1 - \beta_1 \beta_2} U_0 \end{aligned} \qquad (4\text{-}26)$$

当 $t \to \infty$ 时，即 $n \to \infty$ 时，节点 2 上的折射波电压将为

$$u_{2Z} = a_1 a_2 \frac{1}{1 - \beta_1 \beta_2} U_0 = \frac{2Z_2}{Z_1 + Z_2} U_0 = a U_0$$

不难看出，上式中的 $a = \dfrac{2Z_2}{Z_1 + Z_2}$，也就是波从波阻抗 Z_1 的线路直接向波阻抗为 Z_2 的线路传播时的折射系数。它说明折射波电压的最终值只由波阻抗 Z_1 和 Z_2 所决定，而与中间线路的波阻抗 Z_0 无关，即中间线路的存在不会影响到折射波电压的最终值（见图 4.12）。

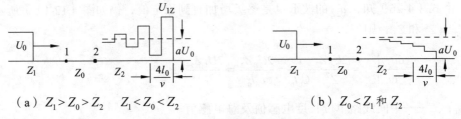

（a）$Z_1 > Z_0 > Z_2$ $Z_1 < Z_0 < Z_2$ （b）$Z_0 < Z_1$ 和 Z_2

图 4.12 不同参数下的波过程

2. 串联三导线典型参数时波过程的特点

下面我们分析串联三导线的中间导线在几种典型的参数配合时波过程的特点。

（1）$Z_1 > Z_0 > Z_2$：

根据式（4-25），当 $Z_1 > Z_0 > Z_2$ 时，$\beta_1 > 0$，$\beta_2 < 0$，$\beta_1 \cdot \beta_2$ 为负，使式（4-26）中的第二项在 n 为奇数时为正、n 为偶数时为负，是以 aU_0 为基点、周期为 $4l_0/v$ 的一个衰减振荡波，成为折射电压 u_{2Z} 波形如图 4.12（a）所示。由于此时 $a_1 < 1$，$a_2 < 1$，所以波头的幅值 U_{1Z} 较低；当时间很长以后，振荡波趋于稳定，u_{2Z} 的幅值趋于 aU_0。

（2）$Z_1 > Z_0$ 且 $Z_0 < Z_2$：

这种情况下，$\beta_1 < 0$，$\beta_2 > 0$，$\beta_1 \cdot \beta_2$ 也为负，u_{2Z} 的波形仍为如图 4.12（a）所示的振荡波，因 $a_1 > 1$，$a_2 > 1$，波头的幅值较高；当时间很长以后，u_{2Z} 的幅值趋于 aU_0。

（3）$Z_0 < Z_1$ 和 Z_2：

根据式（4-25），$\beta_1 > 0$，$\beta_2 > 0$，$a_1 < 1$，$a_2 > 1$，折射、反射电压均为正值。由式（4-26）知，第二项是按 $2l_0/v$ 时间间隔的阶梯波，使 u_{2Z} 按 $2l_0/v$ 时间间隔的阶梯逐渐增大，最终趋于稳态值 aU_0，如图 4.12（b）所示。从图可知，线路 Z_0 的存在降低了 Z_2 中折射波的陡度，可以近似认为，u_{2Z} 的最大陡度等于第一个折射电压 $a_1 a_2 U_0$ 除以时间 $2l_0/v$，即

$$\left. \frac{du_{2z}}{dt} \right|_{max} = \frac{a_2 a_1 U_0}{\frac{2l_0}{v}} = U_0 \frac{2Z_2}{Z_2 + Z_0} \frac{2Z_0}{Z_1 + Z_0} \frac{v}{2l_0}$$

$$= U_0 \frac{2Z_2}{(Z_1 + Z_0)(Z_0 + Z_2)} \times \frac{1}{C_0 l_0} \tag{4-27}$$

式中　C_0——中间线路单位长度对地电容。

若 $Z_1 \gg Z_0$ 且 $Z_2 \gg Z_0$：则

$$\left. \frac{du_{2Z}}{dt} \right|_{max} \approx \frac{2U_0 Z_2}{Z_1 Z_2} \frac{1}{C_0 l_0} = \frac{2}{Z_1 C} U_0 \tag{4-28}$$

式中　C——中间线路对地电容。

式（4-28）表明导线 Z_0 的作用相当于在线路 Z_1 与 Z_2 的连接点上并联一个电容，其电容量为导线 Z_0 的对地电容值。

（4）$Z_1 < Z_0$ 且 $Z_0 > Z_2$：

这种情况下，$\beta_1 < 0$，$\beta_2 < 0$，$a_1 > 1$，$a_2 < 1$，但 $\beta_2 \beta_1$ 为正值，所以折射、反射电压也为正值。由式（4-26）知，u_{2Z} 的波形也是逐级增加直到稳定值，仍如图 4.12（b）所示。

若 $Z_0 \gg Z_1$ 和 Z_2，则

且

$$\left. \frac{du_{2Z}}{dt} \right|_{max} \approx \frac{2U_0 Z_2}{Z_0^2} \frac{v}{C_0 l_0} = \frac{2U_0 Z_2}{L_0 l_0} = \frac{2U_0 Z_2}{L} \tag{4-29}$$

式中　L_0，L——中间线路单位长度电感值及总电感值。

这表明导线 Z_0 的作用相当于在线路 Z_1 与 Z_2 之间串联一个电感，电感量为导线 Z_0 的电感值。

综上所述，中间线路的波阻抗值介于两端线路波阻抗之间时，会影响到折射波电压的波头幅值，产生波前震荡过电压；中间线路的波阻抗值比两端线路波阻抗都小或都大时，会降低折射波电压的波头陡度，使其拉长。

例题：长 150 m，Z_0 =50 Ω 的电缆两端串联波阻为 $Z_1 = Z_2$ =400 Ω 的架空线，U_0 =500 kV 的一个无限长矩形波入侵于架空线 Z_1 上，如图 4.13（a）所示。已知波在电缆中的传播速度为 150 m/μs，在架空线中的传播速度为 300 m/μs，若以波到达 A 点为起算时间，求：

① 画出电压波网格图；
② 距 B 点 60 m 处的 C 点在 t =1.5 μs，t =3.5 μs 时的电压与电流；
③ AB 中点 D 处在 t =2 μs 时的电压与电流；
④ 时间很长以后，B 点的电压与电流；
⑤ 画出 B 点电压随时间变化的曲线。

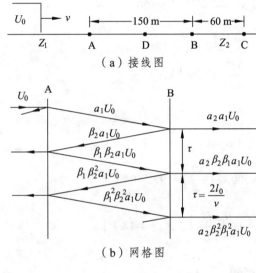

（a）接线图

（b）网格图

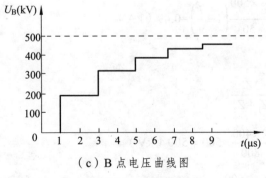

（c）B 点电压曲线图

图 4.13　例题图

解：① 画出计算用网格图[见图 4.13（b）]，波从 A 点传到 B 点时间 t =150/150=1 μs，从 B 点传到 C 点时间 t =60/300=0.2 μs，折射、反射系数：

$$a_1 = \frac{2Z_0}{Z_1 + Z_0} = \frac{2 \times 50}{450} = \frac{2}{9} \, ; \quad a_2 = \frac{2Z_2}{Z_0 + Z_2} = \frac{2 \times 400}{450} = \frac{16}{9} \, ;$$

$$\beta_1 = \frac{Z_1 - Z_0}{Z_1 + Z_0} = \frac{400 - 50}{450} = \frac{7}{9} ; \quad \beta_2 = \frac{Z_2 - Z_0}{Z_2 + Z_0} = \frac{400 - 50}{450} = \frac{7}{9}$$

② 当 $t = 1.5 \, \mu s$ 时：

$$u_C = a_2 a_1 U_0 = \frac{16}{9} \times \frac{2}{9} \times 500 = 197.5 \, (\text{kV})$$

$$i_C = \frac{u_C}{Z_2} \times \frac{197.5}{400} = 0.49 \, (\text{kA})$$

当 $t = 3.5 \, \mu s$ 时：

$$u_C = a_2 a_1 U_0 + a_2 \beta_1 \beta_2 a_1 U_0$$

$$= 197.5 + \frac{16 \times 7 \times 7 \times 2}{9^4} \times 500$$

$$= 317 \, (\text{kV})$$

$$i_C = \frac{u_C}{Z_2} = \frac{317}{400} = 0.79 \, (\text{kA})$$

③ 当 $t = 2 \, \mu s$ 时：

$$u_D = a_1 U_0 + \beta_2 a_1 U_0$$

$$= \frac{2}{9} \times 500 \times \left(1 + \frac{7}{9}\right) = 197.5 \, (\text{kV})$$

$$i_D = \frac{a_1 U_0}{Z_0} + \frac{\beta_2 a_1 U_0}{-Z_0} \, [\text{据式（4-18）}]$$

$$= \frac{\frac{2}{9} \times 500}{50} \left(1 - \frac{7}{9}\right) = 0.49 \, (\text{kA})$$

④ 当 $t \rightarrow \infty$ 时：

$$u_B = \frac{2Z_2}{Z_1 + Z_2} U_0$$

$$= \frac{2 \times 400}{800} \times 500 = 500 \, (\text{kV})$$

$$i_B = \frac{u_B}{Z_2} = \frac{500}{400} = 1.25 \, (\text{kA})$$

⑤ B 点电压随时间变化曲线如图 4.13（c）所示。

（六）平行多导线系统和几何耦合系数

前面我们分析了单导线的波过程，实际上输电线路都是由三相加避雷线的多根平行导线组成的。波在平行多导线系统中传播，将产生相互电磁耦合作用。

在假定线路无损耗的情况下，沿平行多导线线路传播的波可看成是平面电磁波。这样，各导线上电荷是相对静止的，所以可以直接将静电场中的麦克斯韦方程运用到波过程的计算中。

根据静电场的概念，当导线单位长度上有电荷 q_0 时，其对地电压 $u = q_0 / C_0$，C_0 为导线单位长度的对地电容。如 q_0 以速度 v 沿导线运动，则在导线上将有以速度 v 传播的电流波 i，同时伴有电压波 u。它们之间的关系为

$$i = q_0\, v = u / Z \tag{4-30}$$

式中　Z ——线路的波阻抗。

故导线上的波过程可以看作是电荷 q 运动的结果。

根据麦克斯韦静电方程，在如图 4.14 所示的与地面平行的 n 根导线中，导线 k 的电位可以由下式决定：

$$u_k = a_{k1}q_1 + a_{k2}q_2 + \cdots + a_{kk}q_k + \cdots + a_{kn}q_n \tag{4-31}$$

式中，q_1，q_2，$\cdots$，q_k，$\cdots$，q_n 是 n 根导线单位长度上的电荷；$a_{k1} \cdots a_{kn}$ 是导线 k 与导线 n 之间的互电位系数；a_{kk} 为导线 k 的自电位系数。

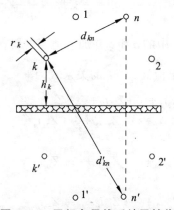

图 4.14　平行多导线系统及镜像

互电位系数的定义是：除第 n 根导线以外，其他（$n - 1$）根导线的电荷全为零时，由 q_n 在第 k 根导线上产生的电位 u_k 与 q_n 的比值，即

$$a_{kn} = \left. \frac{u_k}{q_n} \right|_{q_1 = q_2 = \cdots = q_{k-1} = q_k = q_{k+1} = \cdots = q_{n-1} = 0}$$

根据电磁场理论利用镜像法可得第 n 根导线上的电荷 q_n 在第 k 根导线上产生的电位 u_k 为

$$u_k = \frac{q_n}{2\pi\varepsilon_0\varepsilon_\mathrm{r}} \ln \frac{d'_{kn}}{d_{kn}}$$

所以

$$a_{kn} = \frac{1}{2\pi\varepsilon_0\varepsilon_r}\ln\frac{d'_{kn}}{d_{kn}} \tag{4-32}$$

式中　　d_{kn}——导线 k 与导线 n 之间的距离，m；

　　　　d'_{kn}——导线 k 与导线 n 的镜像 n' 之间的距离，m，如图 4.14 所示。

自电位系数的定义是：在一个系统中，除其第 k 根导线本身以外，其他（$n-1$）根导线的电荷全为零时，第 k 根导线的电位 u_k 与自身电荷 q_k 的比值。即

$$a_{kk} = \frac{u_k}{q_k}\bigg|_{q_1=q_2=\cdots=q_{n-1}=q_{n+1}=\cdots=q_n=0}$$

因为第 k 根导线的单位长度的对地电容 $C_k = q_k/u_k$，所以 $a_{kk} = 1/C_k$，即自电位系数实际上第 k 根导线的单位长度的对地电容的倒数。这样，自电位系数 a_{kk} 可以表示为

$$a_{kk} = \frac{1}{2\pi\varepsilon_0\varepsilon_r}\ln\frac{2h_k}{r_k} \tag{4-33}$$

式中　　r_k——导线 k 的半径，m；

　　　　h_k——导线 k 距地面高度，m，如图 4.14 所示。

将式（4-30）中 $i=qv$ 变形为 $q=\dfrac{i}{v}$，$qv=\dfrac{u}{Z}$ 变形为 $\dfrac{u}{q}=Zv$，由电位系数定义式 $a=\dfrac{u}{q}=Zv$，

用 $a=Zv$ 和 $q=\dfrac{i}{v}$ 替换式（4-31）中的 a 和 q 并加上适当的脚标，可得平行多导线系统中导线上的前行电压波 $u_1\cdots u_n$ 和前行电流波 $i_1\cdots i_n$ 的关系式为

$$\begin{cases} u_1 = Z_{11}i_1 + Z_{12}i_2 + \cdots + Z_{1k}i_k + \cdots + Z_{1n}i_n \\ u_2 = Z_{21}i_2 + Z_{22}i_2 + \cdots + Z_{2k}i_k + \cdots + Z_{2n}i_n \\ \vdots \\ u_k = Z_{k1}i_1 + Z_{k2}i_2 + \cdots + Z_{kk}i_k + \cdots + Z_{kn}i_n \\ \vdots \\ u_n = Z_{n1}i_1 + Z_{n2}i_2 + \cdots + Z_{nk}i_k + \cdots + Z_{nn}i_n \end{cases} \tag{4-34}$$

式（4-34）称为平行多导线系统波过程的麦克斯韦方程组。式中 Z_{kk} 为导线 k 的自波阻抗，Z_{kn} 为导线 k 与导线 n 间的互波阻抗，Z 的单位是 Ω。对架空线路：

$$\begin{cases} Z_{kk} = a_{kk}/v = 60\ln\dfrac{2h_k}{r_k} \\[2mm] Z_{kn} = Z_{nk} = a_{kn}/v = 60\ln\dfrac{d'_{kn}}{d_{kn}} \end{cases} \tag{4-35}$$

用同样的方法可列出反行波麦克斯韦方程组。若导线上同时存在前行波（角标"'"）和反行波（角标"''"）时，则对 n 根导线中的每根导线（如第 k 根）都可以写出如下关系式：

$$\begin{cases} u_k = u'_K + u''_k, i_k = i'_k + i''_k \\ u'_k = Z_{k1}i'_1 + Z_{k2}i'_2 + \cdots + Z_{kk}i'_k + \cdots + Z_{kn}i'_n \\ u''_k = -(Z_{k1}i''_1 + Z_{k2}i''_2 + \cdots + Z_{kk}i''_k + \cdots + Z_{kn}i''_n) \end{cases} \tag{4-36}$$

对于 n 根导线可列出 n 个方程组，再根据边界条件就可以求解无损平行多导线系统中波过程。

在实际波过程计算中，经常会遇到这种情况：波在一根导线上传播时，要求计算其他导线上的耦合波。如图 4.15 所示，当开关合闸到直流电源 u_1 时，在导线 1 上出现 u_1 的前行波（或雷击于导线 1，电压波为 u_1 时），在对地绝缘的导线 2 上由导线 1 的电场的作用出现如图 4.15 所示的电荷分离的过程；随着导线 1 上行波的传播，导线 2 上这种电荷分离的过程也同步地向前推进，这一状态的传播过程就是导线 2 上产生耦合电压波 u_2 的原因，但没有电荷沿导线 2 作纵向运动，所以导线 2 上没有电流。由上分析有 $i_2 = 0$，并代入式（4-34）中，可以得到

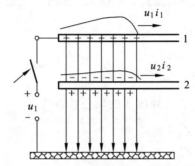

图 4.15　平行多导线系统中的耦合关系

$$\begin{cases} u_1 = i_1 Z_{11} \\ u_2 = i_1 Z_{21} \end{cases}$$

所以 $i_1 = \dfrac{u_1}{Z_{11}}$，则

$$u_2 = \frac{Z_{21}}{Z_{11}} \cdot u_1 = k_0 u_1$$

其中

$$k_0 = \frac{Z_{21}}{Z_{11}} \tag{4-37}$$

式中，k_0 为导线 1 与导线 2 之间的几何耦合系数，它代表导线 2 由于受到导线 1 的电磁场的耦合作用而获得的同极性电位的相对值（u_2/u_1），由于 $Z_{21} < Z_{11}$，所以 k_0 永远小于 1。Z_{21} 随两导线之间的距离的减小而增大，因此两根导线靠的越近时，导线间的耦合系数就越大。

导线间的耦合系数 k_0 是输电线路防雷计算的一个重要参数，由于耦合作用，在导线 1、2 之间的电位差 u_{12} 为

$$u_{12} = u_1 - u_2 = (1 - k_0) u_1 < u_1$$

可见 k_0 越大，则 u_{12} 愈小，愈有利于绝缘子安全运行。在一些多雷地区采用在导线下面架设耦合地线，以增大耦合系数 k_0 值，减少绝缘子串上承受的电压。

下面讨论如图 4.16 所示两根避雷线时 k_0 值的计算，当雷击于避雷线 1 或 2（它们经金

属塔杆彼此相连），将使两根避雷线的电位同时抬高到 u_0 时，求避雷线 1、2 对导线 3 的耦合系数。

仍然从式（4-34）基本方程出发，考虑到 $u_1 = u_2 = u_0$，$i_3 = 0$ 可得

$$\begin{cases} u_1 = Z_{11}i_1 + Z_{12}i_2 \\ u_2 = Z_{21}i_1 + Z_{22}i_2 \\ u_3 = Z_{31}i_1 + Z_{32}i_2 \end{cases}$$

进一步考虑到 $Z_{11} = Z_{22}$，$i_1 = i_2$ 及式（4-35）上式可简化为

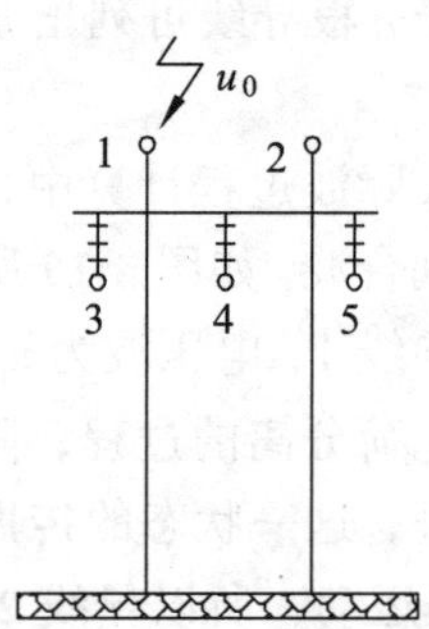

图 4.16　双避雷线路的耦合系数

$$\begin{cases} u_0 = (Z_{11} + Z_{12})i_1 \\ u_3 = (Z_{13} + Z_{23})i_1 \end{cases}$$

由此及式（4-37）得避雷线 1、2 对导线 3 的耦合系数为

$$k_{1,2-3} = \frac{u_3}{u_0} = \frac{Z_{13} + Z_{23}}{Z_{11} + Z_{12}} \ 或$$

$$k_{1,2-3} = \frac{Z_{13}/Z_{11} + Z_{23}/Z_{11}}{1 + Z_{12}/Z_{11}} = \frac{k_{13} + k_{23}}{1 + k_{12}} \tag{4-38}$$

式中　$k_{1,2-3}$——避雷线 1、2 对导线 3 的耦合系数；

k_{13}，k_{23}，k_{12}——导线 1 对 3、2 对 3、1 对 2 的耦合系数。

从上式可以看出：$k_{1,2-3} \neq k_{13} + k_{23}$。因为两避雷线之间有耦合作用（$k_{12}$），所以它们对导线 3 的耦合系数 $k_{1,2-3}$ 小于单独计算的耦合系数之和。

下面再来分析电缆芯线和外皮的耦合关系。

当行波电压 u 到达电缆首端时，可能引起接在此处的避雷器动作，这就使电缆芯与电缆皮在首端连接在一起，变成两条并联支路，如图 4.17 所示，故 $u_1 = u_2$。

由于 i_2 产生的磁通完全与电缆芯线交链，外皮的自波阻抗 Z_{22} 等于电缆芯线与外皮间的互波阻抗 Z_{12}，即 $Z_{22} = Z_{12}$；而电缆芯线电流 i_1 产生的磁通中只有一部分与外皮相交链，所以电缆芯线的自波阻抗 Z_{11} 大于电缆芯线与外皮间的互波阻抗 Z_{12}，即 $Z_{11} > Z_{12}$。

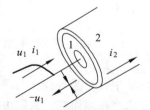

图 4.17　波沿电缆芯线和外皮传播

设 $u_1 = u_2 = u$，按式（4-34）即可得以下方程：

$$u = Z_{11}i_1 + Z_{12}i_2 = Z_{21}i_1 + Z_{22}i_2$$

因为 $Z_{12} = Z_{22}$，上式可简化为

$$Z_{11}i_1 = Z_{21}i_1 \tag{4-39}$$

由于 $Z_{11} > Z_{21}$，只有在 $i_1 = 0$ 时，式（4-39）才成立。这就是说，电流不经电缆芯线流动，全部电流都被挤到外皮中去了。因为电流在电缆外皮上流动时，电缆芯线上会感应出与外皮

电压大小相等、方向相反的电动势 $-u_1$，阻止电流流进电缆芯线中，这与导线中的集肤效应相似。此效应在直流发电机的防雷保护中得到了实际应用。

（七）行波的衰减和变形及导线电晕

波在理想的无损线路上传播是没有衰减和变形的，但实际上行波在传播过程中，总要在导线和大地的电阻、导线与大地间的漏电导上消耗掉本身的一部分能量，使之产生衰减和变形。实测表明在高压输电线路上引起行波的衰减和变形的主要原因，是在行波的高电压作用下导线上出现的冲击电晕。

1. 冲击电晕的形成和特点

当线路受到雷击或出现操作过电压时，若导线上的冲击电压幅值超过起始电晕电压时，则在导线上发生电晕，称为冲击电晕。导线发生冲击电晕以后，在导线周围会出现发亮的光圈，称为电晕圈，根据冲击电压的极性不同，电晕圈可分为正极性电晕圈和负极性电晕圈。极性对电晕的发展有很大的影响，当产生正极性冲击电晕时，在空间的正电荷加强了距导线较远处的电位梯度，有利于电晕的发展，使电晕圈不断扩大，因此波的衰减和变形比较大；而对负极性冲击电晕，在空间的正电荷削弱了电晕圈外部的电场，使电晕不易发展，波的衰减和变形比较小。因为雷电大部分是负极性的，所以在过电压计算中应该以负冲击电晕的作用作为计算依据。

2. 电晕对导线中波过程的影响

（1）使导线的耦合系数增大：

当导线上出现电晕以后，相当于增大了导线的半径，因而与其他导线间的耦合系数 k 增大，几何耦合系数从原来的 k_0 增大到 k，可以表示为

$$k = k_1 \quad k_0 \tag{4-40}$$

式中　k_1——耦合系数的电晕校正系数。

电压越高，k_1 值越大，我国"交流电气装置的过电压保护和绝缘配合"k_1 值可参见表 4.1。

表 4.1　电晕校正系数 k_1

线路额定电压（kV）	20~35	60~110	154~330	500
两条避雷线	1.1	1.2	1.25	1.28
一条避雷线	1.15	1.25	1.3	

（2）使导线的波阻抗和波速减小：

出现电晕后导线对地电容增大，由式（4-11）、式（4-15）知，导线的波阻抗和波速将下降。规程建议在雷击杆塔时，若不出现电晕，则导线和避雷线的波阻抗可取为 $400\,\Omega$，两根避雷线的波阻抗取为 $250\,\Omega$，此时波速可近似取为光速。由于雷击避雷线挡距中央时电位较

高，电晕比较强烈，故规程建议，在一般计算时避雷线的波阻抗可取为 $350\,\Omega$，波速可取为 0.75 倍光速。

（3）使波在传播过程中幅值衰减和波形畸变：

由电晕引起的行波衰减与变形的典型曲线如图 4.18 所示。图中曲线 1 表示原始波形，从图中可以看到当电压高于电晕起始电压 u_k 后，曲线 1 上的各点的传播速度变小，而且越高电压的点速度变小得越多，形成了发生电晕时行波传播的波形曲线 2。我们可以把这种变形看成是电压高于 u_k 的各点由于电晕使线路的对地电容增大从而以小于光速的速度向前运动所产生的结果。

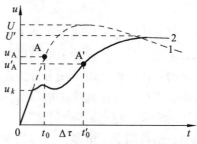

图 4.18　电晕使波变形和衰减

图中电压低于 u_k 的部分，由于不发生电晕而使行波以光速前进；如果没有电晕，行波上的 A 点对应的时刻是 t_0，但是 A 点电压 u_A 电压大于 u_k 产生了电晕，电压波就以比光速小的速度前进，在落后了时间 $\Delta\tau$ 后的 t_0' 时刻到达图中 A′点，也就是说，由于电晕的作用使行波的波头拉长了；而且由于电晕的耗能也使 A 点对应的电压值由 u_A 变小到 u_A'。行波的幅值由 U 变小到 U'。

$\Delta\tau$ 与行波传播距离 l 有关，与电压 u 有关，规程建议采用如下经验公式：

$$\Delta\tau = l\left(0.5 + \frac{0.008u}{h}\right) \tag{4-41}$$

式中　　l——行波传播距离，km；

$\quad\quad\quad u$——行波电压值，kV；

$\quad\quad\quad h$——导线平均悬挂高度，m。

常用的变电所进线段防雷措施就是利用冲击电晕会使行波衰减和变形的特性，这也是变电所防雷的一个主要措施。

习题 4.1

4-1　雷云对地放电的过程分为哪几个阶段？各有什么特点？

4-2　简要说明行波沿无损导线传播时为什么会产生折射和反射？

4-3　行波通过电感和旁过电容后会有什么变化，为什么？

4-4　某变电所母线上接有三路出线，其波阻抗均为 $500\,\Omega$。

（1）设有峰值为 $1\,000$ kV 的过电压波沿线路侵入变电所，求母线上的电压峰值。

（2）设上述电压同时沿线路 1 及 2 侵入，求母线上的过电压峰值。

4-5　如图 4.19 所示，线路 B 端为短路状态时，试画出 S 闭合后线路中点 C 的电压和电流波形。

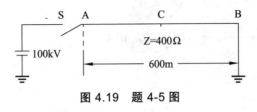

图 4.19　题 4-5 图

任务二　过电压保护

一、避雷针和避雷线

雷电放电作为一种强大的自然力的爆发，是难以阻止的。目前人们主要是设法去躲避和限制它的破坏性，其基本措施就是设置避雷针、避雷线、避雷器和接地装置。避雷针、避雷线可以防止雷电直接击中被保护物体，因此也称作直击雷保护；避雷器可以防止沿输电线侵入变电所的雷电冲击波，因此也称作侵入波保护；接地装置的作用是减小避雷针（线）或避雷器与大地（零电位）之间的电阻值，以达到降低雷电冲击电压幅值的目的。本节将对避雷针和避雷线进行介绍。

（一）保护作用的原理

避雷针（或避雷线）的保护原理可归纳为：能使雷云电场发生突变，使雷电先导能沿着避雷针的方向发展，直击于其上，雷电流通过避雷针（线）及接地装置泄入大地而防止避雷针（线）周围的设备受到雷击。

避雷针一般用于保护发电厂和变电所，可根据不同情况或装设在配电构架上，或独立架设；避雷线主要用于保护线路，也用以保护发电厂和变电所。

避雷针需有足够截面的接地引下线和良好的接地装置，以便将雷电流安全地引入大地。

（二）保护范围

由于雷电的路径受很多偶然因素的影响，因此要保证被保护物绝对不受直接雷击是不现实的，一般保护范围是指具有 0.1% 左右雷击概率的空间范围，实践证实，此概率是可以被接受的。

1. 单支避雷针

单支避雷针的保护范围是一个以避雷针为轴的近似锥体的空间，就像一个帐篷一样。它的侧面母线近似地用折线代替，尺寸构成如图 4.20 所示。在被保护物高度 h_x 水平面上的保护半径 r_x 可按下式计算：

$$\begin{cases} \text{当} h_x \geqslant \dfrac{h}{2} \text{时，} r_x = (h - h_x)P \\[3mm] \text{当} h_x < \dfrac{h}{2} \text{时，} r_x = (1.5h - 2h_x)P \end{cases} \tag{4-42}$$

式中　　h——避雷针高度，m；

　　　　h_x——被保护物高度，m；

　　　　P——高度影响系数。

当 $h \leqslant 30\ \text{m}$ 时，$P = 1$；当 $30\ \text{m} < h \leqslant 120\ \text{m}$ 时，$P = 5.5/\sqrt{h}$；当 $h > 120\ \text{m}$ 时，$P = 5.5/\sqrt{120}$。

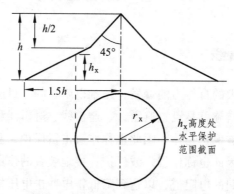

图 4.20　单支避雷针的保护范围

2. 两支等高避雷针

当保护范围较大时，如果采用单支避雷针保护，势必要求避雷针比较高，这在经济上是不合算的，技术上也难以实现，因此，可采用多针保护。

两支避雷针在相距不太远时，由于两支针的联合屏蔽作用，使两针中间部分的保护范围比单支针时有所扩大。若两支高为 h 的避雷针 1、2 相距为 D，则它们的保护范围及高为 h_x 的被保护物水平面上保护范围如图 4.21 所示。

两针外侧的保护范围按单针避雷针的计算方法确定。两针内侧的保护范围如下：

（1）定出保护范围上部边缘最低点 O，O 点的高度 h_0 按下式计算：

$$h_0 = h - \frac{D}{7P} \tag{4-43}$$

式中　　D——两针间距离，m。

这样，保护范围上部边缘是由 O 点及两针顶点决定的圆弧来确定。

（2）两针间 h_x 水平面上保护范围的一侧宽度 b_x 可按下式计算：

$$b_x = 1.5(h_0 - h_x) \qquad (4-44)$$

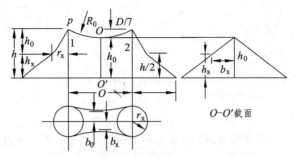

图 4.21　两支等高避雷针的保护范围

一般两针间的距离与针高之比 D/h 不宜大于 5。根据 DL/T620—1997 行业标准，b_x 的计算还可以查曲线求得。

3. 两支不等高避雷针

其保护范围确定方法：如图 4.22 所示，两针内侧的保护范围先按单针作出高针 1 的保护范围，然后经过较低针 2 的顶点作水平线与之交于点 3，再设点 3 为一假想针的顶点，作出两等高针 2 和 3 的保护范围，图中 $f = \dfrac{D'}{7P}$，两针外侧的保护范围仍按单针计算。

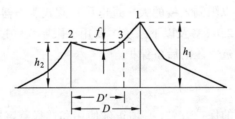

图 4.22　两支不等高避雷针的保护范围

4. 多支等高避雷针

（1）三支等高避雷针的保护范围如图 4.23 所示，三针所形成的三角形 1、2、3 的外侧保护范围分别按两支等高针的计算方法确定，如在三角形内，被保护物处在与其最大高度 h_x 的水平面上各自相邻避雷针间保护范围 b_x 内侧时，则全部受到保护，参见图 4.21 及式（4-44）。

（2）四支及四支以上避雷针。四支等高避雷针可将其分成两个三角形，然后按三角形等高针的方法计算。四支以上避雷针可分成两个以上三角形，然后按三角形等高针的计算方法。

5. 避雷线

在架空输电线路上架设双避雷线时如图 4.24 所示，塔顶的 AB 弧线以下和避雷线同外侧导线的连线与垂直线之间的夹角 α 之内为保护范围，角 α 叫保护角，α 越小，导线就越处在保护范围的内部，保护也越可靠。在高压输电线路的杆塔设计中一般取 $\alpha = 20° \sim 30°$，认为导线已得到可靠保护。

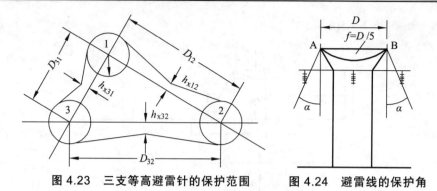

图 4.23　三支等高避雷针的保护范围　　　图 4.24　避雷线的保护角

二、避雷器

上面已经讲到，当发电厂、变电所用避雷针保护以后，电力设备几乎可以免受直接雷击。但是长达数十至数百公里的输电线路，虽然有避雷线保护，但由于雷电的绕击和反击，仍不能完全避免输电线上遭受大气过电压的侵袭；幅值可达一二百万伏的电压波还会沿着输电线侵入发电厂或变电所，直接危及变压器等电气设备的安全，造成事故。为了保护电气设备的安全，必须限制出现在电气设备绝缘上的过电压峰值，就需要装设另外一类过电压保护装置，通称为避雷器。目前使用的避雷器主要有四种类型：① 保护间隙；② 排气式避雷器；③ 阀式避雷器；④ 金属氧化物避雷器。保护间隙和排气式避雷器主要用于配电系统、线路和发电厂、变电所进线段的保护，以限制入侵的大气过电压；阀式避雷器和金属氧化物避雷器用于变电所和发电厂的保护，在 220 kV 及以下系统主要用于限制大气过电压，在超高压系统中还将用来限制内过电压或作内过电压的后备保护。

（一）基本要求

为了使避雷器达到预期的保护效果，必须正确使用和选择避雷器，一般有如下基本要求：

（1）雷电击于输电线路时，过电压波会沿着导线入侵发电厂或变电所，在危及被保护绝缘时，要求避雷器能瞬时动作。

（2）避雷器一旦在冲击电压作用下放电，就会造成对地短路，此时瞬间的雷电过电压虽然已经消失，但工频电压却相继作用在避雷器上，雷击放电后流经间隙的工频电弧电流（称为工频续流），为间隙安装处的短路电流。为了不造成断路器跳闸，避雷器应当具有自行迅速截断工频续流、恢复绝缘强度的能力，使电力系统得以继续正常的工作。

（3）应当具有平直的伏秒特性曲线，并与被保护设备的伏秒特性曲线之间有合理的配合。这样，在被保护设备可能击穿以前，避雷器便发生动作，将过电压波截断，从而被保护设备得到可靠的保护。

（4）具有一定通流容量，且其残压应低于被保护物的冲击耐压。避雷器动作以后，在规定的雷电流通过时，不应损坏避雷器，同时在避雷器上造成的压降——残压（冲击电压通过阀式避雷器时，在避雷器上产生的最大压降）应低于被保护设备的冲击耐压。否则，虽然避雷器动作，被保护设备仍有被击穿的危险。

（二）保护间隙

1. 结　构

保护间隙可以说是一种最简单的避雷器。按其形状分为棒形、角形、环形、球形等。如图4.25所示为常用的角形保护间隙，电极做成角形是为了使工频电弧易于伸长而自行熄灭。

2. 作用原理

如图4.26所示，当雷电侵入波要危及它所保护的电气设备的绝缘时，间隙1首先击穿，工作母线接地，避免了被保护设备上的电压升高，从而保护了设备。过电压消失后，由于工频电压的作用，间隙中仍有工频续流，通过间隙而形成工频电弧。然后根据间隙的熄弧能力决定在电流过零时，或自行熄弧，恢复正常运行；或不能自行熄弧，从而引起断路器跳闸。

保护间隙应满足在绝缘配合条件下，选用最大容许值，以防不必要的误动作。一般保护间隙除了主间隙1外，在接地引线上还串联了一个辅助间隙2，这样即使主间隙由于意外原因短路，也不会引起导线接地。

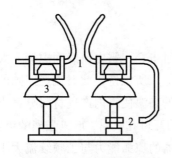

图4.25　角形保护间隙

1—主间隙；2—辅助间隙；3—瓷瓶

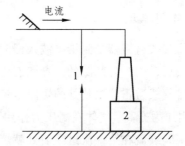

图4.26　保护间隙与被保护设备

1—保护间隙；2—被保护设备

3. 优缺点

保护间隙的优点是显而易见的，它结构简单、制造方便。然而由于一般保护间隙的电场属于极不均匀电场，因此它的伏秒特性曲线比较陡，与被保护设备的绝缘配合不理想，并且动作后会形成载波。保护间隙还具有另一个严重的缺点，就是熄弧能力低。在中性点有效接地系统中一相间隙动作或在中性点非有效接地系统中两相间隙动作后，流过的工频续流就是电网的短路电流。对于这种续流电弧，保护间隙一般是不能自行熄灭的。因此保护间隙多用于低压配电系统中。

（三）排气式避雷器

由于保护间隙熄弧能力较差，目前使用不多。为了提高熄弧能力，生产了排气式避雷器，它实质上是一个具有较高熄弧能力的保护间隙。

1. 结　构

如图 4.27 所示，它有两个间隙相互串联：一个间隙 S_1 装在产气管 1 内称为内间隙或灭弧间隙。内间隙一端以棒 2 为电极，另一端以环 3 为电极。产气管 1 由纤维、塑料或橡胶等产气材料制成。另一个间隙 S_2 在大气中，称外间隙，其作用是隔离工作电压以避免产气管被工频电流烧坏。这种避雷器也叫管式避雷器。

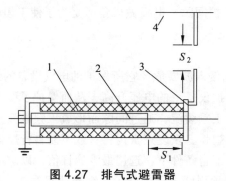

图 4.27　排气式避雷器

1—产气管；2—棒式电极；3—环形电极；
4—导线；S_1—内间隙；S_2—外间隙

2. 作用原理

当排气式避雷器受到雷电波入侵时，内、外间隙同时击穿，雷电流经间隙流入大地，过电压消失后，内、外间隙的击穿状态将由导线 4 的工作电压所维持，此时流经间隙的工频续流就是排气式避雷器安装处的短路电流，工频续流电弧的高温使管内产气材料分解出大量气体，管内压力升高，气体在高压力作用下由环形电极 3 的开口孔喷出，形成强烈的纵吹作用，从而使工频续流在第一次过零值处就熄灭。排气式避雷器的熄弧能力与工频续流大小有关，续流太大则产气过多，管内气压太高将造成管子炸裂；续流太小则产气过少，管内气压太低将不足以熄弧。故排气式避雷器熄灭工频续流有上下限的规定，通常在型号中表明。例如 GXS-$\dfrac{u_N}{I_{min}-I_{max}}$，$u_N$ 是额定工作电压，I_{min}、I_{max} 是熄弧电流（有效值）上下限。使用时必须核算安装处在各种运行情况下短路电流最大值与最小值，排气式避雷器的上下限熄弧电流应分别大于和小于短路电流的最大值和最小值。

排气式避雷器的熄弧能力还与管子材料、内径和内间隙大小有关。管的内径愈小，电弧和管壁就愈容易接触，便于产生气体。所以缩小管的内径可以使管型避雷器的下限电流降低，但此时上限电流也随之降低。

3. 优缺点

如前所述，排气式避雷器的熄弧能力比保护间隙要强，但它具有一些和保护间隙同样的缺点，那就是伏秒特性较陡且放电分散性较大，不易与被保护电气设备实现合理的绝缘配合。同时，排气式避雷器动作后工作导线直接接地形成截波，对变压器纵绝缘不利。此外，其放电特性受大气条件影响较大，因此排气式避雷器目前只用于线路保护、发电厂和变电所进线段保护。

（四）阀式避雷器

由于保护间隙和排气式避雷器存在上述缺点，所以在变电所和发电厂大量使用阀式避雷器，它相对于排气式避雷器来说在保护性能上有重大改进，是电力系统中广泛采用的主要防雷保护设备。阀式避雷器的保护特性是决定高压电气设备绝缘水平的基础，它分为普通型和磁吹型两大类。普通型有 FS 型和 FZ 型；磁吹型有 FCZ 型和 FCD 型。

1. 普通型阀式避雷器

（1）结构与元件作用原理：

阀式避雷器是由火花间隙和非线性电阻这两个基本部件组成的。

① 火花间隙。普通型阀式避雷器的火花间隙由许多个如图 4.28 所示的单个间隙串联而成，单个间隙的电极由黄铜冲压而成，两电极以云母垫圈隔开形成间隙，间隙距离为 0.5 ～ 1.0 mm。由于电极之间的电场接近均匀电场，而且在过电压的作用下云母垫圈与电极之间的空气缝隙中还会发生局部放电，对间隙提供了光辐射使间隙的放电时间缩短。因此火花间隙的伏秒特性比较平缓，放电分散性也较小，有利于实现绝缘配合。单个间隙的工频放电电压 2.7 ～ 3.0 kV（有效值）。

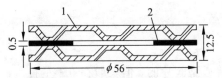

图 4.28　单个火花间隙（单位：mm）

1—黄铜电极；2—云母垫圈

一般有若干个火花间隙形成一个标准组合件，然后再把几个标准组合件串联在一起，就构成了阀式避雷器的全部火花间隙。这种结构方式的火花间隙除了伏秒特性较平缓外，还有另一方面的优点，就是易于切断工频续流。在避雷器动作后，工频续流被许多单个间隙分割成许多短弧，利用短间隙的自然熄弧能力使电弧熄灭。短弧还具有工频电流过零后不易重燃的特性，所以提高了避雷器间隙绝缘强度的恢复能力。实验表明，间隙工频续流需限制在 80 A 以下，以免电极产生热电子发射，此时单个间隙的绝缘强度可达 250 V。

因为阀式避雷器的间隙是由许多单个间隙串联而成的，所以间隙串联后将形成一等值电容链，由于间隙各电极对地和对高压端有寄生电容存在，故电压在间隙上的分布是不均匀的，这会使每个火花间隙的作用得不到充分发挥，减弱了避雷器的熄弧能力，它的工频放电电压也会降低。为了解决这个问题，可在每组间隙上并联一个分路电阻，如图 4.29 所示。在工频电压和恢复电压作用下，间隙电容的阻抗很大，而分路电阻阻值较小，故间隙上的电压分布将主要由分路电阻决定，因分路电阻阻值相等，故间隙上的电压分布均匀，

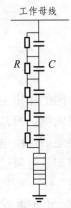

图 4.29　间隙上并联分路电阻

R—并联电阻；C—间隙电容

从而提高了熄弧电压和工频放电电压。在冲击电压作用下，由于冲击电压的等值频率很高，电容的阻抗小于分路电阻，间隙上的电压分布主要取决于电容分布，由于间隙对地和瓷套寄生电容的存在，使电压分布很不均匀，因此其冲击放电电压较低，避雷器的冲击放电电压低于单个间隙放电电压的总和，冲击系数一般为 1 左右，甚至小于 1，从而改善了避雷器的保护性能。

采用分路电阻均压后，在系统工作电压作用下，分路电阻中长期有电流流过，因此，分路电阻必须有足够的热容量，通常采用非线性电阻，其优点主要是热容量大和热稳定性好。其伏安特性为

$$u = C_S i^{-a_s} \tag{4-45}$$

式中　C_S——取决于材料的常数；

　　　a_s——非线性系数，为 0.35～0.45。

FS 型的配电系统用避雷器的间隙无并联电阻。

② 非线性阀片电阻。它由金刚砂（SiC）和结合剂烧结而成，呈圆盘状，其直径为 55～105 mm。阀片的电阻值随流过它的电流的大小而变化，其伏安特性如图 4.30 所示，亦可用下式表示：

$$u = C i^a \tag{4-46}$$

式中　C——常数；

　　　a——非线性系数，普通型阀片的 a 值一般在 0.2 左右，a 愈小，说明阀片的非线性程度愈高，性能愈好。

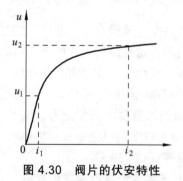

图 4.30　阀片的伏安特性

u_1—工作电压；u_2—残压；i_1—工频续流；i_2—雷电流

阀片电阻的作用主要是利用它的保护特性来限制雷电流下的残压。前已述及，如果避雷器只有火花间隙，当截断冲击电压波以后，将会出现对绝缘不利的载波，而且工频续流就是导致直接接地的短路电流，难以自行熄灭。在火花间隙中串入电阻以后可限制工频续流以利于熄弧。但如果电阻过大，当雷电流通过时其端部残压会升高，数值过高的残压作用在被保护的电气设备上，同样会破坏绝缘，因此采用非线件阀片电阻有助于解决这一矛盾。在雷电流的作用下，由于电流甚大，阀片工作在低阻值区域，因而使残压降低；当工频续流流过时，由于电压相对较低，阀片工作在阻值高的区域，因而限制了电流。由此可见，阀片电阻具有使雷电流顺利地流过而又阻止工频续流，如阀门般的特性起自动节流的作用，这就是阀式避

雷器的名称的由来。可见,阀片电阻的非线性程度越高,其保护性能越好。

阀片电阻的另一个重要参数是通流容量,它表示阀片通过电流的能力。我国规定普通型阀片的通流容量为波形 20/40 μs、幅值 5 kA 的冲击电流和幅值 100 A 的工频半波各 20 次。这是因为根据实测统计,在有关规程建议的防雷结构的 35～220 kV 的变电所中,流经阀式避雷器的雷电流超过 5 kA 的概率是非常小的,因此我国对 35～220 kV 的阀式避雷器以 5 kA 作为设计依据,此类电网的电气设备的绝缘水平也以避雷器 5 kA 下的残压作为绝缘配合的依据;对 330 kV 及更高的电网,由于线路绝缘水平较高,雷电侵入波的幅值也高,故流过避雷器的雷电流较大,但一般不超过 10 kA,我国规定取 10 kA 作为计算标准。由于普通型阀式避雷器阀片的通流容量与直击雷电流相差甚远,因此不宜用作线路防雷保护,一般只用于发电厂和变电所中。

(2)工作原理:

在系统正常工作时,间隙将电阻阀片与工作母线隔离,以免由于工作电压在阀片电阻中产生电流使阀片烧坏。由于采用电场比较均匀的间隙,因此其伏秒特性曲线较平缓,放电分散性较小,能与变压器绝缘的冲击放电特性很好地配合。当系统中出现过电压且其幅值超过间隙放电电压时,间隙击穿,冲击电流通过阀片流入大地,从而使设备得到保护。由于阀片的非线性特性,其电阻在流过大的冲击电流时变得很小,故在阀片上产生的残压将得到限制,使其低于被保护设备的冲击耐压,设备就得到了保护;当过电压消失后,间隙中由工作电压产生的工频续流仍将继续流过避雷器,此续流是在工频恢复电压作用下,其值远较冲击电流的小,使间隙能在工频续流第一次过零值时就将电弧切断。以后,间隙的绝缘强度能够耐受电网恢复电压的作用而不会发生重燃。这样,避雷器从间隙击穿到工频续流的切断不超过半个周期,而且工频续流数值也不大,继电保护来不及动作系统就已恢复正常。

(3)电气参数:

阀式避雷器的主要电气参数如下:

① 额定电压 u_N。避雷器两端子间允许的最大工频电压的有效值。

② 灭弧电压。指避雷器保证能够在工频续流第一次经过零值时灭弧的条件下允许加在避雷器上的最高工频电压。灭弧电压应当大于避雷器工作母线上可能出现的最高工频电压,否则将不能保证续流灭弧而使阀片烧坏,酿成事故。工作母线上可能出现的最高电压与系统运行方式有关,根据实际运行经验又从安全的角度考虑,系统中会出现已经存在单相接地故障、非故障相的避雷器又发生放电的情况。因此单相接地时非故障相电压就成为可能出现的最高工频电压,避雷器的灭弧电压应当高于这个数值。

计算表明,发生单相接地时非故障相的电压在中性点直接接地的系统中可达工作线电压的 80%,在中性点不接地(包括经消弧线圈接地)的系统中可达工作线电压的 100%～110%。

当选用避雷器时,对 110 kV 及以下的中性点不接地系统,灭弧电压取为系统最大工作线电压的 100%～110%;对 110 kV 及以上的中性点直接接地系统,则取最大工作线电压的 80%。

③ 工频放电电压。指在工频电压作用下,避雷器将发生放电的电压值。由于间隙击穿的分散性,它仅给出一个下限范围以供选择使用。指明避雷器工频放电电压的上限(不大于)值,使用户了解如工频电压超过这一数值时此避雷器将会击穿放电;指明下限值,使用户了解在低于它的工频电压作用下,避雷器不会击穿放电。

避雷器的工频放电电压不能太高，因为避雷器间隙的冲击系数是一定的，工频放电电压太高意味着冲击放电电压也高，将使避雷器的保护性能变坏；工频放电电压也不能太低，这是因为工频放电电压太低就意味着灭弧电压太低，将不能可靠地切断工频续流。普通型阀式避雷器不允许在内过电压下动作，工频放电电压太低还意味着有可能在内过电压下动作，导致避雷器爆炸。在 35 kV 以下中性点不直接接地电网和 110 kV 及以上中性点直接接地电网中，内过电压通常分别不超过 3.5 倍和 3.0 倍最大工作相电压，因此，为防止避雷器在内过电压下动作，35 kV 及以下和 110 kV 及以上的避雷器的工频放电电压应分别大于系统最大工作相电压的 3.5 倍和 3.0 倍。

④ 冲击放电电压。指在预放电时间为 $1.5 \sim 20\ \mu s$ 时的冲击放电电压。它应当低于被保护设备绝缘的冲击击穿电压，这样才能起到保护作用。

⑤ 残压。雷电流通过避雷器时在阀片电阻上产生的压降叫避雷器的残压。在防雷计算中以 5 kA 下的残压作为避雷器的最大残压。残压对于出现在被保护设备上的过电压有着直接影响，根据阀式避雷器的工作原理可知，避雷器放电以后就相当于以残压突然作用到被保护设备上，因此避雷器残压愈低则保护性能就愈好。为了降低被保护设备的冲击绝缘水平，必须同时降低避雷器的冲击放电电压和残压。

⑥ 保护比。避雷器残压与灭弧电压（幅值）之比叫避雷器的保护比。保护比愈小，说明残压愈低或灭弧电压愈高，避雷器保护性能愈好。普通型阀式避雷器的保护比为 2.3 ~ 2.5，磁吹型阀式避雷器为 1.7 ~ 1.8。

⑦ 直流电压下电导电流。指避雷器在直流电压作用下测得的电导电流，它可以用来判断间隙分路电阻的性能。电导电流太小，意味着分路电阻值太大，均压效果弱；电导电流太大，意味着分路电阻太小，在工作电压作用下流经分路电阻的电流增大，发热较多易烧毁，故电导电流也必须在一定范围之内。

2. 磁吹型阀式避雷器（磁吹避雷器）

为了改善阀式避雷器的保护特性，在普通型基础上发展了磁吹型阀式避雷器。与普通型相比较，它具有更高的熄弧能力和较低的残压，因此它适宜用于电压等级较高的变电所电气设备的保护以及绝缘水平较弱的旋转电机的保护。

磁吹避雷器的原理和基本结构与普通型避雷器相同，主要区别在于它采用了磁吹式火花间隙。它也是由许多单个间隙串联而成的，但它是利用磁场对电弧的电动力，迫使间隙中的电弧加快运动并延伸，使间隙的去游离作用增强，从而提高了灭弧能力。单个火花间隙的基本结构和电弧运动如图 4.31 所示，火花间隙是一对羊角状电极 1，N、S 磁极间磁场对电极间的电弧（图中虚线所示）产生的电动力 F 使其拉长，电弧最终进入灭弧栅中，可被拉长到起始长度的数十倍。灭弧栅由陶瓷或云母玻璃制成，电弧在其中受到强烈去

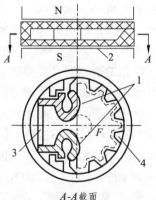

A-A 截面

图 4.31 磁吹式火花间隙

1—间隙电极；2—灭弧盒；
3—并联电阻；4—灭弧栅

游离而熄灭，使间隙绝缘强度迅速恢复。单个间隙的工频放电电压约为 3 kV，可以切断 450 A 左右的工频电流。

由于电弧被拉长，电弧电阻明显增大，因此还可以起到限制工频续流的作用，因而这种火花间隙又称为限流间隙。计入电弧电阻的限流作用就可以适当减少阀片电阻的数目，这样又能降低避雷器的残压。

间隙中电弧受到的 N、S 磁极的磁场是依靠工频续流自身产生的。它通过在间隙串联回路中增加磁吹线圈，在工频电流作用下可产生磁场，其原理如图 4.32 所示。增加磁吹线圈以后，在冲击电流作用下线圈上会产生压降，此压降增大了避雷器残压，为了避免这种情况，又将磁吹线圈并联一个辅助间隙，如图 4.32 中间隙 2 所示。

图 4.32 磁吹避雷器结构原理
1—主间隙；2—辅助间隙；3—磁吹线圈；
4—阀片电阻；5—工作母线

当冲击电流流过时，由于频率高，线圈两端的电压降会使辅助间隙击穿，使磁吹线圈短路，放电电流经过辅助间隙、主间隙和阀片电阻而进入大地，从而使避雷器仍保持有较低的残压；对于工频续流，磁吹线圈的压降不足以维持辅助间隙放电，电流仍自线圈中流过并发挥磁吹作用。

磁吹避雷器的阀片电阻也是用碳化硅原料烧结而成，与普通阀片电阻相比较，它是在高温下焙烧的，通流容量大，但非线性系数 a 较高，约为 0.24。

3. 金属氧化物避雷器

金属氧化物避雷器（MOA）也称为氧化锌避雷器，是 20 世纪 70 年代开始出现的新一代避雷器，它的非线性电阻阀片主要成分是氧化锌，另外还有氧化铋及一些其他的金属氧化物，经过煅烧混料、造粒、成型、表面处理等工艺过程而制成。它的结构非常简单，仅由相应数量的氧化锌阀片密封在瓷套内组成。

（1）氧化锌阀片的伏安特性：

氧化锌阀片相比于碳化硅阀片有非常优异的伏安特性。两者伏安特性的比较如图 4.33 所示。图中曲线表示 10 kA 下残压 U_{c10} 相同的两种避雷器，在相同工作电压 U_N 下，SiC 阀片中电流有 100 A，而 ZnO 阀片中的电流却只有几十微安。也就是说，在工作电压下氧化锌阀片实际上相当于一绝缘体，所以金属氧化物避雷器可以不用串联间隙隔离阀片电阻。

氧化锌阀片的伏安待性如图 4.34 所示。伏安特性可分三个典型区域。区域 I 是小电流区，电流在 1 mA 以下，非线性系数 a 较高，约为 0.2，故曲线较陡峭。在正常运行电压下，氧化锌阀片工作于此小电流区。区域 II 为工作电流区，电流在 $10^{-3} \sim 3 \times 10^3$ A，非线性系数大大降低，a 值为 0.02 ~ 0.04。此区域内曲线较平坦，呈现出理想的非线性关系，所以此区域也称为非线性区。区域 III 为饱和电流区，电流随电压的增加而缓慢增大，a 约为 0.1，非线性减弱。

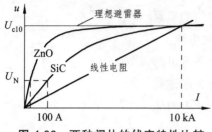

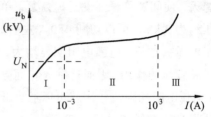

图 4.33　两种阀片的伏安特性比较　　　　图 4.34　ZnO 阀片的伏安特性

（2）金属氧化物避雷器的特点：

与碳化硅阀型避雷器相比，金属氧化物避雷器有其明显的特点：

① 保护性能好。虽然 10 kA 雷电流下残压目前仍与碳化硅阀型避雷器相同，但后者串联间隙要等到电压升至较高的冲击放电电压时才可将电流泄放，而金属氧化物避雷器在整个过电压过程中都有电流流过，电压还未升至很高之前不断泄放过电压的能量，这对抑制过电压的发展是有利的。

由于没有间隙，金属氧化物避雷器在陡波头下伏秒特性上翘要比碳化硅阀型避雷器小得多，这样在陡波头下的冲击放电电压的升高也小得多。金属氧化物避雷器的这种优越的陡波头响应特性（伏秒特性），对于具有平坦伏秒特性的 SF_6 气体绝缘变电所（GIS）的过电压保护尤为适用，易于绝缘配合，增加了安全裕度。

② 无续流和通流容量大。金属氧化物避雷器在过电压作用之后，流过的续流为微安级，可视为无续流，它只吸收过电压能量，不吸收工频续流能量，这不仅减轻了其本身的负载，而且对系统的影响甚微。再加上阀片通流能力要比碳化硅阀片大 4～4.5 倍，又没有工频续流引起的串联间隙烧伤，且金属氧化物避雷器的通流能力很大，所以金属氧化物避雷器具有耐受重复雷和重复动作的操作过电压或一定持续时间短时过电压的能力。并且进一步可通过并联阀片或整只避雷器并联的方法来提高避雷器的通流能力，制成特殊用途的重载避雷器，用于长电缆系统或大电容器组的过电压保护。

③ 无间隙。无间隙可以大大改善陡度响应，提高过电压吸收能力；可采用阀片并联进一步提高其通流容量；可以大大缩减避雷器尺寸和减轻其重量；可以使运行维护简化；可以使避雷器有较好的耐污秽和带电水冲洗的性能。有间隙的阀式避雷器瓷套在严重污秽，或在带电水冲洗时，由于瓷套表面电位分布的不均匀或发生局部闪络，通过电容耦合，使瓷套内部间隙放电电压降低，甚至此时在工作电压下动作，不能熄弧而爆炸。无间隙还可以使避雷器易于制成直流避雷器。因为直流续流不像工频续流那样会自然过零，而金属氧化物避雷器当电压恢复到正常时，其电流非常小，所以只要改进阀片电阻的配方以使其能长期承受直流电压作用，就可以制成直流避雷器。

由于金属氧化物避雷器具有这些碳化硅阀型避雷器所没有的优点，其在电力系统中得到了越来越广泛的应用，特别是超高压电力设备的过电压保护和绝缘配合已完全取决于金属氧化物避雷器的性能。

三、防雷接地

（一）接地与防雷接地

所谓接地，就是把设备与电位参照点的大地作电气上的连接，使其对地保持一个低的电位差。其办法是在大地表面土层中埋设金属电极，这种埋入地中并直接与大地接触的金属导体，叫作接地体，有时也称为接地装置。

按其目的接地可分为四种：

（1）工作接地：电力系统为了运行的需要，将电网某一点接地，其目的是为了稳定对地电位与满足继电保护上的需要。

（2）保护接地：为了保护人身安全，防止因电气设备绝缘劣化，外壳可能带电而危及工作人员安全。

（3）静电接地：在可燃物场所的金属物体，蓄有静电后，往往爆发火花，以致造成火灾。因此要对这些金属物体（如贮油罐等）接地。

（4）防雷接地：导泄雷电流，以消除过电压对设备的危害。

顾名思义，防雷接地装置主要用于防雷保护中，防雷接地装置性能的好坏将直接影响到被保护设备的耐雷水平和防雷保护的可靠性。

我们知道，避雷针或避雷器因雷击而动作时，幅值极高的雷电流将经避雷针或避雷器及其接地装置而流入大地，如果接地装置不符合要求，接地电阻 R 过大时，被击物（如避雷针、避雷线等）仍将会有很高电位，以至被保护设备有可能遭到反击，因此防雷接地装置起着十分重要的作用。本节将重点讨论防雷接地。

（二）冲击电流流经接地装置入地时的基本现象

1. 土壤中的电位分布

当接地装置流过电流时，电流从接地体向周围土壤流散，由于大地并不是理想的导体，它具有一定的电阻率，接地电流将沿大地产生电压降。在靠近接地体处，电流密度和电位梯度最大，距接地体越远，电流密度和电位梯度也越小，一般接地装置在 20～40 m 处电位便趋于零。电位分布曲线如图 4.35 所示。

接地点电位 u 与接地电流 i 的关系服从欧姆定律，即 $u=iR$。R 称为接地体的接地电阻，根据接地

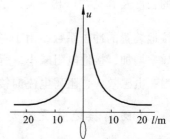

图 4.35 接地装置在地表面电位分布

电流的 i 性质，若为冲击电流或工频电流，接地电阻 R 可分别称为冲击接地电阻或工频接地电阻。当 i 为定值时，接地电阻愈小，电位 u 愈低；反之 u 就愈高。这时地面上的接地物也具有了电位 u，接地点电位 u 的升高，有可能引起与其他带电部分间绝缘的闪络，也有可能引起大的接触电压和跨步电压，从而不利于电气设备的绝缘以及危及人身安全，这就是为什么要力求降低接地电阻的原因。

2. 土壤中的电场强度

当冲击电流流经接地装置时，接地装置附近的土壤中电流密度很大，因而在接地装置附近的土壤中产生很大的电场强度 E，土壤中的电场强度 E 由下式决定：

$$E = \delta\rho \tag{4-47}$$

式中　δ ——冲击电流在土壤中的密度；

　　　ρ ——土壤电阻率。

当土壤中的电场强度大于 $3 \sim 6\ \text{kV/m}$ 时，土壤中就可能产生火花击穿，出现火花击穿后，此部分土壤的电阻率会大为降低而成为良好的导体，因而接地装置好像被良好的导电介质包围一样，其作用相当于扩大了接地装置的直径，这样，就会使接地装置流过冲击电流时的冲击接地电阻低于工频接地电阻。

从式（4-47）可知，冲击电流愈大（即 δ 愈大），且土壤电阻率愈大，则土壤中的电场强度也愈大；土壤中的火花击穿程度愈激烈，冲击接地电阻下降得就愈多。

3. 接地装置的电感效应及利用率

当工频电流流经接地装置时，由于电流频率不高，接地装置的利用程度最高；当冲击电流流经接地装置时，由于电流变化很快，接地装置本身电感的作用不能再忽略。其分布电感阻碍了电流流经接地装置较远的部分，此时冲击电流在接地装置全部长度上的电流扩散密度是不相同的，这使接地装置的利用程度降低，冲击接地电阻增加。接地装置的长度愈长，则电感的效应愈显著，冲击接地电阻增加愈多，因此对于水平敷设的伸长接地体，为了得到在冲击电流作用下较好的接地效果，对单根水平敷设的伸长接地体的长度有一定限制。

综上可知，流经冲击电流时接地装置的接地电阻 R_{ch} 与雷电流幅值、土壤电阻率和接地装置的长度及其结构形状有关。通常将冲击接地电阻 R_{ch} 与工频接地电阻 R_G 之比值 $a_{ch} = \dfrac{R_{ch}}{R_G}$ 称为接地装置的冲击系数，由于考虑到雷电流幅值大，土壤中便会发生局部火花放电，使土壤电导率增加，接地电阻减小，所以 a_{ch} 值一般小于 1。但由于雷电流频率高，对于伸长接地装置因有电感效应，阻碍电流向接地体远端流去，故冲击系数可能大于 1。

（三）防雷接地装置的形式及其电阻估算方法

1. 接地装置的形式

接地装置一般可分为人工接地装置和自然接地装置。人工接地装置有水平接地、垂直接地以及既有水平又有垂直的复合接地装置。水平接地一般作为变电所和输电线路防雷接地的主要方式；垂直接地一般作为集中接地方式，如避雷针、避雷线的集中接地；在变电所和输电线路防雷接地中有时还采用复合接地装置。钢筋混凝土杆、铁塔基础、发电厂、变电所等的构架基础，我们称之为自然接地装置。

2. 接地电阻估算公式

（1）在 $l \gg d$ 时单个垂直接地体的工频接地电阻 R_{CG} 为

$$R_{CG} = \frac{\rho}{2\pi \cdot l} \ln \frac{4l}{d} \tag{4-48}$$

式中　ρ ——土壤电阻率，$\Omega \cdot m$；

　　　l ——接地体的长度，m；

　　　d ——接地体的直径，m。

当采用扁钢时，$d = b/2$，其中 b 是扁钢宽度；当采用角钢时，$d = 0.84b$，其中 b 是角钢每边宽度。

（2）水平接地体的工频接地电阻 R_{PG}：

$$R_{PG} = \frac{\rho}{2\pi \cdot l} \left(\ln \frac{l^2}{dh} + A \right) \tag{4-49}$$

式中　h ——水平接地体埋没深度，m；

　　　A ——形状系数。

如表 4.2 所示列出了不同形状水平接地体的 A 值，它是反映因受屏蔽影响而使接地电阻变化的系数。

表 4.2　水平接地体形状系数 A

序号	1	2	3	4	5	6	7	8
接地体形式	—	∟	⅄	⬡	＋	▢	✳	✳
形状系数 A	0	0.38	0.48	0.87	1.69	2.14	5.27	8.18

（3）单个接地体的冲击接地电阻 R_{ch}：

$$R_{ch} = a_{ch} R_G \tag{4-50}$$

式中　R_G ——工频接地电阻，Ω；

　　　a_{ch} ——接地装置的冲击系数。

（4）钢筋混凝土杆的自然接地电阻：

高压输电线路在每一杆塔下一般都设有接地装置，并通过引线与避雷线相连，其目的是使击中避雷线的雷电流通过较低的接地电阻而进入大地。高压线路杆塔的钢筋混凝土基础的电阻 R 计算用式（4-48）乘系数 k，一般 k 取 1.4，即

$$R = 1.4 R_{CG} \tag{4-51}$$

式中　R_{CG} ——单个垂直工频接地体的电阻。

大多数情况下单纯依靠自然接地电阻是不能满足要求的，需要装设人工接地装置。我国有关标准规定线路杆塔接地电阻如表 4.3 所示。

表 4.3 装有避雷线的线路杆塔工频接地电阻值（上限）

土壤电阻率 ρ（$\Omega \cdot m$）	工频接地电阻（Ω）	土壤电阻率 ρ（$\Omega \cdot m$）	工频接地电阻（Ω）
100 及以下	10	1 000～2 000	25
100～500	15	2 000 以上	30
500～1 000	20		
或敷设 6～8 根总长不超过 500 m 的放射线，或用两根连续伸长接地体，限制不作规定			

（5）复式接地体的冲击接地电阻：

复式接地装置由于各个接地体之间的相互屏蔽作用，会使接地装置的利用情况较差，如图 4.36 所示为三根垂直接地体组成的接地装置的电流分布示意图，由图可知，相互的屏蔽作用妨碍了每个接地体向土壤中扩散电流，因此复式接地装置的总冲击电导并不等于各个接地体冲击电导之和，而是要小一些，其影响可用冲击利用系数 η_{ch} 来表示。

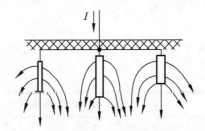

图 4.36 三根接地极组成的接地装置的电流分布示意图

由 n 根等长水平放射形接地体组成的接地装置，其冲击接地电阻 R'_{ch} 可按下式计算：

$$R'_{ch} = \frac{R_{ch}}{n} \times \frac{1}{\eta_{ch}} \tag{4-52}$$

式中 η_{ch}——冲击利用系数；

R_{ch}——每根水平放射形接地体的冲击接地电阻。

由水平接地体连接的 n 根垂直接地体组成的接地网装置，其冲击接地电阻 R''_{ch} 可按下式计算：

$$R''_{ch} = \frac{R_{c \cdot ch} / n \times R_{P \cdot ch}}{R_{c \cdot ch} / n + R_{P \cdot ch}} \times \frac{1}{\eta_{ch}} \tag{4-53}$$

式中 $R_{c \cdot ch}$——每根垂直接地体的冲击接地电阻；

$R_{P \cdot ch}$——水平接地体的冲击接地电阻；

η_{ch}——冲击利用系数。一般，η_{ch} 小于 1，值为 0.65～0.8。

（6）伸长接地体：

在土壤电阻率较高的岩石地区，为了减小接地电阻，有时需要加大接地体的尺寸，主要是增加水平埋设的扁钢的长度，通常称这种接地体为伸长接地体。由于雷电流等值频率高，接地体自身的电感将会产生很大影响。通常，伸长接地体只是在 40～60 m 内有效，超过这一范围接地阻抗基本上不再变化。

（四）发电厂和变电所的防雷接地

发电厂和变电所内需要有良好的接地装置以满足工作、安全和防雷保护的接地要求。一般的做法是根据安全和工作接地要求敷设一个统一的接地网，然后再在避雷针和避雷器下面增加接地体以满足防雷接地的要求。

接地网由扁钢水平连接，埋入地下 0.6～0.8 m 处，其面积 S 大体与发电厂和变电所的面积相同，如图 4.37 所示。这种接地网的总接地电阻 R 可按下式估算：

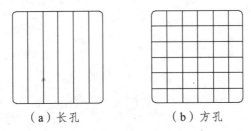

（a）长孔　　　　　（b）方孔

图 4.37　接地网示意图

$$R = \frac{0.44\rho}{\sqrt{S}} + \frac{\rho}{L} \approx 0.5\frac{\rho}{\sqrt{S}} \tag{4-54}$$

式中　ρ——土壤电阻率；

L——接地体（包括水平的与垂直）总长度，m；

S——接地网的总面积，m^2。

接地网构成网孔形的目的主要在于均压，接地网中两水平接地带之间的距离一般可取为 3～10 m，然后校核接触电位和跨步电位后再予以调整。

土壤是由无机物、有机物颗粒及水分等基本成分组成的，干燥的土壤及纯净水的电阻率都是极高的，但是，由于土壤含有少量酸碱盐类物质，它们溶于水中形成电解液而决定了整个土壤的导电性能，所以土壤电阻率主要取决于其化学成分及湿度大小。计算防雷接地装置所采用的土壤电阻率 ρ 应取雷季中最大可能的数值，一般按下式计算：

$$\rho = \rho_0\varphi \tag{4-55}$$

式中　ρ_0——雷季中无雨水时所测得的土壤电阻率；

φ——考虑土壤干燥程度所取的季节系数，如表 4.4 所示。

表 4.4　防雷接地装置土壤电阻率的季节系数

	埋深（m）	0.5	0.8～1.0	2.5～3.0	注：计算土壤电阻率时，土壤比较干燥时应采用表中较小值，比较潮湿则应采用较大值
φ	水平接地体	1.4～1.8	1.25～1.45	1.0～1.1	
	2～3 m 垂直接地体	1.2～1.4	1.5～1.3	1.0～1.1	

习题 4.2

4-6　排气式避雷器的构造和工作原理是怎样的？试分析其与保护间隙的相同与不同点。

4-7　试全面比较阀式避雷器与氧化锌避雷器的性能。

4-8　在过电压保护中对避雷器有哪些要求？这些要求是怎样反映到阀式避雷器的电气特性参数上来的？从哪些参数上可以比较和判别不同避雷器的性能优劣？

4-9　某原油罐直径为 10 m，高出地面 10 m，若采用单根避雷针保护，且要求避雷针与罐距离不得少于 5 m，试计算该避雷针的高度。

课题五 电力系统暂时过电压

本课提示：本课题学习研究的是电力系统暂时过电压的形成原因以及限制措施。暂时过电压形成的几种主要原因需予以掌握。课中对暂时过电压的形成原因进行了定量的分析计算。电力系统的暂时过电压是高电压绝缘的基础，要求着重理解和掌握线性谐振、非线性谐振过电压的基本形成原因。电力系统暂时过电压的限制措施是重点，形成原因是难点。

在电力系统中，由于断路器操作、故障或其他原因，系统参数发生变化，引起系统内部电磁能量的振荡转化或传递所造成的电压升高，称为电力系统内部过电压。

内部过电压可按其产生的原因分为操作过电压和暂时过电压，其具体分类为：

1. 操作过电压

（1）间歇电弧接地过电压；

（2）空载变压器分闸过电压；

（3）空载线路分闸过电压；

（4）空载线路合闸过电压。

2. 暂时过电压

（1）工频过电压：

① 空载长线路的电容效应引起的工频电压升高。

② 不对称短路引起的工频电压升高。

③ 电负荷引起的工频电压升高。

（2）谐振过电压：

① 线性谐振过电压，即系统中的参数在线性状态时产生的过电压。

② 非线性谐振（铁磁谐振）过电压，即由系统中变压器、电压互感器、消弧线圈等铁芯电感的磁路饱和而激发的过电压。

③ 参数谐振过电压，即由于电感参数作周期性变化引起的自励磁过电压。

一般谐振过电压的持续时间较操作过电压的持续时间要长得多，甚至可能长期存在。谐振过电压不仅在超高压系统中发生，而且在一般的高压及低压系统中也普遍发生。

任务一 工频过电压

系统中由线路空载、不对称接地故障和甩负荷引起的频率等于工频（50 Hz）或接近工频的高于系统最高工作电压的过电压称为工频过电压。电力系统中工频过电压的倍数一般小于2.0 倍，这对于 220 kV 及以下系统正常绝缘的电气设备是没有危害的。但对于特高压、超高压的远距离输电系统，工频过电压对确定系统绝缘水平却起着决定性作用，必须予以重视。因为系统中有可能在伴随工频电压升高的同时，产生操作过电压。这两种过电压联合作用，会对电气设备绝缘造成危害。

工频电压升高的数值是决定保护电器的工作条件的重要依据。例如，避雷器的最大允许工作电压就是由避雷器安装处的工频电压升高决定的工频电压升高幅值越大，避雷器的最大允许工作电压也要提高，则避雷器的冲击放电电压和残压也将提高，相应被保护的电气设备绝缘水平也要随之提高。

工频电压升高持续的时间长，对电气设备的绝缘及其运行性能有重大影响。例如：可能造成污秽绝缘子闪络、电气设备的铁芯过热、电晕及电磁干扰等。

我国超高压电力系统的工频过电压水平规定为：线路断路器的变电站侧不大于 1.3 倍；线路断路器的线路侧不大于 1.4 倍。我国新建的特高压示范工程系统中，要求将工频过电压限制在 1.3 倍以下，在个别情况下线路侧可短时（持续时间不大于 0.3 s）允许在 1.4 倍以下。

在电力系统中产生工频过电压的主要原因有：空载长线路引起的电容效应，系统发生不对称接地故障以及发电机的突然甩负荷。

一、空载长线路的电容效应

输电线路具有分布参数的特性，但在输送距离较短的情况下，工程上可用集中参数的电感 L、电阻 r 和电容 C_1、C_2 所组成的 π 型电路来等值，如图 5.1（a）所示。一般线路等值的容抗远大于线路等值的感抗，则在线路空载（$\dot{I}_2 = 0$）的情况下，在输电线路首段电压 C_0 的作用下，可列出如下电路回路方程：

$$\dot{U}_1 = \dot{U}_2 + \dot{U}_r + \dot{U}_L = \dot{U}_2 + r\dot{I}_{C2} + jX_L\dot{I}_{C2}$$

以 $\dot{U}_2$ 为参考向量，可画出如图 5.1（b）所示的向量图。由相量图分析可知，空载线路末端电压 $\dot{U}_2$ 高于线路首段电压 $\dot{U}_1$，这就是所谓空载线路的电容效应引起的系统工频电压升高。

若忽略 r 的作用，则有

$$\dot{U}_1 = \dot{U}_2 + \dot{U}_L = j\dot{I}_{C2}(X_L - X_C)$$

$$U_2 = U_1 + U_L$$

即由于电感与电容上压降反相，且线路的容抗远大于感抗，使 $U_2 > U_L$，而造成线路末端的电压高于首端的电压。

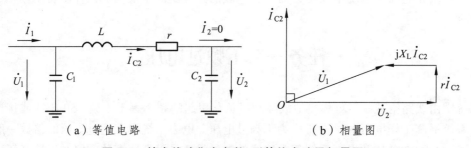

（a）等值电路　　　　　　　　　　（b）相量图

图 5.1　输电线路集中参数π形等值电路及相量图

随着输电线路电压等级的提高，以及输送距离的变长，分析长线路的电容效应时，需要采用分布参数电路。如图 5.2 所示为输电线路的分布参数等值电路图。图 5.2 中 L_0、C_0、R_0 与 G_0 分别为线路单位长度电感、对地电容、导线电阻和导线对地泄漏电导。设 X 为线路上任意点距线末端的距离，已知线路末端电压和电流时，线路上 X 点的电压 $\dot{U}_X$ 和电流 $\dot{I}_X$ 的表达式为

$$\dot{U}_X = \dot{U}_2 \mathrm{ch}\gamma X + \dot{I}_2 Z_\mathrm{C} \mathrm{sh}\gamma X \tag{5-1}$$

$$\dot{I}_X = \dot{I}_2 \mathrm{ch}\gamma X + \frac{\dot{U}_2}{Z_\mathrm{C}} \mathrm{sh}\gamma X \tag{5-2}$$

$$Z_\mathrm{C} = \sqrt{\frac{R_0 + \mathrm{j}\omega L_0}{G_0 + \mathrm{j}\omega C_0}}$$

$$\gamma + \beta + \mathrm{j}\alpha = \sqrt{(R_0 + \mathrm{j}\omega L_0)\cdot(G_0 + \mathrm{j}\omega C_0)}$$

式中　γ——输电线路的传播系数；

　　　β——衰减系数；

　　　α——相位移系数；

　　　Z_C——输电线路的特性阻抗（或称波阻抗）。

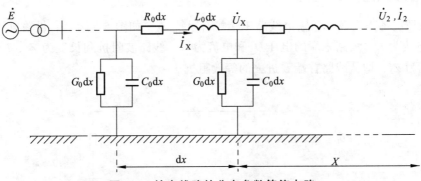

图 5.2　输电线路的分布参数等值电路

若忽略线路损耗，即令 $R_0 = 0$、$G_0 = 0$，则线路波阻抗 $Z_\mathrm{C} = \sqrt{\dfrac{L_0}{R_0}}$，线路的传播系数 $\gamma = \mathrm{j}\omega\sqrt{L_0 C_0} = \mathrm{j}\dfrac{\omega}{\nu} = \mathrm{j}\alpha$，并有 $\mathrm{ch}\gamma X = \cos\alpha X$、$\mathrm{sh}\gamma X = \mathrm{j}\sin\alpha X$。式（5-1）和式（5-2）可改写为

$$\dot{U}_X = \dot{U}_2 \cos\alpha X + \mathrm{j}\dot{I}_2 Z_\mathrm{C} \sin\alpha X \tag{5-3}$$

$$\dot{I}_X = \dot{I}_2 \cos\alpha X + \mathrm{j}\frac{\dot{U}_2}{Z_\mathrm{C}} \sin\alpha X \tag{5-4}$$

在架空输电线路中，电磁波以光速传播，则每公里线路的相位移系数为

$$\alpha = \frac{\omega}{v} = \omega\sqrt{L_0 C_0} = \frac{2\pi \times 50}{3 \times 10^5} \ (\text{弧度}) = \frac{180°}{3\,000} = 0.06° \tag{5-5}$$

由式（5-5）可知，100 km 线路的 $\alpha = 6°$；而 1 500 km 长的线路，$\alpha = 50°$。

在输电线路上，电压与电流以波的形式传播，行波的相位相差为 2π 的两点间的距离称为波长，用 λ' 表示，即

$$\lambda' = \frac{2\pi}{\alpha} = \frac{2\pi}{\omega\sqrt{L_0 C_0}} = \frac{1}{f\sqrt{L_0 C_0}}$$

一条输电线路的电气长度，常用它的实际几何长度同波长之比来衡量。若线路的长度为 l，则它对于波长的相对程度为

$$l^* = \frac{l}{\lambda'} = \frac{\alpha l}{2\pi}$$

若 $l^* = 1$，即为全波长线路；若 $l^* = \frac{1}{4}$，则为 1/4 波长线路。工程上习惯常用全线的总相位常数来说明线路的电气长度，即线路电气长度用 $\lambda = \alpha l$ 表示。若 $\lambda = \alpha l = 2\pi$，则称为全波长线路；若 $\lambda = \frac{\pi}{2}$，称为 1/4 波长线路。

（一）长线路的入口阻抗

按一般情况考虑，在一条输电线路末端接有阻抗 Z_L，如图 5.3 所示。设输电线路首端的电压 $\dot{U}_1$ 和电流为 $\dot{I}_1$，线路末端的电压 $\dot{U}_2$ 和电流为 $\dot{I}_2$，线路波阻抗和长度为 Z_C、l，输电线路的入口阻抗为 Z_λ，即从线路首端看进去的等效阻抗。

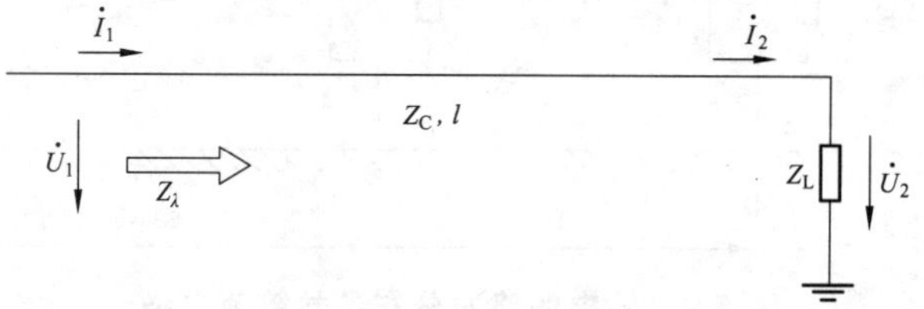

图 5.3　末端接有阻抗的输电线路

由长线方程及线路末端的电压与电流关系，可列出如下方程：

$$\dot{U}_1 = \dot{U}_2 \cos\alpha l + j\dot{I}_2 Z_C \sin\alpha l = Z_L \dot{I}_2 \cos\lambda + j\dot{I}_2 Z_C \sin\lambda$$

$$\dot{I}_1 = \dot{I}_2 \cos\alpha l + j\frac{\dot{U}_2}{Z_C}\sin\alpha l = \dot{I}_2 \cos\lambda + \frac{j\dot{I}_2 Z_L}{Z_C}\sin\lambda$$

若输电线路末端接的阻抗 Z_L 为感抗，即 $Z_L = jX_L$，则按入口阻抗的定义，可得

$$Z_\lambda = \frac{\dot{U}_1}{\dot{I}_1} = \frac{jX_L\cos\lambda + jZ_C\sin\lambda}{\cos\lambda - \dfrac{X_L}{Z_C}\sin\lambda} = jZ_C\frac{\dfrac{X_L}{Z_C}\cos\lambda + \sin\lambda}{\cos\lambda - \dfrac{X_L}{Z_C}\sin\lambda}$$

令 $\tan\varphi = \dfrac{X_L}{Z_C}$，$\tan\beta = \dfrac{Z_C}{X_L}$，且有 $\varphi + \beta = 90°$，入口阻抗可表达为

$$Z_\lambda = jZ_C \frac{\tan\varphi\cos\lambda + \sin\lambda}{\cos\lambda - \tan\varphi\sin\lambda} = jZ_C\tan(\lambda + \varphi) = -jZ_C\cot(\lambda - \beta) \tag{5-6}$$

当线路末端短路时，即 $X_L = 0$，$\varphi = 0$，入口阻抗为

$$Z_\lambda = jZ_C\tan\lambda = Z_{\lambda d} \tag{5-7}$$

在这种情况下，当 $\lambda < 90°$ 时，$Z_{\lambda d}$ 为感性；当 $\lambda > 90°$ 时，$Z_{\lambda d}$ 为容性。一般架空线路 $l < 1\,500$ km，故 $Z_{\lambda d}$ 为感性。如果线路很短，λ 以弧度计，则 $\tan\lambda \approx \lambda$，得

$$Z_{\lambda d} \approx jZ_C\lambda = j\sqrt{\frac{L_0}{C_0}}\omega l\sqrt{L_0 C_0} = j\omega L_0 l$$

上式表明，短线路的末端短路时，对地电容可忽略不计，只剩下导线电感。

当线路末端开路时，即 $X_L \to \infty$，$\beta = 0$，入口阻抗为

$$Z_\lambda = -jZ_C\cot\lambda = Z_{\lambda k} \tag{5-8}$$

当 $\lambda < 90°$ 时，$Z_{\lambda k}$ 为容性；当 $\lambda > 90°$ 时，$Z_{\lambda k}$ 为感性。对于一般长度的架空线路，线路末端开路时，其入口阻抗呈容性。

由式（5-7）和式（5-8）可知

$$Z_C = \sqrt{Z_{\lambda d}Z_{\lambda k}},\ \tan\lambda = \sqrt{\left|\frac{Z_{\lambda d}}{Z_{\lambda k}}\right|}$$

上式表明，可通过试验的方法求得输电线路的参数 Z_C 和 λ。

若线路末端接有感抗 X_L，且满足 $\beta = \lambda$，则入口阻抗趋于无穷大。这表明，线路末端接的感抗与线路的对地电容发生了并联谐振，线路呈开路状态。

（二）空载长线路的沿线电压分布

由式（5-3）和式（5-4）可得，线路首、末端的电压和电流满足下列关系：

$$\dot{U}_1 = \dot{U}_2\cos\alpha l + j\dot{I}_2 Z_C\sin\alpha l = \dot{U}_2\cos\lambda + j\dot{I}_2 Z_C\sin\lambda \tag{5-9}$$

$$\dot{I}_1 = \dot{I}_2\cos\alpha l + j\frac{\dot{U}_2}{Z_C}\sin\alpha l = \dot{I}_2\cos\lambda + \frac{j\dot{U}_2}{Z_C}\sin\lambda \tag{5-10}$$

对于空载线路，$\dot{I}_2 = 0$，则由式（5-9）可求得

$$\dot{U}_2 = \frac{\dot{U}_1}{\cos\alpha l} \tag{5-11}$$

式（5-11）表明，线路长度 l 越长，线路末端工频电压升高得越厉害。对于架空线路，$l = 1\,500$ km 时，$U_2 \to \infty$，此时线路处于谐振状态，这也被称为 1/4 波长谐振。

对于空载线路，$\dot{I}_2 = 0$，并将式（5-1）代入式（5-3），可得

$$\dot{U}_X = \frac{\dot{U}_1}{\cos\lambda}\cos\alpha X \qquad\qquad （5\text{-}12）$$

这表明无损耗空载长线路的沿线电压按余弦规律分布，线路末端电压最高。沿线电压分布如图 5.4 所示。

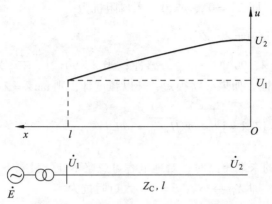

图 5.4　空载长线路的沿线电压分布曲线

若考虑电源漏抗，系统接线如图 5.5 所示。线路首段边界条件有

$$\dot{E} - \mathrm{j}X_S\dot{I}_1 = \dot{U}_1 \qquad\qquad （5\text{-}13）$$

将式（5-13）代入式（5-9），并考虑空载线路 $\dot{I}_2 = 0$；可得

$$\dot{U}_2 = \frac{\dot{E}}{\cos\alpha l - \dfrac{X_S}{Z_C}\sin\alpha l} = \frac{\dot{E}\cos\varphi}{\cos(\lambda+\varphi)} \qquad\qquad （5\text{-}14）$$

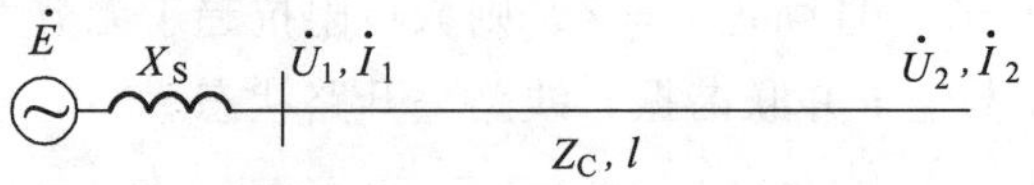

图 5.5　考虑电源漏抗的系统接线图

式中　　$\tan\varphi = \dfrac{X_S}{Z_C}$；　$\lambda = \alpha l$。

由式（5-14）分析可知，电源抗漏 X_S 的存在加剧了空载长线路末端的电压升高。这是因为线路电容电流流过电源漏抗 X_S 时会产生电压升高，使线路首段电压 $\dot{U}_1$ 高于电源电势。X_S 的存在犹如增加了线路长度。

在单电源供电系统中，应以最小运行方式的 X_S 为依据，估算最严重的工频电压升高。对于两端供电的长线路系统，进行线路操作时，应遵循一定的操作程序：线路合闸时，先合电源容量较大的一侧，后合电源容量较小的一侧；线路切除时，先切除电源容量较小的一侧，后切除电源容量较大的一侧，这样操作能降低电容效应引起的工频电压升高。

（三）并联电抗器的均压作用

假定在长线路的末端接有并联电抗器，接线如图 5.6 所示。

线路末端不接负载，则有

$$\dot{I}_2 = \frac{\dot{U}_2}{\mathrm{j}X_L} \tag{5-15}$$

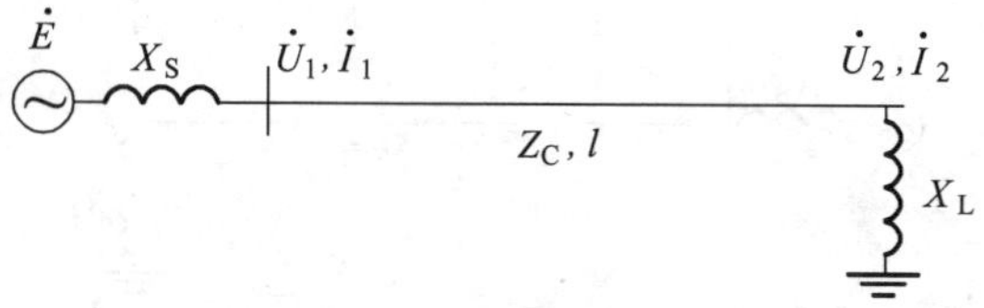

图 5.6 并联电抗器接在空载线路末端

将式（5-13）和式（5-15）代入式（5-9）和式（5-10），可得

$$
\begin{aligned}
\dot{U}_2 &= \frac{\dot{E}}{\left(1+\dfrac{X_S}{X_L}\right)\cos\lambda+\left(\dfrac{Z_C}{X_L}-\dfrac{X_S}{Z_C}\right)\sin\lambda} \\
&= \frac{\dot{E}}{\left(1+\dfrac{\tan\varphi}{\tan\beta}\right)\cos\lambda+(\tan\beta-\tan\varphi)\sin\lambda} = \frac{\dot{E}\cos\varphi\cos\beta}{\cos(\lambda+\varphi-\beta)}
\end{aligned} \tag{5-16}
$$

式中，$\tan\varphi = \dfrac{X_S}{Z_C}$；$\tan\beta = \dfrac{Z_C}{X_L}$。

由式（5-16）可知，当线路末端有并联电抗器时，线路末端电压将随电抗器的容量增大而下降。这是因为并联电抗器的电感能补偿线路的对地电容，减小了流经线路的电容电流，削弱了电容效应。

空载线路末端接并联电抗器后，沿线电压将按下式规律分布：

$$U_X = U_2\cos\alpha X + \mathrm{j}\dot{I}_2 Z_C\sin\alpha X = \dot{U}_2\cos\lambda_x + \mathrm{j}\dot{I}_2 Z_C\sin\lambda_x = \frac{\dot{E}\cos\varphi\cos(\lambda_x-\beta)}{\cos(\lambda+\varphi-\beta)}$$

其中 $\lambda_x = \alpha X$。

分析式（5-17）可知，沿线电压最大值应出现在处，线路最高电压为

$$\dot{U}_\beta = \frac{\dot{E}\cos\varphi}{\cos(\lambda+\varphi-\beta)}$$

在输电线路末端并接电抗器后，沿线电压分布曲线如图 5.7 所示，图中曲线 1 为不接电抗器的沿线电压分布，曲线 2 为接有电抗器的沿线电压分布。由图可知，系统并接电抗器能有效降低工频电压的升高。

在超高压输电系统中，常用并联电抗器限制工频电压升高。并联电抗器可以接在长线路的末端，也可以接在线路的首端和输电线的中部，线路上接有并联电抗器后，沿线电压分布将随着电抗器的位置不同而各异。

并联电抗器的作用不仅是限制工频电压升高，还涉及系统稳定、无功平衡、潜洪电流、调相调压、自励磁及非全相状态下的谐振等方面。

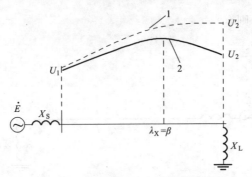

图 5.7　沿线电压分布曲线示意图

二、不对称接地引起的工频过电压

不对称接地是输电线路中最常见的故障形式。当系统发生单相或两相不对称对地短路故障时，短路引起的零序电流会使健全相上出现工频电压升高，其中单相接地时非故障相的电压可达较高的数值，若同时发生健全相的避雷器动作，则要求避雷器能在较高的工频电压作用下熄灭工频续流。因此，单相接地时工频电压升高值是确定避雷器灭弧电压的依据。下面就以单相接地为例进行分析。

在系统发生单相接地故障时，故障点各相电压和电流是不对称的，可以采用对称分量法，利用复合序网进行分析计算非故障相的电压升高。

设电网中发生 A 相接地，其系统接线与序网如图 5.8 所示。序网图中 Z_1、Z_2、Z_0 分别为从故障点看进去的电网正序、负序、零序入口阻抗，E_A 为正常运行时故障点处 A 相电压（正序）。A 相发生接地时，故障点的边界条件为

$$\dot{U}_A = 0$$

$$\dot{I}_B = \dot{I}_C = 0$$

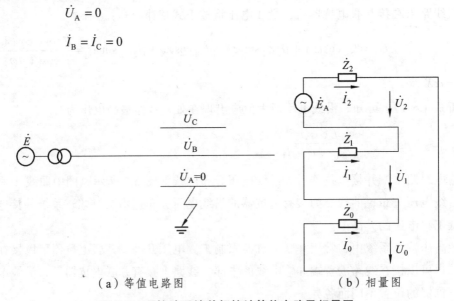

（a）等值电路图　　　　　　　　（b）相量图

图 5.8　不接地系统单相接地等值电路及相量图

由边界条件可得，计算单相接地的序网应按图 5.8（b）连接，于是正序、负序、零序电

流满足下列关系：

$$I_1 = I_2 = I_0 = \frac{E_A}{Z_1 + Z_2 + Z_0}$$

对应电压的关系式为

$$U_1 = E_A - Z_1 I_1$$

$$U_2 = -Z_2 I_2$$

$$U_0 = -Z_0 I_0$$

式中，U_1、U_2 和 U_0 及 I_1、I_2 和 I_0 分别为序网中电压、电流的正序、负序和零序分量。

故障点处，健全相电压可分别由下列公式计算：

$$U_B = a^2 U_1 + a U_2 + U_0 = \frac{(a^2 - 1)Z_0 + (a^2 - a)Z_2}{Z_1 + Z_2 + Z_0} E_A \tag{5-17}$$

$$U_C = \frac{(a - 1)Z_0 + (a - a^2)Z_2}{Z_1 + Z_2 + Z_3} E_A \tag{5-18}$$

式中　$a = e^{j\frac{2\pi}{3}}$。

式（5-17）和式（5-18）表明，系统发生单相接地故障时，健全相的电压升高与故障点看进去的正序、负序、零序入口阻抗有关。电网的入口阻抗由长线路、变压器和发电机参数组成。长线路和变压器的正序阻抗一般等于负序阻抗，而发电机的正序阻抗则与负序阻抗不同，但是对于较大电源容量的系统，发电机在入口阻抗中所占的比重不大，故可认为 $Z_1 \approx Z_2$。若忽略各序阻抗中的电阻分量，则式（5-17）、式（5-18）可简化为

$$\dot{U}_B = \frac{(a^2 - 1)X_0 + (a^2 - a)X_1}{2X_1 + X_0} \cdot E_A$$

$$= \frac{(a^2 - a) + (a^2 - 1)\frac{X_0}{X_1}}{2 + \frac{X_0}{X_1}} E_A = \left[\frac{-1.5\frac{X_0}{X_1}}{2 + \frac{X_0}{X_1}} - j\frac{\sqrt{3}}{2} \right] E_A \tag{5-19}$$

$$U_C = \left[\frac{-1.5\frac{X_0}{X_1}}{2 + \frac{X_0}{X_1}} + j\frac{\sqrt{3}}{2} \right] E_A \tag{5-20}$$

由式（5-19）和式（5-20）可得

$$U_B + U_C = U_{xg} \sqrt{\left[\frac{1.5\frac{X_0}{X_1}}{2 + \frac{X_0}{X_1}} \right]^2 + \frac{3}{4}} = \alpha U_{xg} \tag{5-21}$$

式中　α——接地系数。

$$\alpha = \sqrt{\left[\dfrac{1.5\dfrac{X_0}{X_1}}{2+\dfrac{X_0}{X_1}}\right]^2 + \dfrac{3}{4}} = \sqrt{\left[\dfrac{1.5K}{2+K}\right]^2 + \dfrac{3}{4}} \qquad (5\text{-}22)$$

式中　$K = X_0/X_1$。

α 的数值只与从故障点看进去的系统的零序电抗与正序电抗的比值 X_0/X_1 有关，而 X_0/X_1 的数值取决于系统中性点的接地方式，因此将 α 命名为接地系数。

由式（5-22）可见，故障时健全相电压升高取决于接地系数 α。α 越大，则电压升高越严重。通常，超高压系统中正序电阻 R_1 可以忽略不计，而零序电阻 R_0 往往对工频电压升高有一定影响。由式（5-19）、式（5-20）计算可知，U_C 将高于 U_B。如图 5-9 所示为 A 相发生接地故障时健全相的工频电压升高与 X_0/X_1 的关系曲线。

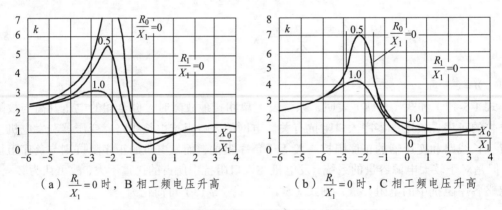

（a）$\dfrac{R_1}{X_1}=0$ 时，B 相工频电压升高　　　　（b）$\dfrac{R_1}{X_1}=0$ 时，C 相工频电压升高

图 5.9　A 相发生接地故障时健全相的工频电压升高

从图 5.9 中以及由式（5-23）计算可知，当 $|X_0/X_1|$ 趋于无穷大时，健全相的电压趋于极限值 $\sqrt{3}U_{xg}=U_e$（系统线电压）；当 X_0/X_1 为不大的正值时，健全相的电压低于 U_e；当 X_0/X_1 在 $(-20 \sim -1)$ 范围内，曲线具有特殊形状，不考虑损耗时，健全相电压在 $X_0/X_1 = -2$ 处趋于无穷大。显然，在选择系统的中性点接地方式时，应尽量避免这种运行状态。下面分析系统不同接地方式，单相接地引起的工频过电压水平。

（一）中性点不接地系统

中性点不接地系统包括两种情况：中性点绝缘和中性点经消弧线圈接地的系统。中性点绝缘时，X_0 主要由线路容抗决定，因此一定是负值；X_1 是系统的正序电抗，其中包括电机的同步电抗、变压器漏抗及线路感抗等，一般是电感性的。通常 X_0/X_1 的值是处在 $(-\infty \sim -20)$ 的范围内，单相接地时非故障点的工频电压升高约 1.1 倍线电压。特殊情况下人为地加大线路对地电容时，应该核算加大电容值，以使 X_0/X_1 不在 $(-1 \sim -20)$ 的范围内。中性点经消弧线圈接地的系统，即在系统中性点与地之间接一个电感线圈 C_L，用以补偿零序电容，当 L 的感抗

$X_L > \dfrac{1}{3\omega C_0}$（$C_0$ 为每相零序电容）时，处于欠补偿运行方式，X_0 为很大的负值，X_0/X_1 在 $-\infty$ 附近；$X_L < \dfrac{1}{3\omega C_0}$ 时，处于过补偿运行方式，X_0 为很大的正值，X_0/X_1 在 $+\infty$ 附近。这时非故障相电压将升至线电压。

（二）中性点直接接地或经低阻抗接地

中性点直接接地或经低阻抗接地系统的零序电抗是感抗，而系统的正序电抗是感性的，所以 X_0/X_1 是正值。这时非故障相的电压随着 X_0/X_1 值的增大而上升。超高压系统采取中性点直接接地方式时，由于考虑继电保护和系统稳定等方面的要求，一般要求 $X_0/X_1 \leqslant 3$，其故障相电压升高不大于 0.8 倍线电压。

三、甩负荷引起的工频过电压

当线路重负荷运行时，由于某种原因（如系统发生接地短路故障）断路器将跳闸甩掉负荷。甩负荷前，由于线路上输送着相当大的有功及感性无功功率，因此系统电源电势必然高于母线电压。甩负荷后，根据磁链不变原理，电源暂态电势 L_0 将维持原来数值，再加上甩负荷后形成的空载线路电容效应以及发电机超音速造成的电势和频率上升，将产生较高的工频过电压。

系统甩负荷时的等值电路如图 5-10 所示。设输电线路长 l，相位系数 α，波阻抗 Z_C，甩负荷前的受端（末端）复功率为 $P-jQ$，发电机的暂态电势为 $\dot{E}'_d$。

甩负荷前瞬间的线路首端稳态电压为

$$\dot{U}_1 = \dot{U}_2 \cos\alpha l + jZ_C \dot{I}_2 \sin\alpha l + jZ_C \frac{P-jQ}{\dot{U}_2}\sin\alpha l$$

$$= U_2 \cos[1+j\tan\alpha l(P^* - jQ^*)]$$

式中，带*的是以 $P_0 = \dfrac{U_2^2}{Z_C}$ 为基准的标么值。

同样，甩负荷前的首端稳态电流为

$$\dot{I}_1 = \dot{I}_2 \cos\alpha l + j\frac{U_2}{Z_C}\sin\alpha l$$

$$= j\frac{\dot{U}_2}{Z_C}\sin\alpha l[1 - j\cot\alpha l(P^* - jQ^*)]$$

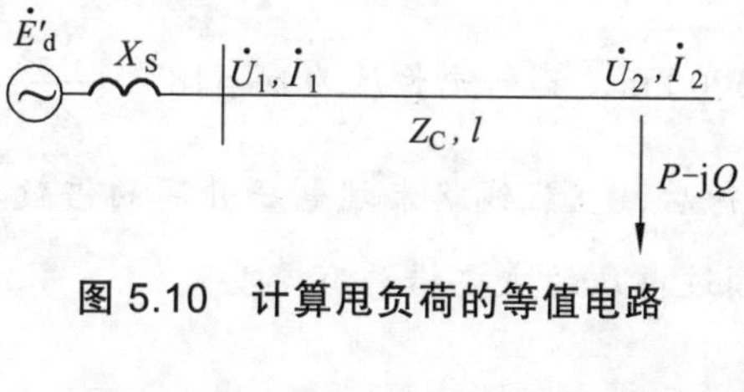

图 5.10 计算甩负荷的等值电路

由等值电路可知，$\dot{E}'_d = \dot{U}_1 + jX_s\dot{I}_1$，并将上两式代入可得甩负荷瞬间的电源暂态电动势的表达式为

$$\dot{E}'_d = U_2\cos\alpha l\left[1 + Q^*\frac{X_S}{Z_C} + \left(Q^* - \frac{X_S}{Z_C}\right)\tan\alpha l + jP^*\left(\frac{X_S}{Z_x} + \tan\alpha l\right)\right]$$

$\dot{E}'_d$ 的模值为

$$\dot{E}'_d = U_2\cos\alpha l\sqrt{\left[\left(1 + Q^*\frac{X_S}{Z_C}\right) + \left(Q^* - \frac{X_S}{Z_C}\right) + \tan\alpha l\right]^2 + \left[P^*\left(\frac{X_S}{Z_C} + \tan\alpha l\right)\right]^2}$$

设甩负荷后发电机的短时超速使系统频率 f 增至原来的 S_f 倍，则暂态电势 $\dot{E}'_d$、线路相位系数 α 及电源阻抗均按比例 S_f 成正比增加。

由式（5-14），可得甩负荷后线路末端的电压表达式为

$$\dot{U}'_2 = \frac{S_f\dot{E}'_d}{\cos S_f\alpha l - \dfrac{S_f X_S}{Z_C}\sin S_f\alpha l}$$

甩负荷后，空载线路末端电压升高的倍数为

$$K_2 = \frac{U'_2}{U_2}$$

式中 U'_2——甩负荷前线路末端的电压。

习题 5.1

5-1 电力系统中产生工频过电压的主要原因有哪些？

5-2 为什么在超高压、特高压电网中特别重视工频过电压？

5-3 某 500 kV 线路，线路长 400 km，线路波阻抗 $Z_C = 260\,\Omega$，电源漏抗为 $X_S = 100\,\Omega$，并联电抗器 $X_L = 1\,034\,\Omega$，电源电动势为 E。求线路末端接或不接电抗器时，沿线最高电压和末端电压与电源电动势的比值。

5-4 某 500 kV 输电线路 $l_m = 400$ km，电源电势为 E，线路正序波阻抗 $Z_{C1} = 260\,\Omega$，零序波阻抗 $Z_0 = 500\,\Omega$，线路正序波速 $v = 3\times10^5$ km/s、线路零序波速 $v_0 = 2\times10^5$ km/s，电源正序漏抗 $X_{S1} = 100\,\Omega$、电源零序漏抗 $X_{S0} = 50$。试求该线路空载发生 A 相末端接地时，线路末端健全相的电压升高倍数。

5-5 某超高压线路长 300 km，其电气长度为 $al = 18°$，$\dfrac{X_S}{Z_C} = 0.3$，$P^* = 0.7$，$Q^* = 0.22$，甩负荷后 $S_f = 1.05$。求甩负荷后，空载线路末端电压升高的倍数。

5-6 限制电力系统工频过电压的主要措施有哪些？

任务二　线性谐振过电压

电力系统中有许多电感元件和电容元件，例如，电力变压器、电磁互感器、发电机、消弧线圈、线路导线电感、电抗器等为电感元件，而线路导线对地和相间电容、补偿用的并联和串联电容器以及各种高压设备的杂散电容则为电容元件。这些电感和电容元件均为储能元件，可形成各种不同的谐振回路，在一定的条件下，可产生不同类型的谐振现象，引起谐振过电压。

谐振是指振荡系统中的一种周期性的或准周期性的运行状态，其特征是某一个或几个谐波电压幅值和电流幅值的急剧上升。复杂的电感、电容电路可以有一系列的自振频率，而电源中也往往含有一系列的谐波。因此，只要某部分电路的自振频率与电源的谐波频率之一相等（或接近）时，这部分电路就会出现谐振现象。在通常的情况下，发生串联谐振时会在电网中的某一部分产生谐振过电压。

电力系统的谐振过电压不仅会在操作时的过渡过程中产生，而且可能在过渡过程结束以后较长时间内稳定地存在，直至进行新的操作破坏原回路的谐振条件为止。正是因为谐振过电压的持续时间长，所以危害也大。谐振过电压不仅会危及电器设备的绝缘，还可能产生持续的过电流而烧毁设备，而且还可能影响过电压保护装置的工作条件。

电力系统中的有功负荷是阻尼振荡和限制谐振过电压的有利因素，通常只有在空载或轻载的情况下才发生谐振。但对于零序回路参数配合不当而形成的谐振，系统的正序有功负荷是不起阻尼作用的。

在不同电压等级以及不同结构的电力系统中，会产生情况各异的谐振过电压。电力系统中的电阻和电容元件，一般可认为是线性参数，而电感元件则有线性、非线性和时变参数之分。由于振荡回路中包含不同特性的电感元件，相应的电力系统中的谐振过电压按其性质可以分为以下三种类型：

（1）线性谐振过电压，即线性谐振电路中的参数都是常数。谐振回路由不带铁芯的电感元件（如输电线路的电感、变压器的漏感）或励磁特性接近线性的带铁芯的电感元件（如消弧线圈）和系统中的电容元件所组成。在交流电源作用下，当系统的自振频率与电源频率相等或接近时，可能引起线性谐振现象，这时产生的过电压称线性谐振过电压。

（2）非线性（铁磁）谐振过电压，即电力系统中最典型的非线性元件是铁芯电感。非线性谐振回路由带铁芯的电感元件（如空载变压器、电磁式电压互感器）和系统的电容元件组成。通常将这种非线性谐振称作铁磁谐振。这类铁磁电感参数不再是常数，而是随着电流或磁通的变化而变化。铁磁谐振现象和线性谐振相比较，有许多特点。

（3）参数谐振过电压，即参数谐振是因系统中电感元件参数在外力影响下发生周期性变化而引起的。通常是由作周期性变化的发动机等值电感元件与系统的电容元件组成的谐振回路。在系统参数的配合下，变化的电感周期性地把系统能量不断地引入谐振回路，而形成过电压。

一、线性谐振的条件

线性谐振在电路理论中已介绍过，是大家比较熟悉的谐振现象。如图 5.11 所示，由线性电感、电容和电阻元件组成的串联谐振回路。当电路的自振频率接近交流电源的频率时，就会发生串联谐振现象。这时在电感或电容元件上产生很高的过电压，称为**线性谐振过电压**。因此串联谐振也称作**电压谐振**。从过电压角度，应特别重视这种串联谐振现象。

下面利用图 5.11 分析串联谐振现象。设电源电势 $e(t) = \sqrt{2}E\sin(\omega t + \varphi)$，稳态时回路中的电流为

$$I = \frac{E}{\sqrt{R^2 + \left(\omega L - \dfrac{1}{\omega C}\right)^2}}$$

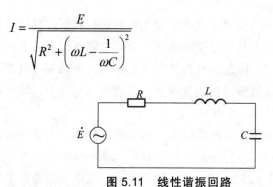

图 5.11　线性谐振回路

电感 L 和电容 C 上的电压可分别表示为

$$U_L = I\omega L = \frac{E}{\sqrt{\left(\dfrac{R}{\omega L}\right)^2 + \left[1 - \left(\dfrac{\omega_0}{\omega}\right)^2\right]^2}} = \frac{E}{\sqrt{\left(\dfrac{2\mu}{\omega_0} \cdot \dfrac{\omega_0}{\omega}\right) + \left[1 - \left(\dfrac{\omega_0}{\omega}\right)^2\right]^2}} \tag{5-23}$$

$$U_C = \frac{1}{\omega C} = \frac{E}{\sqrt{(R\omega C)^2 + \left[1 - \left(\dfrac{\omega}{\omega_0}\right)^2\right]^2}} = \frac{E}{\sqrt{\left(\dfrac{2\mu}{\omega_0} \cdot \dfrac{\omega}{\omega_0}\right)^2 + \left[1 - \left(\dfrac{\omega}{\omega_0}\right)^2\right]^2}} \tag{5-24}$$

式中　μ ——回路的阻尼率，$\mu = \dfrac{R}{2L}$；

ω_0 ——回路的自振角频率，$\omega_0 = \dfrac{1}{\sqrt{LC}}$。

按照式（5-23）和式（5-24），可画出在不同的回路阻尼 $\dfrac{\mu}{\omega_0}$ 下，电感和电容上的电压与 $\dfrac{\omega}{\omega_0}$ 的关系曲线。如图 5.12 所示表示了电容元件上电压的这种关系曲线。从图 5.12 中可看到，当 ω_0 与 ω 比较接近时，在电容元件上会产生较高的过电压。下面分别就电路处于谐振和接近谐振两种状态下的过电压幅值进行讨论。

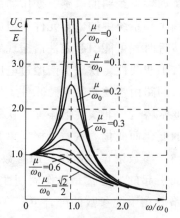

图 5.12　R、L、C 串联回路中，电容上的电压与 ω_0 / ω 的关系

（1）回路参数满足 $\omega L = \dfrac{1}{\omega C}$，即 $\omega_0 = \omega$。这时回路中的电流只受电阻 R 限制，回路电流为 $I = \dfrac{E}{R}$，电感上的电压等于电容上的电压，其表达式为

$$U_L = U_C = I \cdot \frac{1}{\omega C} = \frac{E}{R}\sqrt{\frac{L}{C}} \tag{5-25}$$

当回路电阻的 R 较小时，会产生极高的谐振过电压。

（2）$\omega < \omega_0$，即回路中 $\dfrac{1}{\omega C} > \omega L$。此时，回路为容性工作状态。当回路电阻 R 很小，可以忽略时，$U_L = U_C - E$。根据式（5-24），电容上的电压为

$$U_C = \frac{E}{1 - \left(\dfrac{\omega}{\omega_0}\right)^2} \tag{5-26}$$

电容上的电压 U_C 总是大于电源电压 E。这种非谐振状态的工作电压升高的现象，称作电感-电压效应，或简称电容效应。

（3）$\omega > \omega_0$，即回路中 $\dfrac{1}{\omega C} < \omega L$。这时回路为感性工作状态。当忽略不计回路电阻时，$U_C = U_L - E$。由式（5-24），电容上的电压为

$$U_C = \frac{E}{\left(\dfrac{\omega}{\omega_0}\right)^2 - 1} \tag{5-27}$$

当 $\dfrac{\omega}{\omega_0} \leqslant \sqrt{2}$ 时，电容上的电压会等于或大于电源电压 E，而且随着 $\dfrac{\omega}{\omega_0}$ 的增大，过电压会很快地下降。

在电力系统中，可能发生的线性谐振，除了空载长线路及不对称接地故障时的谐振之外，还有消弧线圈补偿网络的谐振、超高压补偿系统的谐振及传递引起的过电压等。

二、消弧线圈补偿网络中的谐振

在中性点不接地的配电网中，消弧线圈的主要作用是补偿系统单相接地故障的短路电流。消弧线圈是带气隙的铁芯电感，接在变压器的中性点上，其补偿作用如图 5.13 所示电路图说明。

图 5.13（a）为中性点不接地电网发生单相接地时的等值电路图，图中 $C_1 = C_2 = C_3 = C_O$ 为三相输电线路的对地电容。设电源变压器的三相输出电压分别对称为 U_A、U_B、和 U_C，当不接消弧线圈时，电源中心"N"对地绝缘，如果系统发生单相接地（见图 5.13 中 A 相）时，则非故障相（见图 5.13 中 B、C 相）对地电压升至线电压 $\sqrt{3}U_{xg}$，流过故障点的电流 I_{jd} 等于非故障相的对地电容电流向量和，如图 5.13（b）所示。

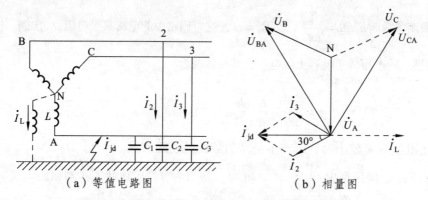

（a）等值电路图　　　　　　　　（b）相量图

图 5.13　不接地系统单相接地等值电路图及相量图

即　　　　　　　　　$\dot{I}_{jd} = \dot{I}_2 + \dot{I}_3$

其模值为

$$I_{jd} = I_2 \cos 30° + I_3 \cos 30° = 2I_2 \cos 30°$$

$$= 2\sqrt{3} U_{xg} \omega C_0 \cos 30° = 3\omega C_0 U_{xg} \tag{5-28}$$

对于 35 kV 及以下的架空线路，每公里导线的对地电容 C_0 约为 5 000 pF，故 10 kV 线路的 $I_{jd} \approx 0.03\,\text{A/km}$，35 kV 线路的 $I_{jd} \approx 0.01\,\text{A/km}$。系统运行经验表明，当 10 kV 线路的 I_{jd} 不超过 30 A（即架空线路长度不超过 1 000 km）和 35 kV 线路 I_{jd} 不超过 10 A（即架空线路长度不超过 100 km）时，接地电弧一般能够自熄，这可避免单相电弧接地故障跳闸，这是中性点不接地电网的优点。但当 I_{jd} 超过上述允许值时，接地电弧往往不能自熄，并将产生间歇性电弧接地过电压。在这种情况下，我国电力行业规程规定，需在变压器中性点上接消弧线圈 L。当系统中性点接有消弧线圈时，单相接地时流过消弧线圈的电流为 $I_L = \dfrac{U_{xg}}{\omega L}$ 由图 5.13（b）的相量图可知，该电流恰好与 I_{jd} 反相，从而减小了流过接地故障点的电流。这时流过故障点的电流 I_C 称为残流，其表达式为

$$I_C = I_{jd} - I_L$$

系统中性点接有消弧线圈后，流过故障点的电流大小由消弧线圈提供的感性电流决定，即取决于消弧线圈的补偿额度。消弧线圈的补偿可由下列脱谐度 ν_C 表示：

$$\nu_C = \frac{I_C}{I_{jd}} = \frac{I_{jd} - I_L}{I_{jd}} = 1 - \frac{1}{3\omega^2 C_0 L} = 1 - \left(\frac{\omega_0}{\omega}\right)^2 \tag{5-29}$$

式中　　ω_0——零序回路的自振角频率。

$$\frac{\omega_0}{\omega} = \frac{1}{\omega\sqrt{3C_0 L}} = \sqrt{1 - \nu_C} \tag{5-30}$$

若 $I_L = I_{jd}$，则 $I_C = 0$，$\nu_C = 0$，$\omega_0 = \omega$，称为全补偿；如果 $I_L > I_{jd}$，即补偿电流大于电容电流，这时 $\nu_C < 0$，$\omega_0 > \omega$，称为过补偿；当 $I_L < I_{jd}$ 时，$\nu_C > 0$，$\omega_0 < \omega$，称为欠补偿。

当系统装设消弧线圈后，要求残流不超过 5～10 A，以保证接地电弧够自熄，此时 v_C 值很小，由式（5-30）可知 $\omega_0 \approx \omega$，这表明利用消弧线圈灭弧后，故障相恢复电压的自由震荡的角频率 ω_0 与系统电源额定角频率 ω 相接近，故恢复电压将以拍频的规律缓慢上升，从而可以保证电弧不再发生重燃和最终趋于熄灭，使系统恢复正常运行。系统装设消弧线圈后，熄弧后故障点的恢复电压 $u_h(t)$ 可以用下式表示

$$u_h(t) = U_A(\cos\omega t - e^{-at}\cos\omega_o t) \tag{5-31}$$

式（5-31）中右边第一项为稳态分量，即 A 相电源电压；第二项为自由振荡分量，a 为电网的衰减系数。在全补偿时 $\omega_0 = \omega$，a 很小，故 $u_h(t)$ 以拍频的规律缓慢上升，有利于电弧熄灭并恢复系统正常。

由上述分析可知，消弧线圈的功能有：补偿系统单相接地电容电流；延缓恢复电压的上升速度促使电弧自熄。

此外，就减小残流、熄灭接地电弧来说，消弧线圈的脱谐度 v_C 越小越好。但实际系统中消弧线圈又不宜运行在全补偿状态，因为在系统正常运行时，由于电网三相对地电容不对称，可能在系统中性点上出现较大的位移电压 U_N。当系统接入消弧线圈后，恰好形成零序谐振回路，且 $\omega_0 \approx \omega$，则在系统位移电压 U_N 的作用下将发生线性谐振现象。

系统正常运行，中性点接有消弧线圈后，由图 5.13（a）（系统无接地故障），利用节点电位法对节点 N 可列出下列方程：

$$Y_1(\dot{U}_A + \dot{U}_N) + Y_2(\dot{U}_B + \dot{U}_N) + Y_3(\dot{U}_C + \dot{U}_N) + Y_L\dot{U}_N = 0$$

解之得

$$\dot{U}_N = -\frac{Y_1\dot{U}_A + Y_2\dot{U}_B + Y_3\dot{U}_C}{Y_1 + Y_2 + Y_3 + Y_L}$$

若不考虑系统损耗，上式中 $Y_1 = j\omega C_1$，$Y_2 = j\omega C_2$，$Y_3 = j\omega C_3$，$Y_L = -j\dfrac{1}{\omega L}$。代入上式可得

$$\dot{U}_N = -\frac{j\omega(C_1\dot{U}_A + C_2\dot{U}_B + C_3\dot{U}_C)}{j\omega(C_1 + C_2 + C_3) - j\dfrac{1}{\omega L}} = -\frac{j\omega(C_1\dot{U}_A + C_2\dot{U}_B + C_3\dot{U}_C)}{j\omega 3C_0 - j\dfrac{1}{\omega L}} \tag{5-32}$$

式中 $C_0 = \dfrac{C_1 + C_2 + C_3}{3}$。

通常系统三相电源是对称的，即 $U_A + U_B + U_C = 0$，由于导线对地面的不对称布置，各相对地电容一般并不相等，即 $C_1 \neq C_2 \neq C_3$。这样 $(C_1\dot{U}_A + C_2\dot{U}_B + C_3\dot{U}_C)$ 将不等于零。而当消弧线圈 L 调谐致使脱谐度 $v_C = 0$ 时，由式（5-29）有 $\omega L = \dfrac{1}{3\omega C_0}$，将该条件代入式（5-32），会使其分母等于零，于是系统中性点位移电压 U_N 将显著上升，其具体数值将由电网中的损耗决定。这是由于消弧线圈调谐不当，系统发生了谐振现象。

通过上述分析可知，接入消弧线圈能起到补偿单相接地故障电流的作用，并能降低故障

点弧隙恢复电压的上升速度，而且脱谐度越小，其补充作用越显著。但是，太小的脱谐度将导致正常运行时产生较大的中性点位移。因此，必须综合这两方面的要求确定合适的脱谐度。我国电力行业规程规定，中性点经消弧线圈接地系统应采用过补偿方式，其脱谐度不超过10%，同时还要求中性点位移电压一般不超过相电压的15%。

随着技术的进步，目前实际系统中使用的消弧线圈一般采用随调式消弧线圈，即系统正常运行时，将消弧线圈脱谐度调大，使其不放大系统的位移电压；而当系统发生单相接地故障时，自动调小脱谐度使其发挥补偿作用。但对这种调谐方式，要求消弧线圈应有快速响应，系统故障时能快速发挥补偿作用。

三、超高压补偿线路中不对称操作引起的谐振

在超高压电网中，为抑制空载长线路的重合闸过电压，一般采用单项自动重合闸，即电网中单相断路器操作是一种正常的不对称操作，而且超高压电网并联电抗器的补偿度通常在60%以上，当系统发生不对称操作情况时，会使健全相对断开相的相间电容与断开相的对地电抗器形成串联谐振回路，由于电抗器的线性度很高，这种电感、电容效应将会产生较高的工频过电压，使得故障开断相的工频接地电弧（潜洪电流）不能熄灭，自动重合闸失败。

下面以空载长线路末端接电抗器，发生 A 相开断的情况为例，讨论电网不对称开断引起的工频谐振，其电网等值接线如图 5.14 所示。

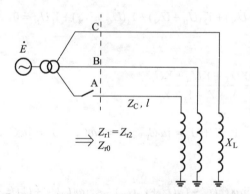

图 5.14   求长线单相开断后谐振条件的接线图

若忽略电源漏抗，并设并联电抗器的正序与零序电抗分别为 X_{L1} 和 X_{L2}，线路的正序与零序波阻抗分别为 Z_1 和 Z_0，导线的正序与零序电角度分别为 λ_1 和 λ_0。根据等值电路原理，可将图 5.14 简化为如图 5.15（a）所示的等值电路图，图中 Z_{r1} 为从线路首端求得的正序入口阻抗。为使图 5.15（a）的零序入口阻抗等于由图 5.14 的线路首端求得的 Z_{r0}，在图 5.15（a）中附加一个接地阻抗 Z_{rN}，根据等原理，Z_{rN} 应满足下列条件

$$Z_{rN} = (Z_{r0} + 3Z_{r1})/3$$

令电抗器的正序与零序补偿角为

$$\beta_1 = \arctan \frac{Z_1}{X_{L1}}, \quad \beta_0 = \arctan \frac{Z_0}{X_{L0}}$$

若忽略线路电阻，则有 $Z_{R1} = jX_{r1}$、$Z_0 = jX_{r0}$，由式（5-6）空载长线路末端接有电抗器的等值入口阻抗表达式应为

$$X_{r1} = -Z_1 \cot (\lambda_1 - \beta_1)$$
$$X_{r0} = -Z_0 \cot (\lambda_0 - \beta_0)$$

由等效电路定理，图 5.15（a）可简化为如图 5.15（b）所示的单相等值电路，由该电路可求得单相开断时，开断相（见图中 A 相）的电压表达式为

$$\dot{U}_A = -\frac{\dot{E}_A}{2} \times \frac{X_{rN}}{\frac{X_{r1}}{2} + X_{rN}} = -\frac{\dot{E}_A}{2} \times \frac{\dfrac{X_{r0} - X_{r1}}{3}}{\dfrac{X_{r1}}{2} + \dfrac{X_{r0} - X_{r1}}{3}} \tag{5-33}$$

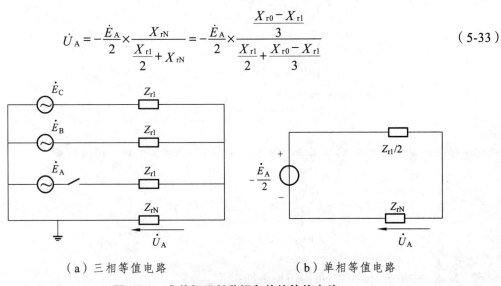

（a）三相等值电路　　　　　　　（b）单相等值电路

图 5.15　求单相开断谐振条件的等值电路

由式（5-33），可得单相开断时，电网发生谐振的条件为

$$\frac{X_{r1}}{2} + \frac{X_{r0} - X_{r1}}{3} = 0$$

即

$$X_{r1} + 2X_{r0} = 0 \tag{5-34}$$

依据入口阻抗的表达式，式（5-34）可改写为

$$Z_1 \cot(\lambda_1 - \beta_1) + 2Z_0 \cot(\lambda_0 - \beta_0) = 0$$

忽略导线电感（一般对于 400 km 以下的空载线路来说，忽略导线电感影响不大），求不对称开断发生谐振的近似值解。令导线的正序和零序电容分别 C_1 为和 C_0，相应的容抗为 $-jX_{C1}$ 和 $-jX_{C0}$，线路首端的入口阻抗为

$$X_{r1} = \frac{1}{\dfrac{1}{X_{L1}} - \dfrac{1}{X_{C1}}}$$

$$X_{r0} = \frac{1}{\dfrac{1}{X_{L0}} - \dfrac{1}{X_{C0}}}$$

代入式（5-34），即可得单相开断发生谐振的条件。

在上述条件下，开断相的电压表达式为

$$\dot{U}_A = \frac{\dot{E}_A}{2} \times \frac{X_{rN}}{\frac{X_{r1}}{2} + X_{rN}} - \dot{E}_A \times \frac{X_{r0} - X_{r1}}{2X_{r0} + X_{r1}} = -\dot{E}_A \times \frac{\frac{1}{X_{r1}} - \frac{1}{X_{r0}}}{\frac{2}{X_{r1}} + \frac{1}{X_{r0}}}$$

$$= -\dot{E}_A \times \frac{\frac{1}{X_{L1}} - \frac{1}{X_{C1}} - \frac{1}{X_{L0}} + \frac{1}{X_{C0}}}{\frac{2}{X_{L1}} - \frac{2}{X_{C1}} + \frac{1}{X_{L0}} - \frac{1}{X_{C0}}}$$

$$= -\dot{E}_A \times \frac{1 - \frac{X_{L1}}{X_{C1}} - \frac{X_{L1}}{X_{L0}} + \frac{X_{L1}}{X_{C0}}}{2 - \frac{2X_{L1}}{X_{C1}} + \frac{X_{L1}}{X_{L0}} - \frac{X_{L1}}{X_{C0}}} \qquad (5\text{-}35)$$

已知电抗器的补偿度 $T_K = \dfrac{Q_L}{Q_C} = \dfrac{X_{C1}}{X_{L1}}$，并令 $G = \dfrac{X_{L1}}{X_{L0}}$，则式（5-35）可改写成

$$U_A = -E_A \times \frac{1 - \frac{C_0}{C_1} + (G-1)T_K}{2 + \frac{C_0}{C_1} - (G+2)T_K} \qquad (5\text{-}36)$$

令式（5-36）中的分母为零，可得谐振条件：

$$T_K = \frac{2 + \frac{C_0}{C_1}}{2 + G} \qquad (5\text{-}37)$$

若电网中电抗器采用单相形式，则有 $X_{L1} = X_{L0}$，那么 $G=1$；若电网中电抗器采用三相形式，则 $X_{L0} < X_{L1}$；若有 $X_{L1} = 2X_{L0}$，那么 $G=2$。考虑输电线电容参数满足 $C_0 = \dfrac{2}{3}C_1$，由式（5-37）可得谐振时单相和三相电抗器形式的补偿度分别为 $T_{K1} = \dfrac{8}{9}$ 和 $T_{K3} = \dfrac{2}{3}$。由此估算可知，这时电网中可能发生谐振现象。

依据上述的分析方法，亦可求得双端电源与多组电抗器构成的复杂系统中，由于不对称单相开断及两相开断电网引发的谐振的条件。对于复杂电网，可根据系统参数，借助计算机进行仿真计算。

顺便指出，根据式（5-36），亦可求出消除电网谐振的条件，即令其分子项为零，这时要求 $G<1$，即要求电抗器的零序电抗大于正序电抗，实际系统就采用并联电抗器的中性点串联小电抗的方法来满足 $G<1$ 的要求。

若线路中不并联电抗器，当发生单相不对称开断时，在开断相上亦会产生感应电压。该感应电压是由非开断相与开断相的电容 C_{12} 和开断相的对地电容 C_0 分压传递而来的。

四、传递过电压

在电力系统中，当发生不对称接地故障或断路器的不同期操作时，将会出现零序电压和零序电流，通过静电和电磁耦合，会在相邻的低压平行线路中感应出传递过电压；同样，当变压器的高压绕组侧出现零序电压时，会通过绕组间的杂散电容传递至低压侧，危及低压绕组绝缘或接在低压绕组侧的电气设备。

（一）平行线路间的电压传递

在电力系统中，高、低线路平行架设的情况时有发生，最典型的是电气化铁路的高压（27.5 kV）牵引线路与铁路沿线铺设的信号电缆。在这种情况下，牵引供电线路与信号电缆处于同一电磁环境中，牵引线路中的交变电流在其周围会产生交变电磁场，通过静电耦合和电磁耦合作用，在信号电缆中将感应电压和电流，可能危及信号系统的正常运行和设备绝缘。电气化铁路的牵引供电线路与信号电缆平行铺设的接线如图 5.16 所示。

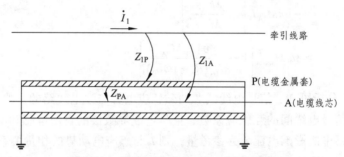

图 5.16　信号电缆屏蔽层的屏蔽原理图

由图 5.16 可以分析得知，高压牵引线路与信号电缆间存在耦合电容，而信号电缆芯线本身也有对地电容，通过这些分布电容会在信号电缆上产生静电传递电压。传递电压值与电缆间几何尺寸、电缆金属护套的连接方式等因素有关，这种影响称为容性耦合影响，也就是静电影响。在实际工程中，按相关规要求信号电缆的金属护套应接地，所以高压牵引线路与信号电缆平行铺设时，在信号电缆芯线上不会产生静电感应分量。

由图 5.16 还可以分析得知，在高压牵引线路的工作电流作用下，在空间产生交变磁场，其磁力线交链邻近信号线路，在信号线路上会产生感应电动势；或者说是由于电力电缆与信号电缆间存在互感，通过这种感性耦合在通信电缆上感应电动势。由于此感应电动势是沿着通信线路芯线轴向分布的，所以又称为纵向感应电动势。

铁路供电强电线路在信号电缆的芯线上产生感应电动势，与强电线路中的影响电流、信号电缆的金属护套屏蔽层、信号电缆的直径、信号电缆屏蔽层的接地方式以及它们之间的距离等因素有关。

下面依据图 5.16 分析信号电缆线芯纵向感应电动势的计算。设强电线路中的影响电流为 $\dot{I}_1$，Z_{1P} 为强电线路与信号电缆金属护套间的互感抗，$Z_{1P} = \mathrm{j}\omega M_{1P}$；$Z_{1A}$ 为信号电缆护套与线芯间的互感抗，$Z_{1A} = \mathrm{j}\omega M_{1A}$；$Z_{PA}$ 为信号电缆金属护套与线芯间的互感抗，$Z_{PA} = \mathrm{j}\omega M_{PA}$。

当信号电缆屏蔽层不接地时，强电线路有影响电流，会通过互感抗在信号电缆屏蔽层和线芯产生磁感应电势分别为

$$\dot{E}_{1P} = -j\omega M_{1P}\dot{I}_1 \tag{5-38}$$

$$\dot{E}_{1A} = -j\omega M_{1A}\dot{I}_1 \tag{5-39}$$

信号电缆屏蔽层两端接地时，会在 $\dot{E}_{1P}$ 的作用下，屏蔽层中产生电流为

$$\dot{I}_P = \frac{-j\omega M_{1P}\dot{I}_1}{R_P + j\omega L_P} \tag{5-40}$$

式中　　R_P ，　L_P——信号电缆屏蔽层的电阻和自电感。

屏蔽层护套内的电流 $\dot{I}_P$ 也将对线芯 A 产生感应影响，在信号电缆线芯 A 上产生感应电势为

$$\dot{E}_{PA} = -j\omega M_{PA}\dot{I}_P \tag{5-41}$$

故考虑屏蔽层作用后，信号电缆线芯的磁感应电势为

$$\begin{aligned}
\dot{E}_A = \dot{E}_{1A} + \dot{E}_{PA} &= j\omega M_{1A}\dot{I}_1 - j\omega M_{PA}\dot{I}_P \\
&= -j\omega M_{1A}\dot{I}_1\left[1 + \frac{M_{PA}\dot{I}_P}{M_{1A}\dot{I}_1}\right] \\
&= j\omega M_{1A}\dot{I}_1\left[1 - \frac{j\omega M_{1P}M_{PA}}{M_{1A}(R_P + j\omega L_P)}\right]
\end{aligned} \tag{5-42}$$

由式（5-42）分析可知，信号电缆线芯的磁感应电势与强电线路的影响电流成正比关系，还和强电线路与信号电缆间的互感应系数、信号电缆屏蔽层的自由电感和电阻有关。

若以强电线路中的影响电流 $\dot{I}_1$ 为参考量，则 $\dot{I}_1$ 与感应电动势的相量关系如 5.17 所示。图 5.17 中 $\varphi = \arctan\dfrac{\omega L_P}{R_P}$ 。

由相量关系图 5.17 还可进一步分析：当由强电线路的影响电流在线芯产生的感应电势 $\dot{E}_{1A}$ 与信号电缆屏蔽层流过的电流 $\dot{I}_P$ 在线芯产生的感应电势 $\dot{E}_{PA}$ 完全反向时，在信号电缆线芯产生的感应电势 $\dot{E}_A$ 最小。要使 $\dot{E}_{1A}$ 与 $\dot{E}_{PA}$ 反相，必须使 $\dot{I}_P$ 滞后 $\dot{E}_{1P}$ 的相角 φ 等于 90°，而由 φ 表达式可知要使 φ 趋向于 90°，一方面可使电缆屏蔽层的自电阻 R_P 趋于零，另一方面可使电缆屏蔽层的自电感 L_P 趋于无穷大。

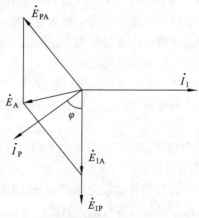

图 5.17　影响电流与感应电压的向量关系

由上述分析可知，当信号电缆屏蔽层两端接地时，屏蔽层中产生的感应电流起了去磁的作用，使电缆芯的感应电势减小，为此引入电缆屏蔽系数的概念。信号电缆的屏蔽系数定义为：有金属护套时电缆芯上的感应电动势 $\dot{E}_A$ 与无金属护套时相同电缆线芯上的感应电动势 $\dot{E}_{A0}$ 之比，即

$$S = \frac{\dot{E}_A}{\dot{E}_{A0}} \tag{5-43}$$

当屏蔽层电阻等于零时，屏蔽层的屏蔽系数称为理想屏蔽系数 S_0。

当信号电缆无金属护套时，也就是强电线对线芯直接感应的纵向电势为

$$\dot{E}_{A0} = -j\omega M_{1A} \dot{I}_1 \tag{5-44}$$

式中　　M_{1A} ——强电线与信号电缆线芯间的互感应系数。

信号电缆有金属护套屏蔽层时，线芯 A 上产生感应电势如式（5-42）所示，则信号电缆的理想屏蔽系数为

$$S_0 = \frac{\dot{E}_A}{\dot{E}_{A0}} = \left(1 - \frac{j\omega M_{1P} M_{PA}}{M_{1A}(R_P + j\omega L_P)}\right) \tag{5-45}$$

由式（5-45）分析可知，信号电缆的理想屏蔽系数与强电线路和信号电缆间的互感系数、信号电缆屏蔽层的自电感和电阻有关。

由于信号电缆线芯与护套间的距离远小于信号电缆与强电线路间的距离，故有 $M_{1P} \approx M_{1A}$，且对于信号电缆金属护套屏蔽层一般有 $L_P = M_{PA}$，所以

$$S_0 = \frac{R_P}{R_P + j\omega L_P} \tag{5-46}$$

由式（5-46）可知，信号电缆的理想屏蔽系数与屏蔽层的自电感和自电阻有关。信号电缆的敷设，不可能做到使屏蔽层两端的接地装置的等效接地电阻等于零。因此，在实际工程运用时，必须考虑信号电缆金属护层的接地状态对屏蔽系数的影响。

（二）变压器绕组间的电压传递

在变压器的不同绕组之间亦会发生电压传递现象。如果传递的方向是从高压侧到低压侧，那就可能危及低压侧的电气设备绝缘的安全。若与接在电源中性点的消弧线圈或电压互感器等铁磁元件组成谐振回路，还可能产生线性谐振或铁磁谐振的传递过电压。

下面以实际电网中最常遇到的变压器的不同绕组间的电容传递为例，分析电压器绕组间传递过电压的产生过程。如图 5.18 所示为发电机-升压变压器的接线图。

系统中正序和负序电压是按绕组的变比关系（电磁关系）传递的，但零序电压则通过绕组之间的电容 C_{12} 而传递（见图 5.18）。假定由于某种原因，变压器的高压侧产生了对地的零序电压 U_0（即绕组中性点的位移电压），则可画出如图 5.18（b）所示的零序电压传递等值电路，图中 $3C_0$ 为变压器低压侧总的对地电容，L 为发电机中性点接地的消弧线圈电感，U_0 为高压绕组侧出现的零序电压。

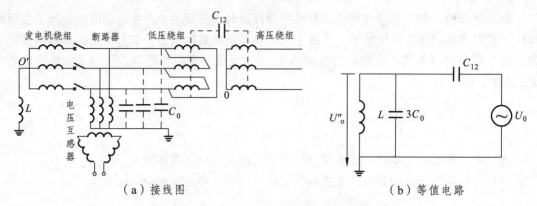

（a）接线图　　　　　　　　　　　（b）等值电路

图5.18　发电机-变压器绕组的接线图与等值电压

若不考虑低压侧的等值电感 L 的作用，则传递到变压器低压侧的电压为

$$U_0' = \frac{C_{12}}{C_{12} + 3C_0} U_0 \tag{5-47}$$

如果 U_0 较高，而 $3C_0$ 又很小（例如发电机出口断路器处在分闸状态，C_0 只是变压器低压绕组的对地杂散电容），传递到低压侧的过电压可能达到危险程度。

若考虑电感 L 的作用，L 主要是消弧线圈的电感，L 的作用是补偿 $3C_0$，两者的并联总阻抗等于 $\dfrac{1}{\mathrm{j}\omega 3C_0 \nu_\mathrm{C}}$，而 ν_C 是消弧线圈的脱谐度，这时变压器绕组侧出现零序电压，而传递到低压绕组侧的电压为

$$U_0'' = \frac{\mathrm{j}\omega C_{12} U_0}{\mathrm{j}\omega 3C_0 \nu_\mathrm{C} + \mathrm{j}\omega C_{12}} = \frac{U_0}{1 + \dfrac{3C_0}{C_{12}} \nu_\mathrm{C}} \tag{5-48}$$

如果电感 L 处在全补偿状态下，$\nu_\mathrm{C} = 0$，即 L 与 $3C_0$ 呈并联谐振，这时图5.18（b）的等值电路相当于开路，零序电压全部传递到低压绕组侧，即 $U_0'' = U_0$；通常，消弧线圈调整在过补偿状态，$\nu_\mathrm{C} < 0$，式（5-48）中的分母可能接近与零，这时等值电路图5.18（b）呈串联谐振状态，U_0'' 会急剧增大，但低压绕组侧电压增高后，消弧线圈会趋于饱和，使得 ν_C 自动增大，过电压也就受到限制。但即使消弧线圈有饱和效应，传递电压仍会达到很高的幅值，这时发动机绝缘会造成很大的危险。

抑制传递过电压的措施有：首先是避免出现系统中性点位移电压，如尽量使断路器三相同时操作；其次是装设消弧线圈后，应当保持一定的脱谐度，避免出现谐振条件；在低压绕组侧不装消弧线圈的情况下，可在低压侧加装三相对地电容，以增大 $3C_0$。

（三）超高电压网中的潜洪电流

在超高压和特高压电网中，为了限制空载线路重合闸过电压，常采用单相重合闸操作，即当系统发生单相接地故障时，采取跳开故障相线路两侧的断路器来排除故障，然后再重

合闸使系统恢复正常运行。但断路器跳开后，由于健全相上的电压和电流的作用，会在相间产生电磁传递现象。如图5.19（a）所示，系统A相发生接地故障，该相线路两端的断路器跳闸，A相成为孤立导线，但B、C相仍连接与电源，基本维持原来的运行状态。于是，非故障相B、C的工作电压和负载电流可以通过相间电容和互感对A相产生静电感应和电磁感应，使故障相在与电源断开后仍能维持一定的接地电流 $\dot{I}_j$，$\dot{I}_j$ 被称为潜洪电流，或称二次电流。

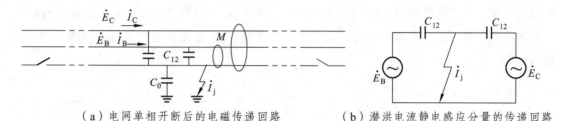

（a）电网单相开断后的电磁传递回路　　　　（b）潜洪电流静电感应分量的传递回路

图5.19　电网单相开断后的传递回路

潜洪电流的电磁感应分量是由B、C相负载电流 $\dot{I}_B$ 和 $\dot{I}_C$，经互感 M 在 A 相导线上感应出来的纵向电势，该电势以 A 相导线和电容 C_0 为回路，供给接地点电流，该电流分量称之为潜洪电流的纵分量。

潜洪电流的静电感应分量是由健全相B、C的电源电势 $\dot{E}_B$ 和 $\dot{E}_C$，经相间电容 C_{12} 供给接地点电流，如图5.19（b）所示，该电流分量称为潜洪电流的横分量。

潜洪电流以电弧的形式存在，而潜洪电流的自熄是单相自动重合闸成功的必要条件。潜洪电流的自熄取决于潜洪电流的大小及电弧熄灭后作用于故障点的恢复电压。因此，电弧的自熄时间 Δt（即单相重合闸的停电间隔时间）基本由潜洪电流 $\dot{I}_j$ 的大小来决定。通过高电压、大电流的电弧试验，获得的经验公式为

$$\Delta t = 0.25 \times (0.1 I_j + 1) \tag{5-49}$$

若系统运行要求的重合闸时间为 Δt_1，当满足 $\Delta t_1 \geqslant \Delta t$ 时，即可保证在运行要求的时间内重合闸成功，届时可由式（5-49）估算出要求限制的潜洪电流数值。例：若电网快速重合闸时间要求不超过 0.75 s，则潜洪电流的数值应限制在 20 A 以下。

潜洪电流自熄后，为防止故障点的电弧重燃，还要求电弧熄灭后作用于故障点的恢复电压不能太大。故障点接地电弧自熄后，A 相导线的恢复电压仍由静电感应和电磁感应两个分量组成。恢复电压的静电感应分量，可将图5.19（b）中的接地故障短路线撤去，替换为 C_0，再由该新的等值电路求得。恢复电压的电磁感应分量，由负载电流 $\dot{I}_B$ 和 $\dot{I}_C$ 经互感 M 在 A 相导线上感应出来，该分量沿 A 相导线纵向均匀分布，由对称性分析可知 A 相导线中点的电磁感应点位为零，按正负极性向两侧递增，在开断断路器的线路侧点位最高，即故障点恢复电压的电磁感应分量与故障电的位置有关。

潜洪电流和恢复电压均由静电感应和电磁感应两个分量组成，而起主导作用的是静电感应分量，静电感应分量是通过相间电容传递过来的。要限制潜洪电流和接地故障点的恢复电压，可采取在导线间装设一组三角连接的电抗器，补偿相间电容 C_{12}，使相间阻抗趋向无穷大，这样潜洪电流的横分量和恢复电压的静电感应分量都将趋于零。根据电路变换原理，一组三角连接的电抗器也可用一组星形连接而中性电不接地的电抗器来代替。再考虑系统限制空载长线路工频电压升高的要求，系统应装设一组星形连接而中性点接地的电抗器。综合这两方面考虑，系统需接如图 5.20（a）所示的两组电抗器。在实际系统中，为了设备结构紧凑，可将两组星形连接的电抗器合并为一组中性点经小电抗 X_N 接地的电抗器组，如图 5.20（b）所示。

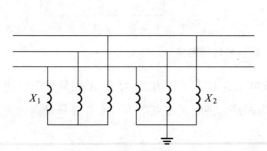

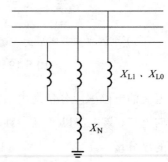

（a）抑制感应分量和工频电压升高的
两组并联电抗器接线

（b）接有小电抗的并联电抗器接线

图 5.20　超高压系统并联电抗器的接线方式

当系统接了这组中性点经小电抗 X_N 接地的电抗器后，电网正常运行时，系统三相参数对称，由图 5.20（b）分析可知，这时小电抗 X_N 不起作用，电抗器的正序电抗 X_{L1} 起均压作用，限制沿线的工频电压升高；当系统不对称开断时，小电抗 X_N 及电抗器的零序电抗 X_{L0} 起作用，隔断相间传递，这时电抗器提供二次补偿，抑制感应分量。

目前，在我国的超高压和特高压示范工程电网中均采用接有小电抗的并联电抗器，用以限制工频电压升高和潜洪电流，运行经验表明使用效果良好。并联电抗器和小电抗的参数选择与应用系统的参数有关。

加装高压并联电抗器中性点电抗是限制潜洪电流的方法。随着开关制造的技术水平的提高，在超高压和特高压电网中亦可采用快速接地开关 HSGS（High Speed Grounding Switches）来限制潜洪电流，这种方法称为故障转移法。

快速连接开关 HSGS 是接在输电线路两端对地的一组开关。其工作原理是将故障点的开放性电弧转移转移至两侧接地开关，使故障相上的电压和故障点提供的电压大大降低，从而使电弧易于熄灭。

HSGS 的操作步骤（见图 5.21）：系统发生单相接地故障时，线路两侧的断路器动作跳闸；由于导线间的静电感应和电磁感应，在故障点流过潜洪电流，它以电弧形式存在；

线路两侧的快速接地开关动作跳开，线路消除故障，线路两侧的断路器重合闸，系统恢复正常运行。

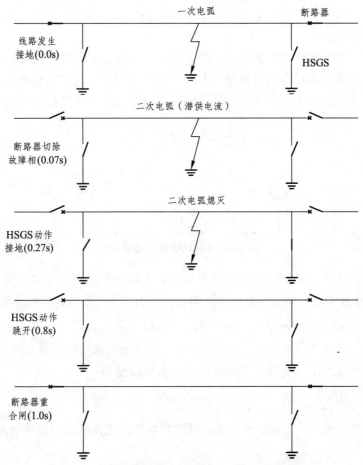

图 5.21 快速接地开关动作消除潜洪电弧示意图

习题 5.2

5-7 线性谐振过电压是如何产生的？

5-8 在电力系统中，哪些情况可能发生线性谐振？

5-9 如何限制线性谐振过电压？

任务三 非线性谐振过电压

电力系统的谐振回路由带铁芯的电感元件（如空载变压器、电压互感器）和系统的电容元件组成。因铁芯电感元件的饱和现象而激发的较高幅值的过电压，称为铁磁回路过电压。因回路的电感参数是非线性的，其又称非线性谐振过电压。

一、非线性谐振过电压的特点

在电力系统中，由于空载变压器、电磁式电压互感器等铁磁电感的饱和，可能与系统电容配合，故产生持续时间长、幅值较高的铁磁谐振过电压。电磁谐振与线性谐振有很大差别，具有完全不同的特点。

本节以如图 5.22 所示的简单串联电路为例，分析铁磁谐振产生的最基本物理过程。图 5.22 中，电感 L 是带铁芯的非线性电阻，电容 C 是线性元件。为了简化和突出基波谐振的基本物理概念，不考虑回路中的各种谐波的影响并忽略回路中的能量损耗（设电路中 $R=0$）。

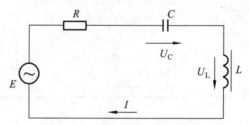

图 5.22　串联铁磁谐振回路

根据图 5.22 电路，可分别画出电感上和电容上的电压随回路电流的变化曲线 $U_L(I)$ 和 $U_C(I)$，如图 5.23 所示。图中电压和电流都用有效值表示，由于电容是线性的，所以 $U_C(I)$ 是一条直线。对于铁芯电感，在铁芯未饱和前，$U_L(I)$ 基本是直线，即具有未饱和电感值 L_0，当铁芯饱和之后，电感下降，$U_L(I)$ 不再是直线。设两条伏安特性曲线相交于 P 点。若忽略回路电阻，从回路元件上的压降与电源电势的关系可以得到

$$\dot{E} = \dot{U}_L + \dot{U}_C \tag{5-50}$$

因 $\dot{U}_L$ 与 $\dot{U}_C$ 相位相反，上面的平衡式也可以用电压降之差的绝对值来表示，即

$$E = \Delta U = \left| U_L - U_C \right| \tag{5-51}$$

ΔU 与 I 的关系曲线 $\Delta U(I)$ 也表示在图 5.23 中。

电势 E 和 ΔU 曲线的相交点，就是满足上述平衡方程的点。由图 5.23 可以看出，有 a_1、a_2、和 a_3 三个平衡点，这三点都满足电势平衡条件 $E = \Delta U$，即可能成为电路的工作点。

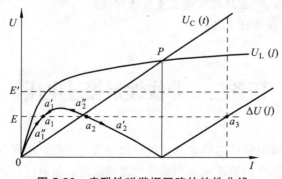

图 5.23　串联铁磁谐振回路的特性曲线

平衡点满足平衡条件，但不一定满足稳定条件。不满足稳定条件就不能成为电路的实际工作点。在物理上可以用"小扰动"来判断平衡点的稳定性，可假定回路中有一微小的扰动，使回路状态离开平衡点，然后分析回路状态能否回到原来的平衡点。若能回到平衡点，说明该平衡点是稳定的，能成为回路的实际工作点。若小扰动之后，回路状态越来越偏离平衡点，则这个平衡点是不稳定的，不能成为回路的工作点。根据以上原则，可分析 a_1、a_2 和 a_3 三个平衡点的稳定性。

对 a_1 点来说，若回路中电流由于某种扰动稍有增加，增至图 5.23 中的 a'_1，则有 $\Delta U > E$，即回路元件上的电压降大于电源电动势，这将使回路电流减小，而回到 a_1 点；反之，若扰动使回路中电流稍有减小，减至图 5.23 中的 a''_1，则 $\Delta U < E$，即回路电压降小于电源电势，使回路电流增大，同样会回到 a_1 点。可见平衡点 a_1 是稳定的。用同样的方法可以证明平衡点 a_3 也是稳定的。

对 a_2 点来说，若扰动使回路中电流稍有增加，增至图 5.23 中的 a'_2，则有 $\Delta U < E$，即回路元件电压降小于电源电势，将使回路电流继续增加，远离平衡点 a_2；若扰动使回路中电流稍有减小，则电压降大于电源电势，使回路中电流继续减小，也会远离 a_2 点。可见 a_2 点不能经受任何微小的扰动，是不稳定的。

由以上分析可见，在一定的外加电势 E 作用下，图 5.22 的铁磁谐振回路在稳态时可能有两个稳定的工作状态。a_1 点是回路的非谐振工作点，这时回路中 $U_L > U_C$ 回路呈感性，电路元件电感和电容上的电压不高，回路电流也不大；a_3 点是回路的谐振工作点，这时回路中的 $U_C > U_L$，回路是电容性的，此时不仅回路电流较大，而且在电容和电感上都会产生较高的过电压，一般将这称为回路处于谐振工作状态。

回路在正常情况下，一般工作在非谐振工作状态，当系统遭到强烈冲击（如电源突然合闸），会使回路从 a_1 点跃变到谐振区域，这种需要经过过渡建立谐振的情况，称为铁磁谐振的激发。谐振激发起来以后，谐振状态能"自保持"，维持在谐振状态。

当外加电源 E 超过一定数值（图中 E'）后，由图 5.23 分析可知，回路只存在一个工作点，即回路工作在谐振状态，这种情况称为自激现象。

当计及回路电阻时，由于电阻的阻尼作用，会使图 5.23 中的 ΔU 曲线上移，相应激发回路谐振所需的干扰要更大，减小了谐振的可能性，而且限制了过电压的幅值。当回路电阻增加到一定数值时，回路就只可能工作在非限制状态。

根据以上分析，铁磁谐振具有以下特点：

（1）产生串联铁磁谐振的必要条件是电感和电容的伏安特性曲线必须相交，即

$$\omega L_0 > \frac{1}{\omega C} \qquad\qquad (5\text{-}52)$$

式中　　L_0——铁芯线圈起始线性部分的等值电感。

由式（5-52）可知，铁磁谐振可以在较大参数范围内产生。

（2）对铁磁谐振电路，在相同的电源电动势作用下，回路有两种不同性质的稳定工作状态。在外界激发下，电路可能从非谐振工作状态跃变到谐振工作状态，相应回路从感性变成容性，发生相应反倾现象，同时产生过电压与过电流。

（3）非线性电感的铁磁特性是产生铁磁谐振的根本原因，但铁磁元件饱和效应本身也限

制了过电压的幅值。此外，回路损耗也是阻尼，也会限制铁磁谐振过电压。

以上讨论了基波铁磁谐振过电压的基本性质。实验和分析表明，在具有电感的谐振回路中，如果满足一定的条件，还可能出现持续性的其频率的谐振现象，其谐振频率可能等于工频的整数倍，这被称为高次谐波谐振；谐振频率也可能等于工频的分数倍（例如 $\frac{1}{2}$、$\frac{1}{3}$、$\frac{1}{5}$ 等），这被称为分频谐振；在某些特殊情况下，还会同时出现两个或两个以上频率的铁磁谐振。

在电力系统中，可能发生的铁磁谐振形式有：断线引起的铁磁谐振过电压和电磁式电压互感器饱和引起的铁磁谐振过电压。

二、断线引起的铁磁谐振过电压

断线过电压是电力系统中较常见的一种铁磁谐振过电压。这里所指的断线泛指导线因故障折断、断路器拒动以及断路器和熔断器的不同期切合等。断线引起的谐振过电压，可能导致避雷针爆炸、负载变压器相序反倾和电气设备绝缘闪络等事故。

断线涉及三相系统不对称开断，电路中又有非线性元件。分析断线谐振过电压的方法一般为：首先应用等值电阻原理，将系统三相电路简化为单相等值电路；然后用等值电路分析谐振条件，再将单相电路的分析结果，反推至三相电路，求相应元件上承受的过电压。

下面以中性点不接地系统发生单相断线的电路进行分析说明，如图 5.24 所示。在图 5.24 中，忽略了电源内阻抗、线路阻抗（相比于线路容抗，其数值很小），L 为空载（或轻载）变压器的励磁电感，C_0 为每相导线的对地电容，C_{12} 为导线相间电容，线路长度为 l。假定 A 相在离电源 xl（$x = 0 \sim 1$）处发生断线，断线处两侧 A 相导线的对地电容分别为 $C_0' = xC_0$、$C_0'' = (1-x)C_0$。断线处变压器侧 A 相对 B、C 相导线的相间电容为 $C_{12}'' = (1-x)C_{12}$。图中略去了接至电源侧的相间电容（因电源内阻抗等于零，该电容不参与谐振）。设线路的正序电容与零序电容的比值为

$$\sigma = \frac{C_0 + 3C_{12}}{C_0}$$

一般 $\sigma = 1.5 \sim 2.0$，由上式可得

$$C_{12} = \frac{1}{3}(\sigma - 1)C_0$$

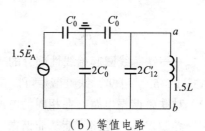

（a）接线图　　　　　　　　　　（b）等值电路

图 5.24　中性点不接地系统发生单相断线时的电路

图 5.24 中三相电源对称，且当 A 相断线后，B、C 相在电路上完全对称，因而可以简化成图 5.24（b）所示的单相等值电路。

对图 5.24（b）值电路，还可以利用戴维安定理进一步简化为如图 5.25 所示的等值串联谐振电路。在此电路中，等值电势 E 等于图 5.24（b）中 a、b 两端点间的开路电压，等值电容为 a、b 间向电源侧看进去的入口电容（电压源短接）。

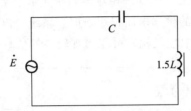

图 5.25　简单的等值串联谐振电路

因此

$$C = \frac{(C_0' + 2C_0)C_0''}{C_0' + C_0'' + 2C_0} + 2C_{12}'' = \frac{(xC_0 + 2C_0)(1-x)C_0}{3C_0} + \frac{2(1-x)(\sigma-1)C_0}{3}$$

$$= \frac{C_0}{3}[(x+2\sigma)(1-x)]$$

$$\dot{E} = 1.5\,\dot{E}_A\,\frac{1}{1+\dfrac{2\sigma}{x}}$$

若已知系统具体参数、发生断线故障的位置，就可通过图 5.25 进一步分析系统发生谐振的情况。

随着系统断线（非全相运行）的具体情况不同，各自有相应的等值单相接线图和等值简单串联谐振回路，应根据实际的断线情况进行分析。

非全相运行时的谐振电路，在一定参数配合和激发条件下，可能会产生基频、高频或分频谐振。当发生基频谐振时，会出现三相对地电压不平衡，如两相电压升高、一相电压降低，或三相电压同时升高的现象。在负载变压器侧可能发生负序电压占主要成分的情况，引起系统相序反倾，造成小容量电机反转的现象。

为防止断线过电压，可采取下列限制措施：

（1）保证断路器的三相同期动作，不采用熔断器设备。

（2）加强线路的巡视和检修，预防发生断线。

（3）若断路器操作后有异常现象，可立即复原，并进行检查。

（4）不要把空载变压器长期接在系统中。

（5）在中性点接地的电网中，合闸中性点不接地的变压器时，先将变压器中性点临时接地。这样做可使变压器未合闸相的电位被三角形连接的低电压绕组感应出来的恒定电压所固定，不会引起谐振。

三、电磁式电压互感器饱和引起的铁磁谐振过电压

在中性点不接地系统中，为了监视系统三相对地电压，进行电度计量或保护，发电厂、变电所母线上常接有 Y_0 接线的电磁式电压互感器。系统对地参数除了电力设备和线路对地电容 C_0 外，还有电压互感器的励磁电感 L_1、L_2 和 L_3，系统等值接线如图 5.26 所示。正常运行时，电压互感器的励磁阻抗很大，所以每相对地阻抗（L_1、L_2、L_3 和 C_0 并联后）呈容性，三相基本平衡，系统中性点 O 的位移电压很小。但当系统中出现某些扰动，使电压互感器三相电压饱和程度不同时，系统中性点就有可能出现较高的位移电压，激发起谐振过电压。

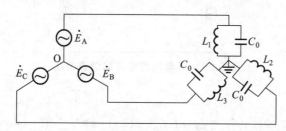

图 5.26　带有 Y_0 接线电压互感器的三相回路等值接线图

常见的使电压互感器产生严重饱和的情况有：电源突然合闸到母线上，使接在母线上的电压互感器某一相或两相绕组出现较大的励磁涌流，而导致电压互感器饱和；由于雷击或其他原因使线路发生瞬间单相电弧接地，使系统产生直流分量，而故障相接地消失时，该直流分量通过电压互感器释放，而引起电压互感器饱和；传递过电压，例如，高压绕组侧发生单相接地或不同期合闸，低压侧有传递过电压使电压互感器产生饱和。

由于电压互感器饱和程度不同，会造成系统两相或三相对地电压同时升高，而电源变压器的绕组电势 E_A、E_B、E_C 是由发电机的正序电势所决定，要维持恒定不变。因而，整个电网对地电压的变动表现为电源中性点 O 的位移。由于这一原因，这种过电压现象又称电网中性点的位移过电压。

中性点的位移电压也就是电网的对地零序电压，将全部反映至互感器的开口三角绕组，引起虚幻的接地信号和其他的过电压现象，造成值班人员的错觉。

因过电压是由零序电压引起的，系统的线电压将维持不变。因而，导线的相间电容不变。改善系统功率因数用的电容器组，系统内的负载变压器及其有功和无功负荷不参与谐振，所以分析电磁式电压互感器饱和引起铁磁谐振过电压的等值电路可简化为图 5.26。

若系统中性点直接接地，则电压互感器绕组分别与各相的电源电势连接在一起，电网内的各点电位均被固定。因此，这种过电压不会发生在中性点直接接地的电网内。

在中性点经消弧线圈接地的情况下，其电感值 L 远比电压互感器的励磁电感小，将在零序回路中旁路并联电压互感器，避免这种电压互感器饱和而引起谐振现象。

由于系统零序参数的不同，系统可能发生基波谐振过电压，也可能发生高次谐波或分次谐波谐振过电压。下面分析基波谐振过电压的产生过程。

由图 5.26 等值电路图，系统中点性的位移电压为

$$U_0 = \frac{E_A Y_A + E_B Y_B + E_C Y_C}{Y_A + Y_B + Y_C} \tag{5-53}$$

式中　Y_A，Y_B，Y_C——三相回路中的等值导纳。

正常运行时，$Y_A = Y_B = Y_C$，且 $E_A + E_B + E_C = 0$，所以 $U_0 = 0$，即电源中性点为零电位。

当系统遭受干扰，使电压互感器的铁芯出现饱和时，例如，B、C 两相电位升高，电压互感器电感饱和，则 L_2 和 L_3 的电感电流增大，L_2 和 L_3 减小，这就可能使得 B、C 相的对地导纳变成感性，即 Y_B、Y_C 为感性导纳，而 Y_A 仍为容性导纳。由于容性导纳与感性导纳的相互抵消作用，$Y_A + Y_B + Y_C$ 显著减小，造成系统中性点位移电压大大增加。

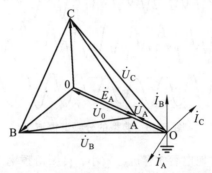

图 5.27　中性点位移时，电压、电流向量

中性点位移电压升高后，各相对地电压等于各相电源电势与中性点位移电压的相量和，即

$$U_A = E_A + U_0, \quad U_B = E_B + U_0, \quad U_C = E_C + U_0$$

在三相对地电压作用下，流过各相对地导纳的电流 $(I_A，I_B，I_C)$ 相量之和应等于零，则电压、电流相量关系如图 5.27 所示。相量相加的结果使 B 相和 C 相的对地电压升高，而 A 相的对地电压降低。这种结果与系统单相接地时出现的情况相仿，但实际上系统并不存在单相接地，所以将这种现象称为虚幻接地现象。这种现象是电磁式电压互感器饱和引起工频谐振过电压的标志。

干扰使电压互感器铁芯饱和是随机的，所以出现虚幻接地时，哪一相是低压也是随机的。

干扰造成电压互感器铁芯饱和后，将会产生一系列谐波，若系统参数配合恰当，会使某次谐波放大，引起谐波谐振过电压。配电网中常见的谐波谐振有 $\frac{1}{2}$ 次分频谐振与 3 次高频谐振。

发生谐波谐振时，系统中性点的位移电压是谐波电压。正常情况下零序电压为 0 的现在为 U_0，所以有效值变大了。电源工频电势的有效值为 E，则三相对地电压的有效值 U_x 为

$$U_x = \sqrt{E^2 + U_0^2} \tag{5-54}$$

可见系统出现谐波谐振的特点是三相电压同时升高。

对于相同品质的电压互感器，当系统线路较长时，等效 C_0 大，回路自振角频率 ω_0 低，就可能激发产生分频谐振过电压，发生分频谐振的频率为 24～25 Hz，存在频率差会引起配电盘上的电压表针指示有抖动或以低频来回摆动现象。这时互感器等值感抗等级降低会造成励

磁电流急剧增加，引起高压熔断器熔断，甚至造成电压互感器烧毁，典型的分频谐振波形如图 5.28 所示，图上三条波形为系统三相对地电压，最下面的波形为系统的零序电压。由图分析可知，系统三相对地电压是系统电源的基波电压与谐振产生的分频电压的叠加；电压互感器的开口三角绕组输出的零序电压只含分频电压，该分频谐振为 $\frac{1}{2}$ 次分频谐振。

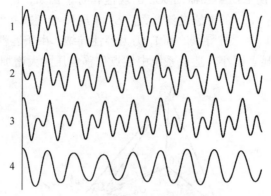

图 5.28　典型的分频谐振波形

当系统线路较短时，（对地电容）容抗等效小，自振角频率高，就有可能产生高频谐振过电压，这时过电压数值较高。在应用 JDZ 型电压互感器的 10 kV 系统中，通过计算机仿真计算表明：当系统参数处于 $0.363\,7 \leqslant X_{Co}/X_{Le} \leqslant 1.817\,4$ 范围时（X_{Co} 为系统的对地电容的容抗；X_{Le} 是系统额定电压下电压互感器的励磁感抗），系统可能发生基频谐振最大谐振过电压为 3.05 P.u.，最大过电流为 0.057 1 A；当系统参数处于 $0.121\,2 \leqslant X_{Co}/X_{Le} \leqslant 0.908\,7$ 范围时，系统可能发生分频谐振，最大谐振过电压为 1.96 P.u.，最大过电流为 0.171 1 A；当系统参数处于 $X_{Co}/X_{Le} \leqslant 0.091$ 范围时，系统可能发生超低频振荡（包括 1/3 分频），最大振荡过电压为 2.00 P.u.，过电流随线路对地电容的增大而增加。

为了限制和消除这种铁磁谐振过电压，可以采取以下措施。

1. 改变系统零序参数

选用励磁特性较好的电压互感器，使之不容易发生磁饱和，在这种情况下，必须要有更大的励磁量发才会引起谐振，谐振率也就减小。在母线上加装三相对地电容，可使系统参数越出谐振范围，当达到 $\dfrac{X_{C0}}{X_{Le}} < 0.01$ 时，系统不会发生谐振。

2. 零序阻尼

在电压互感器的零序回路中投入阻尼电阻，阻尼电阻 R 可以接在开口三角绕组的两端阻值 $R \leqslant 0.4\left(\dfrac{n_2}{n_1}\right)^2 X_{Le}$，（$X_{Le}$ 为互感器在额定电压下的励磁电感，$\dfrac{n_2}{n_1}$ 为开口三角绕组与高压绕组的匝数比）这样可消除各种谐波的谐振现象；其次，也可在电压互感器的高压中性点对地之间投入电阻 R。该电阻越大，则对消除谐振越有利，该 R 亦可采用非线性电阻。

3. 采用专门的消谐装置

近年来，我国中性点不接地系统规模越来越大，相应线路的对地电容 C_0 很大，有些电网已达到 $\dfrac{X_{C_0}}{X_{L_e}} < 0.01$，即系统参数已达到不会发生谐振的条件，但这种系统中若发生接地故障消失扰动，仍可能发生电压互感器的高压熔断器频繁熔断的故障）依据理论分析和仿真计算可知：这种故障是由于系统单相接地消失引起了超低频振荡现象，在超低频情况作用下，电压互感器的感抗大幅度降低，故在电压互感器中会产生严重的过电流，引起高压熔断器的熔断。

在 110 k、220 kV 电网中，当断路器的断口采用均压电容时，系统处于热备用状态，则有可能发生由断口均压电容与接在系统母线上的电磁式电压互感器构成的铁磁谐振，这种谐振有可能是基频性质的，亦有可能是分频性质的，会引起电压互感器严重饱和，产生极大的过电流，使得电压互感器过热烧毁，以致喷油爆炸。研究表明，这种谐振可以在一相回路中发生，也可在两相或三相回路中同时发生，此时电压互感器的开口三角绕组两端出现零序电压。但是，这种谐振也可仅仅具有正序或负序性质。因此，这种谐振有别于不接地系统中的电压互感器饱和引起的谐振。谐振一旦产生，要消除就很困难，而应从根本上采取措施避免谐振发生，例如采用电容式电压互感器，系统振荡时，避免形成在这种谐振回路。

习题 5.3

5-10　非线性谐振过电压是如何产生的？

5-11　简述非线性谐振过电压的特点。

5-12　在电力系统中，哪些情况可能发生铁磁谐振？

5-13　防止断线过电压，可采取哪些限制措施？

5-14　为限制和消除铁磁谐振过电压，可采取哪些限制措施？

任务四　参数谐振过电压

下面介绍一种由于电感参数作周期性变化所引起的自励磁过电压，称为参数谐振过电压。

当同步发电机带容性负载，如接上空载线路时，其原理接线如图 5.29（a）所示。在无励磁情况下，发电机的端电压亦会上升、这种现象称为电机的自励磁。一旦形成自励磁就会产生自励磁过电压或自激过电压。电机的自励磁现象从物理本质来说是电机旋转时电感参数发生周期性变化，并和电容发生参数谐振而引起的。

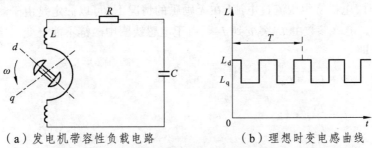

（a）发电机带容性负载电路　　　　　（b）理想时变电感曲线

图 5.29　参数谐振电路以及电感参数的变化曲线

在正常工作时,水轮发电机(凸极机)的同步发电机的等值电抗在直轴同步电抗 $X_d = \omega L_d$ 和交轴同步电抗 $X_q = \omega L_q$ 之间发生周期性变化（ $X_d > X_q$ ）。为了简化,可假设同步电感的变化如图 5.29（b）所示,每经过一个电周期 T,电感在 L_d 和 L_q 之间变化两个周期。另外,无论是水轮发电机还是汽轮发电机(隐极机),当它们处于异步工作状态时,其电抗亦在一周内在暂态电抗 X_d' 和 X_q 之间变化两个周期（ $X_q > X_d'$ ）。电机再同步旋转时,引起的参数谐振可称同步自激;在异步工作时,发生的参数变化引起的谐振,其能量是由电机在转动时通过原动机而提供的。

为了定性地分析参数谐振的发展过程,对电感参数的变化规律作下列理想的假设：

（1）电机电感 L 的变化如图 5.30（a）所示,从 L_1 到 L_2 或从 L_2 到 L_1 是突变的,而且 $L_1 = k L_2 \ (k > 1)$,因此,电感为 L_1 和 L_2 时,回路的自振周期分别为

$$T_2 = 2\pi\sqrt{L_2 C}$$

$$T_1 = 2\pi\sqrt{L_1 C} = \sqrt{k}\,T_2 > T_2$$

（2）假设电感变化时间间隔 τ_1、τ_2,分别正好为 1/4 自振周期,即

$$\tau_1 = \frac{1}{4}\,T_1, \quad \tau_2 = \frac{1}{4}\,T_2$$

（3）忽略损耗电阻 R。

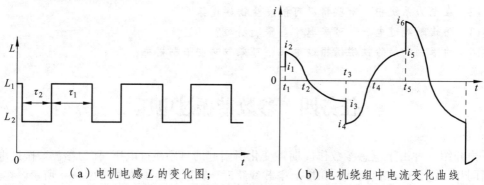

（a）电机电感 L 的变化图；　　　　（b）电机绕组中电流变化曲线

图 5.30　参数谐振的发展过程

在以上的假定条件下,下面定性地分析参数谐振的发展过程[见图 5.30（b）]。

设定 $t > t_1$ 时,电机绕组中流过电流(在无励磁的情况下,可以假定是由于剩磁所产生的)。

在 $t = t_1$ 时,电感参数由 L_1 突变到 L_2。由于电感线圈中磁链不能突变,绕组中的电流将从 i_1 突变到 i_2,即

$$\psi = L_1 i_1 = L_2 i_2$$

$$i_2 = \frac{L_1}{L_2} i_1 = k i_1$$

突变前后,电感中的储能 W_1 和 W_2 分别为

$$\begin{cases} W_1 = \dfrac{1}{2} L_1 i_1^2 \\ W_2 = \dfrac{1}{2} L_2 i_2^2 = k W_1 \end{cases}$$
$$(5\text{-}55)$$

可见，电感突变后，线圈中的电流和磁能都增加到原来的 k 倍。能量的增加来自使参数发生变化的机械能。

当 $t > t_1$ 时，由于外界无电源，机械能也没有输入（电感等于常数没有变化），回路中出现以 T_2 为自振周期的自由振荡，电流按余弦规律变化，并经过 $\tau_2 = \dfrac{1}{4} T_2$ 时间后从 i_2 降到零。

这时电感中的全部磁能 $k W_1$ 转化成电容上的电能 $\dfrac{1}{2} C U^2$，在电容上出现的电压为

可得
$$\dfrac{1}{2} C U^2 = W_2 = k W_1$$
$$U = \sqrt{\dfrac{2 k W_1}{C}}$$

当 $t = t_1$ 时，绕组的电感又从 L_2 突变到 L_1，但此时因电感中没有磁能，所以电感的变化不会引起磁能和电流的变化，与机械能之间也没有能量交换。

在 $t < t_1$ 以后回路中又出现周期为 T_1 的自由振荡，经过 $\tau_1 = \dfrac{1}{4} T_1$ 时间电流达到幅值 i_3。因为，这段时间从外界没有能量输入，电容器 C 上的电能转变为磁能 $\dfrac{1}{2} L_1 i_3^2$，所以有

$$\dfrac{1}{2} L_1 i_3^2 = k W_1 = \dfrac{1}{2} k L_1 i_1^2$$

故
$$i_3 = \sqrt{k} i_1$$
$$(5\text{-}56)$$

当 $t = t_3$ 时，电感参数再一次从 L_1 突变到 L_2，根据磁链不变原则，电流又发生突变，即有

$$L_1 i_3 = L_2 i_4$$
$$i_4 = k i_3 = k \sqrt{k} i_1$$
$$(5\text{-}57)$$

相应的磁场能量

$$W_4 = \dfrac{1}{2} L_2 i_4^2 = \dfrac{1}{2} L_1 k^2 i_1^2 = k^2 W_1$$

如此循环，每经过 $\tau_1 + \tau_2$ 时间，电流 i 增加 $\sqrt{k}$ 倍，如图中 $i_5 = \sqrt{k} i_3$，$i_6 = \sqrt{k} i_4 = k^2 i_1 \cdots$

经过参数谐振，电流和电容上的电压越来越大，不断把机械能转化为电磁能。

上面讨论的电感参数发生突变引起的参数谐振是一种理想情况。一般认为电机在匀速旋转时其电抗不会发生突变，而是按正弦规律变化，但就参数谐振的发展过程来说和以上讨论

是一致的。同步电机自激时，流过定子绕组的电流波形如图 5.31 所示，电容 C 上出现的自激过电压亦有类似的波形。因为电机铁芯饱和，电流的幅值受到一定的限制，而最后趋向于一定的极限值。

若从回路的自振角频率分析，同步自激参数谐振应满足以下条件：

$$\frac{1}{\sqrt{L_\mathrm{d}C}} < \omega < \frac{1}{\sqrt{L_\mathrm{q}C}}$$

即

$$\omega L_\mathrm{d} > \frac{1}{\omega C} > \omega L_\mathrm{q}$$

或

$$X_\mathrm{d} > X_\mathrm{c} > X_\mathrm{q} \tag{5-58}$$

对隐极机来说，$X_\mathrm{d} = X_\mathrm{q}$，同步自激是不可能产生的。

同样，对异步自激来说应满足

$$X_\mathrm{d} > X_\mathrm{c} > X_\mathrm{q} \tag{5-59}$$

进一步的理论研究表明，若考虑到回路电阻 R，则电机的同步和异步自激的参数范围如图 5.32 所示的阴影部分，即在阴影部分的电机外部，参数 X_c 和 R 将会引起自励磁。上半圆的阴影部分为自励磁的同步区；下半圆的阴影部分为自励磁的异步区。实际电力系统中，若电机所带的空载线路较长，则 X_c 较小，一般系统的损耗亦较小，回路可能处于自激范围中。若线路采用并联电抗器补偿，则相当于线路容抗 X_c 增加，通常可以起到避免自激过电压的作用。

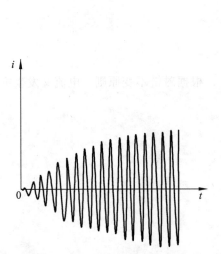

图 5.31　同步自励磁的电流波形

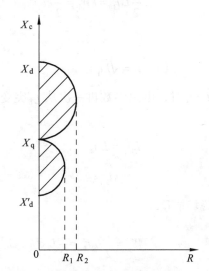

图 5.32　同步发电机的自励磁区域

综合以上所述，参数谐振过电压有以下的特点：

（1）参数谐振所需要的能量由改变参数的原动机供给，不需要单独的电源，一般只要有一定的剩磁或电容中具有很小的残余电荷，就可以使谐振得到发展。

（2）由于电路中有损耗，所以参数变化所引入的能量必须足以补偿损耗能量，才能保证谐振的发展。正如图 5.32 所示，对一定的回路电阻 R，存在一定的谐振范围。谐振发生以后，由于电感的饱和，使回路自动偏离谐振条件，使自励磁过电压不能继续扩大。

抑制参数过电压措施有：

（1）利用快速自动励磁调节装置消除同步自励磁。

（2）在超高压电网中投入并联电抗器，补偿线路电容，使得容抗 X_d 和 X_q 等值，从而消除谐振。

（3）临时投入串联电阻 R，其值大于图 5.32 中的 R_1 和 R_2。

习题 5.4

5-15　参数谐振过电压是如何产生的？

5-16　限制参数过电压的措施有哪些？

5-17　某 500 kV 系统，一台汽轮发电机和变压器带一条空载线路，发电机的阻抗 $X_d = 2\,270\,\Omega$，$X'_d = 282\,\Omega$，变压器阻抗 $X_T = 200\,\Omega$（以上参数均已折合到 500 kV 侧），线路长度 300 km，每相线路对地电容 0.012 75 μF/km。

（1）估算该发电机是否可能产生自激过电压。

（2）若线路上接有两组 150 MVA 并联电抗器（每组电抗器 $X_L = 1835\,\Omega$），校核其产生自激的可能性。

课题六　电力系统操作过电压

本课提示：本课题学习研究的是电力系统中操作过电压的产生原理、影响因素以及降压措施。对于常见的操作过电压，即间歇电弧接地过电压、空载变压器分闸过电压、切除空载线路过电压、空载线路合闸过电压等，应着重予以理解。

课中对电力系统操作过电压的形成原理进行了定量的分析与计算，对不同的情况下产生的操作过电压提出了合理、适当的措施来消除和限制。操作过电压是高电压绝缘的重要内容，要求着重理解和掌握操作过电压的形成原理及降压措施。

操作过电压是内部过电压的一种。操作过电压中所指的"操作"并非狭义的开关倒闸操作，而应理解为"电网参数的突变"。它可能由倒闸操作引起，也可能因故障产生的过渡过程而引起。由于"操作"，电力系统中的电容、电感等储能元件使其工作状态发生了变化，将会产生电磁能量振荡的过渡过程。在此过程中，电感元件储存的磁能会在某一瞬间转变为电场能储存于电容元件中，也可以是电容元件储存的电场能在某一瞬间转变为磁能储存于电感元件之中，产生数倍于电源电压的过渡过程过电压，这就是操作过电压。与暂时过电压相比，操作过电压通常具有幅值高、存在高频振荡、强阻尼和持续时间短的特点。其危害性极大，如不及时防治，有可能使电气设备绝缘击穿而损坏或造成停电事故，因此有必要引起足够的重视。

常见的操作过电压主要包括：间歇电弧接地过电压、切除空载线路过电压、空载线路合闸过电压、切除空载变压器过电压等。其中，间歇电弧接地过电压产生于中性点非直接接地系统，其防护措施是使系统中性点经消弧线圈接地；后三种属于中性点直接接地的系统。近年来，由于断路器及其他设备性能的改善，切除空载线路过电压和切除空载变压器过电压已经显得不严重了，因此在超高压系统中以合闸（包括重合闸）过电压最为严重。

任务一　间歇电弧接地过电压

运行经验表明，电力系统中的故障至少有 60% 是单相接地故障。在电网较小、线路不太长的中性点不接地系统中，当发生单相金属性接地时，流过故障点的电容电流很小，在故障消失后，电弧一般可以自行熄灭。随着电网的发展和电压等级的提高，单相接地的电容电流将随之增加，当 6～10 kV 电网的对地电容电流超过 30 A 或 351 kV 以上电网的对地电容电流超过 10 A 时，电弧将难以自行熄灭。但这种电容电流又不会大到形成稳定电弧的程度，因此在故障点可能出现电弧"熄灭-重燃"的间歇性现象，引起电力系统状态瞬间改变，导致电网中电感、电容回路的电磁振荡，使系统中性点发生偏移，健全相和故障相都产生过电压。这种形式的过电压称为电弧接地过电压。

通常，电弧接地过电压不会使符合标准的良好电气设备发生损坏。但是应该看到，在系统中经常有一些弱绝缘的电气设备或在运行中绝缘性能可能急剧下降的电气设备，还有些绝缘存在着潜伏性故障，在绝缘预防性试验中没有检查出来，在这些情况下，遇到电弧接地过电压，就可能导致危险。这种过电压波及面较广，持续时间长（因为中性点不接地系统中，允许带单相接地运行时间为 0.5 ~ 2 h），且单相不稳定电弧接地在系统中出现的机会又很多。因此，电弧接地过电压对中性点不接地系统的危害性是不容忽视的。

电弧接地过电压的发展与电弧熄灭的时刻有关。通常认为电弧熄灭有可能在两种情况下发生：一种是在空气中的开放性电弧，大多在工频电流过零时熄灭；另一种是油中的电弧，常常在过渡过程中高频振荡电流过零时熄灭。实际上，电弧能否熄灭，是由电流过零时间隙中抗电强度的恢复和加在间隙上的恢复电压所决定的。

一、发展过程

为了能很好地阐明这种过电压发展的物理过程，现假定电弧的熄灭是发生在工频电流过零的时刻。为了使分析不致过于复杂，可作下列简化：① 略去线间电容的影响；② 设备相导线的对地电容均相等，即 $C_1 = C_2 = C_3 = C_0$。如图 6.1（a）所示的等效电路，其中故障点的电弧以发弧间隙 F 来代替，中性点不接地方式相当于图中中性点 N 处的开关 S 呈断开状态。设接地故障发生于 A 相，而且是正当 $\dot{U}_A$ 经过幅值 U_Φ 时发生，这样 A 相导线的电位立即变为零，中性点电位 $\dot{U}_N$ 由零升至相电压，即 $\dot{U}_N = -\dot{U}_A$，B、C 两相的对地电压都升高到线电压 $\dot{U}_{BA}$、$\dot{U}_{CA}$，相量图如图 6.1（b）所示。

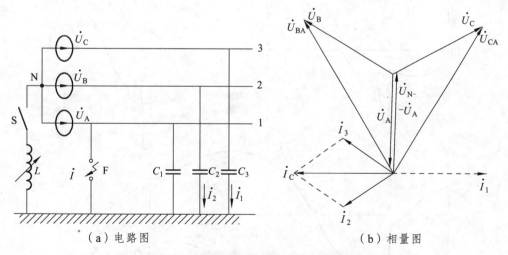

（a）电路图 （b）相量图

图 6.1 单相接地故障电路图和相量图

如以 $\dot{U}_A$、$\dot{U}_B$、$\dot{U}_C$ 代表三相电源电压，以 u_1、u_2、u_3 代表三相导线的对地电压，即 C_1、C_2、C_3 上的电压，则通过以下分析即可得出如图 6.2 所示的过电压发展过程。

　　设 A 相在 $t = t_1$ 瞬间（此时 $u_A = +U_\Phi$）对地发弧，发弧前瞬间（以 t^- 表示）三相电容上的电压分别为 $u_1(t_1^-) = +U_\Phi$，$u_2(t_1^-) = u_3(t_1^-) = -0.5U_\Phi$；发弧后瞬间（以 t_1^+ 表示），A 相上 C_1 的电荷通过电弧泄入地下，其电压降为零，而两健全相电容 C_2、C_3 则由电源的线电压 U_{BA}、U_{CA} 经过电源的电感（图中未画出）进行充电，由原来的电压"$-0.5U_\Phi$"向 U_{BA}、U_{CA} 变化，此时的瞬时值"$-1.5U_\Phi$"变化。显然，这一充电过程是一个高频振荡过程，其振荡频率取决于电源的电感和导线的对地电容 C。

　　可见三相导线电压的稳态值分别为

$$u_1(t_1^+) = 0 ，\quad u_2(t_1^+) = u_{BA}(t_1) = -1.5U_\Phi，\quad u_3(t_1^+) = u_{CA}(t_1) = -1.5U_\Phi$$

在振荡过程中，C_2、C_3 上可能达到的最大电压均为

$$u_{2m}(t_1) = u_{3m}(t_1) = 2 \times (-1.5U_\Phi) - (-0.5U_\Phi) = -2.5U_\Phi$$

过渡过程结束后，U_B 和 U_C 将等于 U_{BA} 和 U_{CA}，如图 6.2（b）所示。

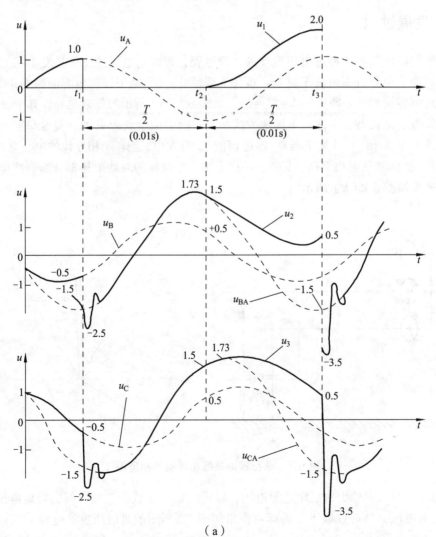

（a）

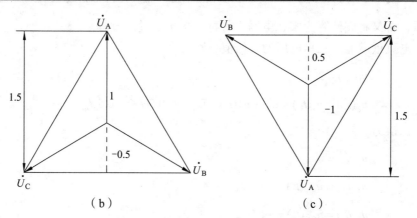

图 6.2 在工频电流过零时熄弧的断续电流电弧接地过电压的发展过程

如果故障电流很大，那么在工频电流过零时（t_2），电弧也不一定能熄灭，这是稳定电弧的情况，不同于断续电弧的范畴。反之，如果电弧是不稳定的，就可能产生更高的过电压。A 相接地后，弧道中不但有工频电流，还会有幅值更高的高频电流。如果在高频的电流分量过零时电弧不熄灭，则故障点的电弧将持续燃烧半个工频周期 $T/2$，直到工频电流分量过零时才熄灭（t_2 瞬间），由于工频电流分量 $\dot{I}_c$ 与 $\dot{U}_A$ 的相位差为 $90°$，t_2 正好是 $U_A = -U_\Phi$ 的瞬间。

t_2 瞬间熄弧后，又会出现新的过渡过程。这时三相导线上的电压初始值分别为

$$u_1(t_2^-) = 0 , \quad u_2(t_2^-) = u_3(t_2^-) = 1.5U_\Phi$$

由于中性点不接地，各相导线电容上的初始电压在熄弧后仍将保留在系统内（忽略对地泄漏电导），但将在三相电容上重新分配，这个过程实际上是 C_2、C_3 通过电源电感给 C_1 充电的过程，其结果是三相电容上的电荷均相等，从而使三相导线的对地电压亦相等。

即使对地绝缘的中性点上产生一对地直流偏移电压 $U_N(t_2)$：

$$U_N(t_2) = \frac{0 \times C_1 + 1.5U_\Phi C_2 + 1.5U_\Phi C_3}{C_1 + C_2 + C_3} = 1.0U_\Phi$$

故障点熄弧后，三相电容上的电压应是对称的三相交流电压分量和三相相等的直流电压分量叠加而得，即熄弧后的电压稳态值分别为

$$u_1(t_2^+) = u_A(t_2) + U_N = -U_\Phi + U_\Phi = 0$$

$$u_2(t_2^+) = u_B(t_2) + U_N = 0.5U_\Phi + U_\Phi = 1.5U_\Phi$$

$$u_3(t_2^+) = u_C(t_2) + U_N = 0.5U_\Phi + U_\Phi = 1.5U_\Phi$$

则有

$$u_1(t_2^+) = u_1(t_2^-)$$

$$u_2(t_2^+) = u_2(t_2^-)$$

$$u_3(t_2^+) = u_3(t_2^-)$$

可见三相电压的新稳态值均与起始值相等，因此在 t_2 瞬间熄弧时将没有振荡现象出现。

在经过半个周期 $T/2$，即在 $t_3 = t_2 + T/2$ 时，故障相电压达到最大值 $2U_\Phi$，如果这时故障

点再次发弧，u_1 又将突然降为零，电网中将再一次出现过渡过程。

这时在电弧重燃前，三相电压的初始值分别为

$$u_1(t_3^-) = 2U_\Phi$$

$$u_2(t_3^-) = u_3(t_3^-) = U_N + u_B(t_3) = U_\Phi + (-0.5U_\Phi) = 0.5U_\Phi$$

新的稳态值为

$$u_1(t_3^+) = 0$$

$$u_2(t_3^+) = u_{BA}(t_3) = -1.5U_\Phi$$

$$u_3(t_3^+) = u_{CA}(t_3) = -1.5U_\Phi$$

B、C 两相电容 C_2、C_3 经电源电感从 $0.5U_\Phi$ 充电到 $-1.5U_\Phi$，振荡过程中过电压的最大值可达

$$u_{2m}(t_3) = u_{3m}(t_3) = 2(-1.5U_\Phi) - 0.5U_\Phi = -3.5U_\Phi$$

此后发生的隔半个工频周期的熄弧与再隔半个周期的电弧重燃，其过渡过程与上面分析过程完全重复，且过电压的幅值也与之相同。从以上分析可以看到，中性点不接地系统中发生断续电弧接地时，非故障相上最大过电压为 3.5 倍，而故障相上的最大过电压为 2.0 倍。

长期以来大量试验研究表明：故障点电弧在工频电流过零时和高频电流过零时熄灭都是可能的。一般来说，发生在大气中的开放性电弧往往要到工频电流过零时才能熄灭；而在强烈去电离的条件下（例如发生在绝缘油中的封闭性电弧或刮大风时的开放弧），电弧往往在高频电流过零时就能熄灭。在后一种情况下，理论分析所得到的过电压倍数将比上述结果更大。

此外，电弧的燃烧和熄灭由于受到发弧部位的周围媒质和大气条件等的影响，具有很强的随机性质，因而它所引起的过电压值具有统计性质。在实际电网中，由于发弧在故障相上的电压不一定正好为幅值，熄弧也不一定发生在高频电流第一次过零时，导线相间存在一定的电容，线路上存在能量损耗，过电压下将出现电晕而引起衰减等因素的综合影响，这种过电压的实测值不超过 $3.5U_\Phi$，一般在 $3.0U_\Phi$ 以下。但由于这种过电压的持续时间可以很长，波及范围很广，因而是一种危害性很大的过电压。

二、防护措施

为了消除电弧接地过电压，最根本的途径是消除间歇性电弧。若中性点接地，一旦发生单相接地，接地点将流过很大的短路电流，断路器将跳闸，从而彻底消除电弧接地过电压。目前 110 kV 及以上电网大多采用中性点直接接地的运行方式。但是如果在电压等级较低的配电网中，其单相接地故障率相对很大，如采用中性点直接接地方式，必将引起断路器频繁跳闸，这不仅要增加大量的重合闸装置，增加断路器的维修工作量，又影响供电的连续性。所以我国 35 kV 及以下电压等级的配电网采用中性点经消弧线圈接地的运行方式。

消弧线圈是一个具有分段铁芯（带间隙的）的可调线圈，其伏安特性不易饱和，如图 6.3 所示。假设 A 相发生了电弧接地。A 相接地后，流过接地点的电弧电流除了原先的非故障相

通过对地电容 C_2、C_3 的电容电流相量和 $(\dot{I}_B + \dot{I}_C)$ 外，还包括流过消弧线圈 L 的电感电流 $\dot{I}_L$（A 相接地后，消弧线圈上的电压即为 A 相的电源电压）。相量分析如图 6.3（b）所示。由于 $\dot{I}_L$ 和 $(\dot{I}_B + \dot{I}_C)$ 相位反向，所以可通过选择适当的电感电流 $\dot{I}_L$ 值，使得接地点中流过的电流 $\dot{I}_d = \dot{I}_L + (\dot{I}_B + \dot{I}_C)$ 的数值足够小，使接地电弧能很快熄灭，且不易重燃，从而限制了断续电弧接地过电压。

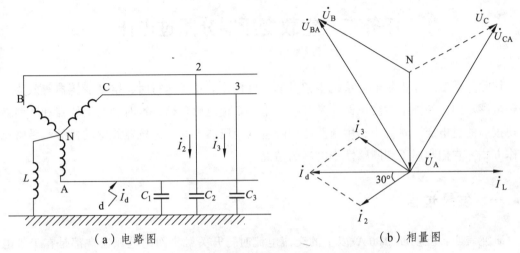

（a）电路图　　　　　　　　　　（b）相量图

图 6.3　中性点经消弧线圈接地后的电路图及相量图

通常把消弧线圈电感电流补偿系统对地电容电流的百分数称为消弧线圈的补偿度。根据补偿度的不同，消弧线圈可以处于三种不同的运行状态。

1. 欠补偿 $I_L < I_C$

欠补偿表示消弧线圈的电感电流不足以完全补偿电容电流，此时故障点流过的电流（残流）为容性电流。

2. 全补偿 $I_L = I_C$

全补偿表示消弧线圈的电感电流恰好完全补偿电容电流，此时消弧线圈与并联后的三相对地电容处于并联谐振状态，流过故障点的电流为非常小的电阻性泄漏电流。

3. 过补偿 $I_L > I_C$

过补偿表示消弧线圈的电感电流不仅完全补偿电容电流而且还有数量超出，此时流过故障点的电流（残流）为感性电流。

通常，消弧线圈采用过补偿 5%~10% 运行。之所以采用过补偿是因为电网发展过程中可以逐渐发展成为欠补偿运行，不至于出现采用欠补偿时因为电网的发展而导致脱谐度过大，失去消弧作用；其次，若采用欠补偿，在运行中因部分线路退出而可能形成全补偿，产生较大的中性点偏移，可能引起零序网络中产生严重的铁磁谐振过电压。

习题 6.1

6-1 间歇电弧过电压是如何产生的?

6-2 如何限制间歇电弧过电压?

6-3 消弧线圈运行状态有哪些? 应采用哪种运行状态?

任务二 空载变压器分闸过电压

切除空载变压器也是电力系统中常见的一种操作。正常运行时,空载变压器等效为一个励磁电感。因此切除空载变压器就是开断一个小容量电感负荷,这时会在变压器和断路器上出现很高的过电压。系统中利用断路器切除空载变压器、并联电抗器及电动机等都是常见的操作方式,它们都属于切断感性小电流的情况。

一、发展过程

研究表明: 在切断 100 A 以上的交流电流时,开关触头间的电弧通常都是在工频电流自然过零时熄灭的。在这种情况下,等效电感中储存的磁场能量为零,因此在切除过程中不会产生过电压。但切除空载变压器时,所切除的是变压器的空载电流,其值非常小,只有几安到几十安。断路器的灭弧能力相对于这种电流就显得很强大,从而使空载电流未过零之前就因强制熄弧而切断,即所谓的截流现象,如图 6.4 所示的简化等效电路。图中,L_T 为变压器的激磁电感; C_T 为变压器绕组及连接线的对地电容(其值处于数百到数千微法的范围内)。因为在工频电压作用下,$i_C \ll i_1$,流过空载变压器的电流几乎就是流过励磁电感的电流。

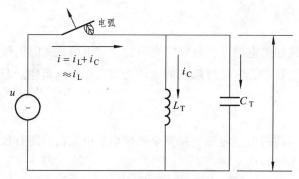

图 6.4 切除空载变压器等效电路

假如空载电流 $i = I_0$ 时发生截断(即由 I_0 突然降到零),此时电源电压为 U_0,则切断瞬间在电感和电容中所储存的能量分别为

$$\begin{cases} W_{\mathrm{L}} = \dfrac{1}{2} L_{\mathrm{T}} I_0^2 \\ W_{\mathrm{C}} = \dfrac{1}{2} C_{\mathrm{T}} U_0^2 \end{cases}$$ (6-1)

此后即在 L_{T}、C_{T} 构成的振荡回路中发生电磁振荡，在某一瞬间，全部电磁能量均变为电场能量，这时电容 C_{T} 上出现最大电压 $U_{\max}$，根据能量守恒定律：

$$\frac{1}{2} C_{\mathrm{T}} U_{\max}^2 = \frac{1}{2} L_{\mathrm{T}} I_0^2 + \frac{1}{2} C_{\mathrm{T}} U_0^2$$ (6-2)

$$U_{\max} = \sqrt{\frac{L_{\mathrm{T}}}{C_{\mathrm{T}}} I_0^2 + U_0^2}$$ (6-3)

如忽略截流瞬间电容上所储存的能量 W_{C}，则

$$U_{\max} = \sqrt{\frac{L_{\mathrm{T}}}{C_{\mathrm{T}}} I_0^2} = Z_{\mathrm{T}} I_0$$ (6-4)

式中　Z_{T}——变压器的阻抗特性，$Z_{\mathrm{T}} = \sqrt{\dfrac{L_{\mathrm{T}}}{C_{\mathrm{T}}}}$。

截流现象通常发生在电流曲线的下降部分，设 I_0 为正值，则相应的 U_0 必须为负值。当开关中突然灭弧时，L_{T} 中的电流 i_{T} 不能突变，电流将继续向 C_{T} 充电，使电容上的电压从" $-U_0$ "向更大的负值方向增大，如图 6.5 所示，此后在 L_0-C_{T} 回路中出现衰减性振荡，其频率为

$f = \dfrac{1}{2\pi\sqrt{L_{\mathrm{T}} C_{\mathrm{T}}}}$。

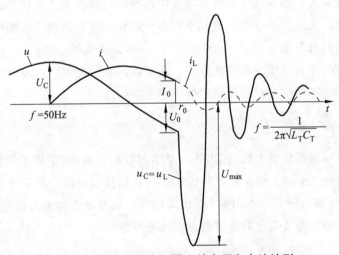

图 6.5　截流前后变压器上的电压和电流波形

以上介绍的是理想化的切除空载变压器过电压的发展过程，实际过程往往要复杂得多，断路器触头间会发生多次电弧重燃，这是因为截流在造成过电压的同时，也在断路器的触头间形成了很大的恢复电压，而且恢复电压上升速度很快。因此在切除过程中，当触头之间分开的距离还不够大时，可能发生重燃。

在多次重燃的过程中，能量的减少限制了过电压的幅值。与切除空载线路的情况正相反，重燃对降低过电压是有利因素。另外，变压器的参数显然也影响切除空载变压器过电压的幅值，又由于在振荡过程中变压器铁芯及铜线的损耗，相当一部分的磁能将会消失，因而实际的过电压将大大低于上述的最大过电压。

二、影响因素和限制措施

这种过电压的影响因素主要有：

1. 断路器性能

由式（6-4）可知，这种过电压的幅值近似地与截流值 I_0 成正比，而截流值与断路器性能有关，每种类型的断路器每次开断时的截流值 I_0 有很大的分散性。但其最大可能值有一定的限度，且基本上保持稳定，因而成为一个重要的指标；此外，切除小电流的电弧时，性能差的断路器（如多油断路器）由于截流能力不强，所以切除空载变压器过电压也比较低；而切除小电流性能好的断路器（如 SF_6，空气断路器）由于截流能力强，其切除空载变压器过电压较高。另外，如果断路器去游离作用不强（由于灭弧能力差），截流后在断路器触头间可引起电弧重燃，使变压器侧的电容电场能量向电源释放，从而降低了这种过电压。

2. 变压器特性

首先是变压器的空载励磁电流 I_L 或电感 L_T 的大小对 U_{max} 会有一定的影响。空载励磁电流大小与变压器容量有关，也与变压器铁芯所采用的导磁材料有关。近年来，随着优质导磁材料的应用日益广泛，变压器的励磁电流减小很多；此外，变压器绕组改用纠结式绕法以及增加静电屏蔽等措施使其对地电容 C_T 有所增大，过电压有所降低。

此外，变压器的相数、中性点接地方式、断路器的断口电容，以及与变压器相连的电缆线段、架空线段都会对切除空载变压器过电压产生影响。

3. 采用避雷器保护

这种过电压的幅值是比较大的，国内外大量实测数据表明：过电压的倍数为 2～3，有 10% 左右的可能性会超过 3.5 倍，极少数更高达 4.5～5.0 倍甚至更高。但是这种过电压持续时间短、能量小，因而要加以限制并不困难。可以采用普通阀型避雷器来有效地加以限制和保护。如果采用磁吹阀型避雷器或氧化锌避雷器，则效果更好。

4. 装设并联电阻

在断路器的主触头上并联一线性或非线性电阻，也能有效地降低这种过电压，不过为了发挥足够的阻尼作用和限制励磁电流作用，其限制值应接近于被切电感的工作激磁阻抗（数万欧），故为高值电阻，这对于限制切、合空载线路过电压显得有些太大了。

习题 6.2

6-4　影响空载变压器分闸过电压的因素有哪些？

6-5　如何限制空载线路分闸过电压？

6-6　一台电压等级为 500 kV 的三相变压器，其容量 $S=750$ MV·A，铁芯材料为冷轧硅钢片，励磁电流 $I\%=0.5\%$，绕组采用纠结式，绕组对地杂散电容 $C=10^4$ pF，求该变压器空载分闸可能产生的最大过电压倍数。

任务三　空载线路分闸过电压

切除空载线路是电网中常见操作之一，在切除空载线路的过程中，虽然断路器切断的是几十安到几百安的电容电流，比短路电流小得多，但如果使用的断路器灭弧能力不强，在切断这种电容电流时就可能出现电弧的重燃，从而引起电磁振荡，造成过电压。在实际电网中常遇到切除空载线路过电压引起阀式避雷器爆炸、断路器损坏、套管或线路绝缘闪络等情况。下面我们分析这种过电压的产生机理。

一、产生原理

我们对单相集中参数的简化等效电路分析，如图 6.6 所示，在 S 断开之前线路电压 $u_C(t)=e(t)$，设第一次熄弧（设时间为 t_1），发生断路器的工频电容电流 $i_C(t)$ 过零时（见图 6.7），线路上电荷无处泄放，$u_C(t)$ 保留为 E_m，触头间电压 $u_r(t)$：

$$u_C(t)=e(t)-E_m=E_m(\cos\omega t-1) \qquad (6-5)$$

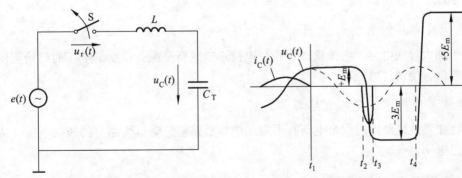

图 6.6　切除空载线路时的等值计算电路　　　图 6.7　切除空载线路过电压的发展过程

经过半个周期以后，$e(t)$ 变为 $-E_m$，这时两触头间的电压，即为恢复电压 $2E_m$。此时，如果触头间的介质的绝缘强度没有得到很好恢复，或绝缘强度恢复的上升速度不够快，则可能在 t_2 时刻发生电弧重燃，相当于一次反极性重合闸，$u_{C_{max}}$ 将达到 $-3E_m$。设在 $t=t_3$ 时，回路振荡的角频率为 $\omega_0=1/\sqrt{LC_T}$，大于工频下的 ω，电容电流第一次过零时熄弧，则 $u_C(t)$ 将保持；又经过 $T/2$ 后，$e(t)$ 又达最大值，触头间电压 $u_r(t)$ 为 $+E_m$。若此时触头再度重燃，则会导致更高幅值的振荡，$u_{C_{max}}$ 将达$+5\,E_m$。依此类推，每工频半周电弧重燃一次，线路过电压将不断增大，达很高数值，直至触头间绝缘强度足够高，不再重燃为止。

实际上受到一系列复杂因素的影响，切除空载线路的过电压不可能无限增大。当过电压较高时，线路上将产生强烈的电晕，电晕损耗将消耗过电压波的能量，引起过电压波的衰减，限制了过电压的增高。

二、影响因素

上述的分析是按照理想化的最严重的情况来进行的，它有助于帮助我们了解这种过电压产生的机理。实际上电弧的重燃不一定要等到电源电压达到最大值时才发生，熄弧也不一定在高频电流一次过零时完成。这样，线路上的残余电压就可能降低，从而减小了触头间的恢复电压和重燃过电压。因此，为了确定某一具体条件下最大可能的过电压，经常需要十几次的重复测试。下面介绍与切除空载线路相关的因素。

1. 断路器的性能

要避免切除空载线路过电压，最根本的措施就是改进断路器的灭弧性能，使其尽量不重燃。采用灭弧性能好的现代断路器，可以防止或减少电路重燃的次数，从而使过电压的最大值降低。不过，重燃次数不是决定过电压大小的唯一依据，有时也会出现一次重燃过电压的幅值高于多次重燃过电压幅值的情况。

2. 中性点的接地方式

中性点非有效接地的系统中，三相断路器在不同的时间分闸会形成瞬间的不对称电路，中性点会发生位移，过电压明显增高；一般情况下比中性点有效接地条件下切除空载线路过电压高出约 20%。

3. 母线上设有其他出线

这相当于加大母线电容，电弧重燃时残余电荷迅速重新分配，改变了电压的起始值使其更接近于稳态值，使得过电压减小。

4. 线路侧装有电磁式电压互感器等设备

它们的存在将使线路上的剩余电荷有了附加的释放路径，降低线路上的残余电压，从而降低了重燃过电压。

三、限制措施

切除空载线路过电压出现比较频繁，而且波及全线，成为选择电网绝缘水平的主要依据之一。所以采取适当措施来消除和限制这种过电压，对于降低电网的绝缘水平有很大的意义。主要措施如下：

1. 改善断路器的结构，避免发生重燃现象

断路器的重燃是产生这种过电压的最根本的原因，因此最有效的措施就是改善断路器的结构，提高触头间介质的恢复强度和灭弧能力，避免发生重燃现象。20 世纪 70 年代以前，在 110～220 kV 系统中，由于断路器的重燃问题没有得到很好的解决，致使出现很高幅值的过电压。但随着现代断路器设计制造水平的提高，如压缩空气断路器以及六氟化硫断路器等，大大改善了其灭弧性能，基本上达到了不重燃的要求。

2. 断路器加装并联电阻

这也是降低触头间的恢复电压、避免电弧重燃的一种有效措施。如图 6.8 所示是这种断路器一般采取的两种接线方式。在分闸时先断开主触头 1，经过一定时间间隔后再断开辅助触头 2。合闸时的动作顺序刚好与上述相反。在切除空载线路时，首先打开主触头 1，这时电阻 R 被串联在回路之中，线路上的剩余电荷通过 R 向外释放。这时主触头 1 的恢复电压就是 R 上的压降，显然要想使得主触头不发生电弧重燃，R 越小越好。之后，辅助触头 2 断开，由于恢复电压较低，一般不会发生重燃。即使发生重燃，由于 R 上有压降，沿线传播的电压波远小于没有 R 时的数值。所以，从这个方面考虑，又希望 R 大一些。综合以上两方面考虑，并考虑 R 的热容量，这种分闸电阻的阻值一般为 1 000～3 000 Ω，这样的并联电阻也称为中值并联电阻。

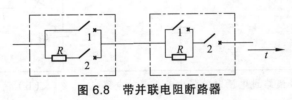

图 6.8　带并联电阻断路器

1—主触头；2—辅助触头；R—并联电阻

3. 利用避雷保护

安装在线路首端和末端的氧化锌避雷器或磁吹避雷器，也能有效地限制这种过电压的幅值。

4. 泄流设置的装设

将并联电抗器或电磁式互感器接在线路侧，可以使线路上的电荷得以泄放或产生衰减振荡最终降低断路器间的恢复电压，减少重燃的可能性，从而降低过电压。

习题 6.3

6-7　空载线路分闸过电压是如何产生的，有哪些危害？

6-8　影响空载线路分闸过电压的因素有哪些？

6-9　限制空载线路分闸过电压的措施有哪些？

任务四　空载线路合闸过电压

电力系统中，空载线路合闸过电压也是一种常见的操作过电压。通常分为两种情况，即正常操作和自动重合闸。由于初始条件的差别，重合闸过电压的情况更为严重。近年来由于采用了种种措施（如采用不重燃断路器、改进变压器铁芯材料等）限制或降低了其他幅值更高的操作过电压，空载线路合闸过电压的问题就显得更加突出。特在超高压或特高压电网的绝缘配合中，这种过电压已经成为确定电网水平的主要依据。

一、发展过程

1. 正常合闸的操作

这种操作通常出现在线路检修后的试送电过程，此时线路上不存在任何异常（如接地故障），线路电压的初始值为零。正常合闸时，若三相接线完全对称，且三相断路器完全同步动作，则可按照单相电路进行分析研究。在这里用集中参数等效电路的方法分析这种过电压的发展机理。

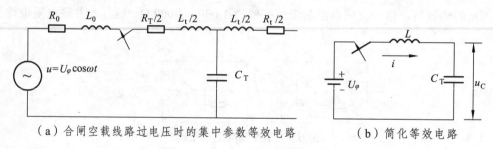

（a）合闸空载线路过电压时的集中参数等效电路　　　　（b）简化等效电路

图 6.9　合闸示意图的等效电路

在图 6.9（a）所示的等效电路中，其中空载线路用 T 形等效电路来代替，R_T、L_T、C_T 分别为其等效电阻、电感和电容，u 为电源的电压。在作定性分析时，还可忽略电源内阻和线路电阻的作用，这样就可进一步简化成如图 6.9（b）所示的简单振荡回路，其中电感 $L = L_0 + \dfrac{L_T}{2}$。若取合闸瞬间为时间起算点（$t = 0$），则电源电压的表达式为

$$u(t) = U_\varphi \cos \omega t \tag{6-5}$$

建立电路微分方程，根据初始条件，可得出

$$u_C = U_\varphi (1 - \cos \omega_0 t) = U_\varphi - U_\varphi \cos \omega_0 t \tag{6-6}$$

其中，U_φ 为稳定分量；$-U_\varphi \cos \omega_0 t$ 为自由振荡分量。

当仅关注过电压的幅值时，显然有

过电压的幅值 = 稳态值 + 振荡幅值 = 稳态值 +（稳态值 – 起始值）= 2 × 稳态值 – 起始值

对于空载线路，线路上不存在残余电压，起始值为零，故可得

$$u_{C_{max}} = 2U_{\varphi}$$

实际上，由于回路存在电阻和能量损耗，因而振荡将是衰减的，通常以衰减系数 δ 来表示，式（6-6）将变成

$$u_C = U_{\varphi}(1 - e^{\delta t}\cos\omega_0 t) \tag{6-7}$$

式中，衰减系数 δ 与图 6.8 中的总电阻 $\left(R_0 + \dfrac{R_T}{2}\right)$ 成正比。其波形如图 6.10 所示，最大值 $u_{C\max}$ 将略小于 $2U_{\varphi}$。

再者，电源电压并非为直流电压 U_{φ} 而是工频交流电压 $u(t)$，这时的 $u_C(t)$ 表达式将变为

$$u_C = U_{\varphi}(\cos\omega t - e^{\delta t}\cos\omega_0 t) \tag{6-8}$$

其波形如图 6.10（b）所示。

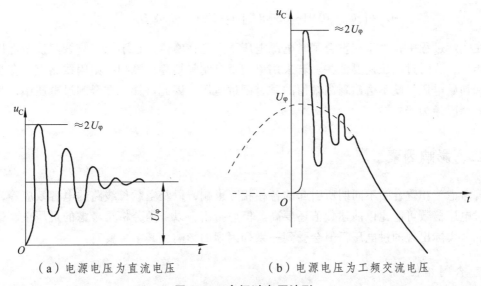

（a）电源电压为直流电压　　　　　　（b）电源电压为工频交流电压

图 6.10　合闸过电压波形

由于回路中存在的损耗，我国实测的过电压的最大倍数为 1.9 ~ 1.96。

2. 自动重合闸的情况

以上是正常合闸的情况，空载线路 *1* 没有残余电荷，初始电压 $u_C(0) = 0$。如果是自动重合闸的情况，那么条件将更为不利，主要原因在于这时线路上有一定残余电荷和初始电压，重合闸时振荡将更加激烈。

自动重合闸是线路发生跳闸故障后，由自动装置控制而进行的合闸操作。如图 6.11 所示为系统中常见的单相短路故障的示意图。在中性点直接接地系统中，A 相发生对地短路，短路信号先后到达断路器 Q₂、Q₁。断路器 Q₂ 先跳闸，之后，流过断路器 Q₁ 中健全相的电流是线路电容电流，故当电压电流相位相差 90°时，断路器 Q₁ 跳闸，于是在健全相线路上将留有残余电压。考虑到线路存在单相接地、空载线路的容升效应，该残余电压的数值会略高于 U_{φ}。

平均电压为 $1.3\sim1.4U_\varphi$ 时，在断路器 Q_1 重合闸前，线路上的残余电压将通过电路泄漏电阻入地，残余电压的下降速度与线路绝缘子的污秽情况、气候条件相关。

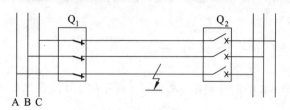

图 6.11　重合闸示意图

设 Q_1 重合闸之闸前，线路残余电压已下降 30%，即

$$(1-0.3)\times[(1.3-1.4)U_\varphi]=(0.91\sim0.98)U_\varphi$$

考虑最严重的情况，即重合闸时电源电压为 $-U_\varphi$，则重合闸时暂态过程中的过电压为

$$-U_\varphi+[-U_\varphi-(0.91\sim0.98)U_\varphi]=(-2.91\sim-2.98)U_\varphi$$

在实际过程中，由于在重合闸时电源电压不一定在峰值，也不一定与线路残余电压极性刚好相反，这时过电压还要低些。若采用单向重合闸只切除故障相，则因线路上不存在残余电荷和初始电压，就不会出现高幅值的重合闸过电压。因此可知，在合闸过电压中，三相重合闸的情况最为严重。

二、影响因素

若考虑三相重合闸不同期所引起的各相相互影响，以及空载长线路的电容效应等，则出现的过电压倍数可能比以前述数值还要高。但应指出，以上的分析是考虑的最严重、最不利的情况。实际出现的过电压幅值会受到一系列因素的影响，其中主要有：

1. 合闸相位

合闸时电源电压的瞬时值取决于它的相位，相位的不同直接影响着过电压幅值，若需要在较有利的情况下合闸，一方面需改进高压断路器的机械特性，提高触头运动速度，防止触头间预击穿的发生；另一方面通过专门控制装置选择合闸相位，使断路器在触头间电位极性相同或电位差接近于零时完成合闸。

2. 线路损耗

线路上的电阻和过电压较高时线路上产生的电晕都会构成能量的损耗，消耗了过渡过程的能量，而使得过电压幅值降低。

3. 线路上残余的变化

在自动重合闸过程中，由于绝缘子存在一定的泄漏电阻，大约有 0.5 s 的间歇期，线路残压会下降 10%~30%，从而有助于降低重合闸过电压的幅值。另外，如果在线路侧接有电磁式电压互感器，那么它的等效电感和等效电阻与线路电容构成一阻尼振荡回路，使残余电荷在几个工频周期内泄放一空。

三、降压措施

以上为过电压幅值的一些影响因素，合闸过电压的限制及降低措施主要有：

1. 装设并联合闸电阻

它是限制这种过电压最有效的措施，如图 6.8 所示，不过这时应先合辅助触头 2。后合主触头 1。整个合闸过程的两个阶段对阻值的要求是不同的：在合辅助触头时，阻尼作用越大，过电压就越小，所以希望选用较大的阻值；经过 8～15 ms，开始合闸的第二阶段，主触头 1 闭合，将 R 短接，使线路直接与电源相连，完成合闸操作。在第二阶段，R 值越大，过电压也就越大，所以希望有较小的阻值。因此，合闸过电压的高低与电阻值有关，某一适当的电阻值下可将合闸过电压限制到最低。如图 6.12 所示为 500 kV 开关并联合闸电阻 R 与过电压倍数 K_0 的关系曲线，当采用 450 Ω 的并联电阻时，过电压可限制在 2 倍以下。

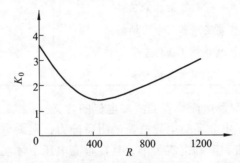

图 6.12 合闸电阻 R 与过电压倍数 K_0 的关系

2. 控制合闸相位

通过一些电子装置来控制断路器的动作时间，在各相合闸时，将电源电压的相位角控制在一定范围内，以达到降低过电压的目的。具有这种功能的同电位合闸断路器在国外已研制成功。它既有精确、稳定的机械特性，又有检测触头间电压（捕捉相电位瞬间）的二次选择回路。

3. 利用避雷器来保护

安装在线路首端和末端（线路断路器的线路侧）的氧化锌断路器或磁吹避雷器，均能对这种过电压进行限制。如果采用的是现代氧化锌避雷器，就有可能将这种过电压的倍数限制到 1.5～1.6，因而可不必在断路器中安装合闸电阻。

习题 6.4

6-10 空载线路合闸过电压是如何产生的？

6-11 影响空载线路合闸过电压的因素有哪些？

6-12 限制空载线路合闸过电压的措施有哪些？

习题答案

习题 1.1

1-1 列表比较电介质四种极化形式的形成原因、过程进行的快慢、有无损耗、受温度的影响。

解答：

电介质四种极化方式

极化形式	形成原因	过程	损耗	受温度影响
电子式	电子轨道的相对位移	快	无	极小
离子式	正、负离子电作用中心的空间位移	快	无	小
偶极子式	极性电介质（偶极子）的转向	慢	有	大
夹层电荷极化	空间电荷的积累	缓慢	有	大

1-2 说明绝缘电阻、泄漏电流、表面泄漏电流的含义。

解答： 绝缘电阻反映了电介质对电导电流的阻碍能力；泄漏电流是电介质中少量带电粒子在电场作用下的电导电流，泄漏电流很小，且在很高电压下才明显可测，这种泄漏电流也叫体积泄漏电流。沿电介质表面的泄漏电流叫表面泄漏电流。由体积泄漏电流可以判断绝缘的好坏，但测量到的泄漏电流通常是体积和表面泄漏电流的和，应加以区分。泄漏电流与绝缘电阻是电介质绝缘能力的不同表示方式，泄漏电流、电压和绝缘电阻的关系遵从欧姆定律。

1-3 说明介质电导与金属电导的本质区别。

解答： 电介质电导是离子性电导，参与导电的带电粒子很少，导电时伴有非物理变化；金属电导是电子性导电，带电粒子是大量自由电子，导电过程是物理变化。电介质电导金属电导随温度变化要明显的多。

1-4 何为吸收现象？在什么条件下出现吸收现象？说明吸收现象的成因。

解答： 电介质加上直流电压后，流过介质的电流 i 由大到小随时间衰减，最终稳定于某一数值的现象称为吸收现象。在直流电压作用下，流过电介质的电流 i 由三个分量组成，即 $i = i_C + i_A + i_G$。其中 i_C 为纯电容电流，它存在时间极短，很快衰减至零；i_G 为电介质中少量离子定向移动所形成的电导电流，它不随时间变化，其数值非常小；i_A 为有损极化所对应的电流，即夹层极化和偶极子式极化时的电流。它随时间衰减，被称为吸收电流。吸收电流衰减的快慢程度取决于介质的材料及结构等因素，这就是吸收现象的成因。

1-5 说明介质损耗角正切 $\tan\delta$ 的物理意义，以及其与电源频率、温度和电压的关系。

解答： $\tan\delta$ 是仅取决于交流电压下电介质的损耗特性的表征介质交流损耗程度的物理量。

它反映了电介质在交流电压下电导、极化以及电场强度较高时游离的损耗的综合结果。

在频率不太高的一定范围内，随着频率的升高，偶极子往复转向频率加快，极化程度加强，介质损耗增大，$\tan\delta$ 值增大。当频率超过某一数值后，由于偶极子质量的惯性及相互间的摩擦作用，来不及随电压极性的改变而转向，极化作用减弱，极化损耗下降，$\tan\delta$ 值降低。

中性或弱极性介质的损耗主要由电导引起，故温度对 $\tan\delta$ 的影响与温度对电导的影响相似，即 $\tan\delta$ 随温度的升高而按指数规律增大，且 $\tan\delta$ 较小。

极性介质中，当低于某温度 t_1 时，处于温度较低、电导极化损耗都小的状态，随着温度升高，电导损耗略有增大，极化损耗也增大（黏滞性减小，偶极子转向容易），所以 $\tan\delta$ 随温度升高而增大；超过 t_1 又低于某温度 t_2 时，分子热运动会妨碍偶极子沿电场规则排列，极化过程会随温度升高减弱，$\tan\delta$ 随温度升高而减小；温度超过 t_2 后导电损耗大幅度增加，$\tan\delta$ 随温升变大。

电压施加在介质上的电场强度不很高的一定范围内，电压升高时 $\tan\delta$ 几乎不变。当电场强度达到某一较高数值时，随着介质内部不可避免存在的弱点或气泡发生局部放电介损突增，$\tan\delta$ 随电场强度升高而迅速增大。

1-6 说明固体电介质的击穿形式和特点。

解答：固体电介质有电击穿、热击穿和电化学击穿三种击穿形式。

电击穿的主要特点是：由带电粒子碰撞游离形成，击穿电压高（相对于另外两种击穿形式），击穿过程极快，击穿前发热不显著，与环境温度无关。

热击穿的主要特点为：由带电粒子热游离发生热击穿，介质温度尤其是击穿通道处的温度特别高，击穿电压与电压作用时间、周围温度以及散热条件有关。

电化学的击穿特点为：通常是在电压长期作用以后（数十小时至若干年），介质劣化逐步发展形成的，它与固体电介质本身的耐游离性能、制造工艺、工作条件等都有密切的关系。

1-7 说明提高固体电介质击穿电压的措施。

解答：提高固体电介质击穿电压的措施：① 改进绝缘设计，选用绝缘强度高的材料，优化绝缘结构使场强均匀，组合利用不同绝缘材料；② 提高绝缘材料的品质，使材料少杂质、水分和气泡；③ 改善防潮散热等运行条件。

1-8 说明造成固体电介质老化的原因和固体绝缘材料耐热等级的划分。

解答：固体电介质的电老化原因是内部气泡放电的带电粒子撞击的机械作用、放电高温的热作用及放电腐蚀的化学作用。热老化的原因则是长期高温作用下的介质裂解和氧化等机械及绝缘性能降低，还有由大气条件下的光、氧、臭氧、盐、雾、酸、碱等因素引起的环境老化。

绝缘材料以安全运行十年为前提的最高工作温度而划分为 Y（90 ℃）、A（105 ℃）、E（120 ℃）、B（130 ℃）、F（155 ℃）、H（180 ℃）、C（>180 ℃）7 个等级。

1-9 说明变压器油的击穿过程以及影响其击穿电压的因素。

解答：变压器油在生产、运行中不可避免要混入杂质。这些杂质主要是气体、水分和纤维。这些水分和纤维的介电系数很大，它们在电场作用下很容易极化，受电场力吸引且被拉长，并且逐渐沿电场方向头尾相连排列成"小桥"。如果此"小桥"贯穿电极，则由于组成此"小桥"的水分和纤维的电导较大，使流过"小桥"的泄漏电流增大，发热增加，使水分汽化和小桥周围的油分解或汽化，即形成气泡。由于气泡中的电场强度要比油中高得多（与介电系数成反比），而气泡中气体的击穿强度又比油低得多，所以一旦气泡在电场作用下排列连成贯通两电极的"小桥"，击穿就在此气泡通道中发生。

影响变压器油击穿电压的因素有：① 变压器油的含水量、含纤维量、含气量杂质越多，击穿电压越低；② 温度在 0 ~ 5 ℃时，油中水分是悬浮状态为最多，此时"小桥"最易形成，故击穿电压达最小值；③ 击穿电压随压力增加而增大；④ 击穿电压随电压作用时间增加而降低；⑤ 电场强度分布愈均匀，击穿电压也愈高。

习题 1.2

1-10 气体中质点的游离和去游离有哪些主要方式？

解答：气体中质点有碰撞、光照、热激发和表面逸出等几种游离方式。带电质点去游离的主要方式有扩散、复合和电子吸附等。

1-11 什么叫自持放电？简述汤逊理论的自持放电条件。

解答：外施电压达到一定值后，气隙中的游离过程依靠电场的作用可以自行维持，而不再需要外界游离因素了。这种不需要外界游离因素也能维持的放电称为自持放电。

汤逊理论的自持放电条件是

$$\gamma(e^{\alpha s} - 1) = 1$$

即放电过程中正离子在撞击阴极表面时，至少能从阴极表面释放出一个有效电子，那么这个有效电子将在电场作用下向阳极运动，产生碰撞游离，发展新的电子崩。即使没有外界游离因素存在，放电也能继续下去，即放电达到了自持。

1-12 汤逊理论与流注理论的主要区别在哪里？它们各自的适用范围如何？

解答：汤逊理论与流注理论的主要区别在于：流注理论的自持放电主要因素多了一条"光游离作用"，这种光游离是放电中正负空间电荷复合所释放的光子引起的。

汤逊理论适合解释低气压、短时间和均匀电场下的气体放电现象，而流注理论适合解释大气压、非短时间和均匀电场下的气体放电现象。

1-13 极不均匀电场中的放电有何特性？比较棒-板气隙极性不同时电晕起始电压和击穿电压的高低，简述其理由。

解答：极不均匀电场中的放电具有：持续的电晕放电、长间隙的先导放电和不对称极不均匀电场中的极性效应三个特性。

间隙相同时正棒-负板间隙击穿电压比负棒-正板间隙低，而起晕电压相反。原因是正棒-负板间隙中，正空间电荷的电场加强了放电的发展，使击穿电压较低。但这种空间电荷又有减弱正棒附近场的作用，所以电晕放电起始电压比较高。

1-14 电晕放电是自持放电还是非自持放电？电晕放电有何危害及用途？

解答：电晕放电是自持放电。

电晕放电的危害是产生的高频电磁波、光、声、热的效应以及化学反应等。电晕放电既能造成输电线路上的功率损耗，也能产生对无线电通信和测量信号的严重干扰，还会使空气发生化学反应，形成臭氧及氧化氮等，产生氧化和腐蚀作用。所以应力求避免或限制电晕放电的产生。在超高压输电线路上普遍采用分裂导线来防止产生电晕放电。

电晕放电的用途则是可削弱输电线路上雷电冲击电压波的幅值和陡度，也可以使操作过电压产生衰减。还可以利用电晕放电净化工业废气，制造净化水和空气用的臭氧发生器，发展静电喷涂技术和电除尘等。

1-15　什么是巴申定律？在何种情况下气体放电不遵循巴申定律？

解答：巴申定律：当气体种类和电极材料一定时，气隙的击穿电压U_F是气体压力P和极间距离S乘积的函数。

除了均匀电场及温度恒定的气体放电，其它状况不遵循巴申定律。

1-16　雷电冲击电压下间隙击穿有何特点？冲击电压作用下放电时延包括哪些部分？用什么来表示气隙的冲击击穿特性？

解答：雷电冲击电压下间隙击穿特点：除了与雷电压有关外，还与击穿过程（即放电时间）有关。

冲击电压作用下放电时延包括放电时延和统计时延两部分。

用伏秒特性来表示气隙的冲击击穿特性。

1-17　什么叫伏秒特性？伏秒特性有何实用意义？

解答：同一波形、不同幅值的冲击电压作用下放电时，间隙上出现的电压最大值和放电时间的关系，称为间隙的伏秒特性。

伏秒特性是防雷设计中实现保护设备和被保护设备间绝缘配合的依据。为了使被保护设备得到可靠的保护，被保护设备绝缘的伏秒特性曲线的下包线必须始终高于保护设备的伏秒特性曲线的上包线。

1-18　影响气体间隙击穿电压的因素有哪些？提高气体间隙击穿电压有哪些主要措施？

解答：影响气体间隙击穿电压的因素有电场分布均匀度、大气压力、温度和湿度等。

提高气体间隙绝缘强度的措施有两个：一个是改善电场分布，使之尽量均匀，如采用适当的电极形状和加屏障等；另一个是削弱气体间隙中的游离过程，如采用高气压、高真空及高绝缘强度气体（如SF_6）等。

1-19　沿面闪络电压为什么低于同样距离下纯空气间隙的击穿电压？

解答：气体介质与固体介质的交界面电场的分布畸变使沿面闪络电压低于同样距离下纯空气间隙的击穿电压。电场的分布畸变的原因有绝缘介质与电极间放电生成的电荷聚集在电极沿面附近；潮气附着在沿面上；介质沿面电压分布不均匀；介质表面粗糙造成的沿面电场畸变等。

1-20　分析套管的沿面闪络过程，提高套管沿面闪络电压有哪些措施？

解答：套管的沿面闪络过程是：由于套管的绝缘介质沿面存在电场的垂直分量，且法兰盘附近的电场很强，故首先出现电晕放电；随着电压的升高，电晕放电火花向外延伸，放电区逐渐形成许多平行的细线状火花；线状火花的长度随外施电压的提高而增加，超过某一临界值后，温度可高到足以引起气体热游离的数值；热游离使通道中的带电质点急剧增加，形成浅蓝色的、光亮较强的、有分叉的树枝状火花；此时的放电称为滑闪放电，电压升高到滑闪放电的树枝状火花到达另一电极时，就产生沿面闪络。

提高套管沿面闪络电压措施有增大沿面闪络距离，提高套管的起晕电压等。

1-21　试分析绝缘子串的电压分布及改进电压分布的措施。

解答：绝缘子串中各个绝缘子具有等值电容 C，还有与铁塔间分布电容 C_E、与导线间分布电容 C_L。由于 C_E 大于 C_L，电容的分压作用使绝缘子各片电压分布不均匀，呈中间小导线处大的状态。

改进电压分布不均匀的措施是在绝缘子的导线悬挂点加装"均压环"加大 C_L，使分压趋于均匀。

1-22　什么叫绝缘子的污闪？防止绝缘子污闪有哪些措施？

解答：绝缘子因为表面污秽造成的沿面闪络放电叫污闪。清除污秽、提高绝缘子表面的耐潮性和憎水性及采用半导体釉绝缘子等是防止污闪的有效措施。

习题 2

2-1　对高压电气设备绝缘油有哪些基本要求？

解答：高压电气设备绝缘油的基本要求是：高电场作用下吸气性好；黏度、凝固点适当；闪点高；化学性能稳定；能与其他材料稳定共存；无毒或微毒。

2-2　电力工业中的移相电容器有何作用，为什么能起这些作用？

解答：移相电容器的作用是使功率因数提高，从而可以显著地提高原有电力设备（如变压器、断路器等）的利用率。

在电路中电容电流相位超前电压 $90°$，可抵消一部分相位滞后于电压 $90°$ 的电感电流，使线路电流减小，相角减小，从而使功率因数提高，减小了线路电阻的有功损耗，同时减小线路压降和空载与满载之间的电压波动。

2-3　电力电容器常用的绝缘介质有哪些？它们各有何主要特点？

解答：电力电容器常用的绝缘介质有电容器纸、塑料薄膜、金属化纸和金属化薄膜、液体介质等。

主要特点：电容器纸厚度薄（$8\sim15\ \mu m$），密度大（$0.8\sim1.2\ g/cm^2$），机械强度高，含杂质少，耐电强度比其他电工用纸都高；塑料薄膜机械强度、耐电强度都很高，$\tan\delta$ 值远比纸小，且 ε_r 及 $\tan\delta$ 几乎与电源频率无关，可用于各种频率；金属化纸和金属化薄的膜金属薄膜的厚度仅为 $0.05\sim0.1\ \mu m$，可以大大节约金属材料和减轻电容器的重量。特别是金属化纸和金属化薄膜具有"自愈性"；液体介质能够提高和保障电容器的电气性能。

2-4　试述黏性浸渍纸电力电缆的结构。

解答：黏性浸渍纸电力电缆的结构由内到外由电缆芯、相绝缘、填料、带绝缘、纸带和黄麻保护层、半导电纸带或金属化纸带的屏蔽层、铅皮、裹覆钢带、麻纱沥青防锈层等构成。

2-5　从电场分布的角度看，为什么较高电压等级的电缆不采用三相带式绝缘电缆？

解答：三相带式绝缘电缆中，电场不是同轴圆柱体电场，在交流电压的每一周期中各个瞬时的电场强度分布也各不相同，绝缘层中许多地方电场的分布不但存在垂直于浸渍纸层的径向分量，而且还存在沿浸渍纸层的切线分量。对于浸渍纸，沿纸表面的耐电强度只有垂直纸面的 $1/10\sim1/20$。于是沿纸表面电场分量的出现，会大大降低电缆的耐电强度。另外，带式绝缘电缆中的电场，不仅作用于带绝缘和相绝缘，而且还作用于相间的填料，而填料（纸绳或麻绳）的电气性能比浸渍纸低。所以较高电压等级的电缆都不采用带式绝缘结构。

2-6 高压套管按瓷套与导电杆之间结构方式的不同分为哪几种？它们各自的结构特点是什么？

解答：高压套管按瓷套与导电杆之间结构方式的不同分为纯瓷套管、充油套管和电容套管等几种。

它们各自的结构特点是：纯瓷套管以电瓷（或还有空气）为绝缘，结构简单，维护方便；充油套管的击穿电压、散热性能比原来空心时大为改善；电容套管电气性能比充油套管好，同时具有较小的体积和较大的机械强度。

2-7 电容式套管的电容芯子为什么制成锥体状？

解答：电容式套管的电容芯子中每两层金属箔间形成一圆柱电容器，每层金属箔的径向电场强度为 $E_r = f(rl)$，只有当 rl 为一常数时，E_r 才为常数，即各层径向电场强度才均匀相等。为了使导电杆与地极间的电场比较均匀，把离导电杆较远（r 大）的金属箔宽度（l）设计得较短，这样电容的体积就成了锥体状。

2-8 为什么在电力变压器高压绕组与铁轭之间的绝缘距离要求比高低压绕组之间的绝缘距离还要大？

解答：在绕组对铁轭的绝缘中，端部电场对固体绝缘表面存在垂直分量的同时，不可避免地存在较大的切线分量。所以，在绕组端部，容易发生沿固体绝缘表面的电晕放电和滑闪放电，表面滑闪和烧焦的延伸容易导致绕组端部与铁轭间绝缘击穿。因此，在绕组与铁轭间的绝缘距离要取得比绕组之间的大得多。

2-9 具体分析变压器纠结式绕组改善冲击电压下电压分布的原理。

解答：在纠结式绕组中，可以使两饼间的电容显著增大，即增大了变压器绕组纵向电容 K，使绕组在冲击电压作用下的电压分布大为均匀。

2-10 试分别叙述旋转电机套筒式绝缘和连续式绝缘的结构和各自的优缺点。

解答：套筒式绝缘是在电机绕组的直线部分用大张云母箔包绕到所需厚度，然后经过钢模热压而成。绕组端部则是用云母带作螺旋状包绕。包绕时，后一圈绝缘带要将前一圈搭盖上一半，称为半叠包绕，达到所需厚度后外面再绕一层漆布作保护层。在直线部分与端部绝缘交接处包绕成反锥形。套筒式绝缘工艺简单，成本较低，绝缘表面平整光滑。由于直线部分与端线部分的绝缘存在接缝，即使采用反锥形使爬电距离大为增加，接缝也仍然是电和机械的薄弱点，其击穿电压仅为槽部的 20%～40%；另外，大张的云母箔烘卷时，常在层间留下气隙，容易产生局部放电，介质损耗较大。

连续式绝缘是在整个绕组上采用同一种绝缘带半叠包绕若干层达到所需厚度，然后再外包几层纱布带，进行真空压力浸渍沥青胶，再解除外层纱布带而成。连续式绝缘的直线部分和端部都是同一种绝缘，没有套筒式那样的两种绝缘间的接缝，直线与端线交接处的绝缘跟槽部绝缘的电气强度相同。另外，由于经过真空压力浸胶，绝缘内部气隙极少，所以不容易产生局部放电，介质损耗小。但是，连续式绝缘的工艺复杂，成本较高。还有，在运行过程中，在热和机械的作用下，连续式绝缘容易产生松动和分裂，特别是槽口部分更是如此，从而显著降低该处的电气强度。此外，由于浸渍沥青胶而受沥青软化点温度限制，连续式绝缘运行允许温度较低。

2-11 旋转电机的防电晕措施有哪些?

解答：旋转电机的防电晕措施有：① 改善工艺，改善材料，以尽量减少由于制造或运行中带来的绝缘内部的气隙；② 在绕组的外层包以半导体玻璃丝带，在定子绕组下线前将定子槽内壁涂以半导体漆，从而将绕组固体绝缘与铁芯间的气隙短路，减小气隙上所承担的电压，以抑制电晕的发生；③ 下线以后，绕组应压紧密，若间隙过大，用半导体适形材料或半导体波纹板等塞紧。

习题 3

3-1 绝缘预防性试验的目的是什么？它分为哪两大类？

解答：绝缘预防性试验是指对运行中的电力设备的绝缘进行按规定的条件、项目、周期的定期试验检查，目的是通过试验及早和及时发现设备绝缘的各种缺陷（制造过程中潜伏的、运输过程中形成的或运行过程中发展的），并通过检修将这些绝缘缺陷排除，从而预防发生事故或预防设备损坏。

绝缘预防性试验分为非破坏性试验及耐压试验两大类。

非破坏性试验即绝缘特性试验。它是指在较低电压（低于或接近额定电压）下测量绝缘的各种特性（如绝缘电阻、介质损失角正切 $\tan\delta$ 等）的各种试验。由于试验电压低，所以在试验过程中不会损伤电气设备的绝缘。

耐压试验。在设备绝缘上施加各种耐压试验电压以考验绝缘对这些电压的耐受能力。耐压试验电压则模拟电气设备绝缘在运行过程可能遇到的各种电压（包括过电压）的大小和波形。由于耐压试验电压大大高于额定工作电压，所以在试验过程中有可能（但不一定）对绝缘造成一定的损伤（即破坏），并有可能使原本有缺陷但可修复的绝缘发生击穿。因此，尽管耐压试验较绝缘特性试验更为直接和严格，但需在绝缘特性试验合格后才能进行试验。

3-2 用兆欧表测量大容量试品的绝缘电阻时，为什么随着加压时间的增加兆欧表的读数由小逐渐增大并趋于一稳定值？兆欧表的屏蔽端子有何作用？

解答：用兆欧表测量大容量试品的绝缘电阻时，随着加压时间的增加兆欧表的读数由小逐渐增大并趋于一稳定值说明介质在发生极化和吸收现象。

兆欧表的屏蔽端子是用来屏蔽绝缘体表面的泄漏电流，使测量结果更准确。

3-3 何谓吸收比？绝缘干燥时和受潮后的吸收现象有何特点？为什么可以通过测量吸收比来发现绝缘的受潮？

解答：测定加压后 15 s 的绝缘电阻 R''_{15} 值和 60 s 时的绝缘电阻 R''_{60} 值，并把后者对前者的比值称为绝缘的吸收比。

如果绝缘状况良好，吸收比便远大于 1，吸收现象特别明显。如果绝缘受潮严重或是绝缘内部有集中性的导电通道，由于泄漏电流大增，吸收电流迅速衰减，使加压后 60 s 时的电流基本上等于 15 s 时的电流，吸收比 ≈1。因此，利用绝缘的吸收曲线的变化或吸收比的变化，可以有助于判断绝缘的状况。

3-4 什么是测量 $\tan\delta$ 的正接线和反接线？各适用于何种场合？试述测量 $\tan\delta$ 时干扰产生的原因和消除的方法。

解答：正接线是试品处于高电位，没有接地端，而电桥的 D 点接地，电桥体处于低电位的接线方式。反接线方式是把电桥的 *D* 点接到电源的高压端，电桥处于高电位，试品有接地端，处于低电位。前者适用于实验室，后者适用于现场。

测量 $\tan\delta$ 时干扰产生的原因是被试品和桥体往往处在周围带电部分的电场作用范围之内，对被试品通常无法做到全部屏蔽，干扰电源电压就会通过与被试品高压电极间的杂散电容产生干扰电流，从而影响测量的准确性。

消除或减小电场干扰可采用尽量远离干扰源，采用移相电源和采用倒相法等措施。

3-5 给出对被试品进行工频耐压试验的原理接线图，说明各元件的名称和作用。被试品试验电压的大小是根据什么原则确定的？当被试品容量较大时，其试验电压为什么必须在工频试验变压器的高压侧进行测量？

解答：左图是原理接线图，图中 T1—调压器，它的作用是调节电压；T2—工频试验变压器，通过它将交流低压变成交流高压；V—高压硅堆起整流作用；*r*—变压器保护电阻；R_1—球隙保护电阻；C_x—被试品的电容。

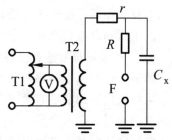

题 3-5 答图　工频耐压试验接线图

我国有关国家标准以及我国原电力工业部颁发的《电力设备预防性试验规程》中，对各类电气设备的试验电压都有具体的规定，被试品试验电压的大小主要是根据这些规定和相关的运行经验来决定。工频耐压试验必须在一系列非破坏性试验之后再进行。

等值电容量较大的设备进行工频耐压试验时，流过试验回路的电容电流在工频试验变压器的漏抗上产生一个与被试品上的电压反方向的电压降落，从而导致被试品上的电压比工频试验变压器高压侧的输出电压还高，此种现象称为"容升现象"，因此应该直接在被试品的两端即高压侧测量电压，否则将会产生很大的测量误差，也可能会人为地造成绝缘损伤。

3-6 给出被试品一极接地时测量直流泄漏电流的接线图，并说明各元件的名称和作用。

解答：如题 3-6 答图，T1—调压器，它的作用是调节电压；T—工频试验变压器，通过它将交流低压变成交流高压，其电压值必须满足试验的需要，由于被试设备的电导甚小，试验时电流一般不超过 1 mA，现场试验时，可用电压互感器来代替工频试验变压器；V—高压硅堆起整流作用；*C*—滤波电容器，其作用是使整流电压平稳，在现场试验时，当被试品的电容值较大时，滤波电容可以不加，当被试品较小时，则需接人一个 0.1 μF 左右的电容器，以减小电压的脉动；R_1—保护电阻，限制被试品击穿时的短路电流不超过 V 表和试验变压器的允许值，其值可按 10 Ω/V 来选取，通常用玻璃管或有机玻璃管充水溶液制成；μA—微安表，用作测量泄漏电流，它的量程可根据被试品的种类及绝缘情况等适当选择。

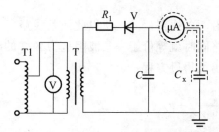

题 3-6 答图　被试品一极接地时试验接线图

习题 4.1

4-1　雷云对地放电的过程分为哪几个阶段？各有什么特点？

解答：雷云对地放电的过程分为先导放电阶段、主放电阶段和余辉放电阶段。

先导放电特点是通道式的小规模放电；主放电特点是由先导通道发展而来的雷云及大地极性相反的巨量电荷相向运动，互相中和形成巨大的放电电流；余辉放电特点是电流较小但时间较长。

4-2　简要说明行波沿无损导线传播时为什么会产生折射和反射？

解答：行波在导线的传播过程中，当从一种波阻的导线 1 向另一种波阻的导线 2 传播时，导线 1 中电压波对电流波的比值与导线 2 中电压波对电流波的比值不相同，于是前行的电压波和电流波在两导线连接点处必将发生变化，从而造成波的折射；另一方面，在两导线连接点处的电压和电流只能有一个数值，由此行波在连接点处发生折射的同时，还发生反射。

4-3　行波通过电感和电容后会有什么变化？为什么？

解答：行波通过电感和电容后都使电压波波头被拉长而变平缓。

当行波投射到电感的第一个瞬间，电感的作用就像电路开路一样将行波全反射回去，即此刻线路通过的电流为零。因而电感之后线路电压也将为零；之后，流过电感的电流逐渐增大，电感之后线路的电压也随之逐渐增大。也就是说行波通过电感以后电压波波头被拉长而变平缓。

行波通过并联电容时第一个瞬间，电容的作用就像电路短路一样，故流经电容的电流等于入射电流的 2 倍，而并联在电容上的阻抗上的电流 i_2 和电压 u_2 都为零；之后，电容上的电压将随着电容逐渐充电而增大。i_2、u_2 也随之逐渐增大。这样行波通过电容以后电压波波头被拉长而变平缓。

4-4　某变电所母线上接有三路出线，其波阻抗均为 500 Ω。

（1）设有峰值为 1 000 kV 的过电压波沿线路侵入变电所，求母线上的电压峰值。

（2）设上述电压同时沿线路 1 及线路 2 侵入，求母线上的过电压峰值。

解：（1）根据式（4-20）$u_Z = \dfrac{2}{n} u_R$ 及 $u_R = 1\,000$ kV，$n = 3$ 得

$$u_Z = \frac{2}{3} \times 1\,000 = 666.67 \ (\text{kV})$$

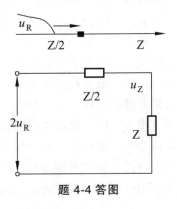

题 4-4 答图

（2）由于相同电压同时沿两条线路侵入，所以此两条线路离变电站母线对应点是等电位的，所以两条阻抗为 Z 的线路同时就等价于一条波阻抗为 $Z/2$ 的线路进波，对应的彼得逊等值电路如右图所示，由图列出彼得逊方程：

$$2u_R = \frac{2u_R}{Z/2 + Z} Z + u_Z$$

解方程得母线上电压为

$$u_Z = 2u_R - \frac{2u_R}{Z/2 + Z}Z = \frac{4}{3}u_R = 1\,333.33\,(\text{kV})$$

4-5 如图 4.19 所示，线路 B 端为短路状态时，试画出 S 闭合后线路中点 C 的电压和电流波形。

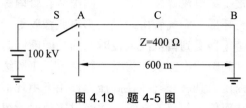

图 4.19 题 4-5 图

解：设开关 S 在 $t=0$ 时合闸。开关合闸后线路上就有一幅值为 $U_0 = 100$ kV 的无穷长直角电压波自 A 向 B 传播，经时间 600/2/300=1 μs，即 $t=1$ μs 时，电压波传至 C 点，对应的电流波也传至 C 点。即 $t=1$ μs 时，$u_C = U_0 = 100$ kV。

电压波 U_0 在 $t=2$ μs 时传至 B 点发生负的全反射而此负的全反射波电压 $-U_0$ 在 $t=3$ μs 时传至 C 点从而使 C 点的电压 u_C 变为零。负的反射波电压 $-U_0$ 在 $t=4$ μs 时到达 A 点应使 A 点电压变为零，但实际上由于电源的恒压作用，A 点仍保持 U_0 的电压，这就相当于空载线路又一次合闸电源，再经 1 μs 即 $t=5$ μs，又有 $u_C = U_0\cdots$，从而重复前述过程。即对于 C 点的电压，有

$t < 1$ μs 时 $u_C = 0$

1 μs ≤ $t < 3$ μs 时 $u_C = U_0 = 100$ kV

3 μs ≤ $t < 5$ μs $u_C = 0$

$t > 5$ μs 之后重复前述过程。

对于 C 点的电流：

$t < 1$ μs 时 $i_C = 0$

1 μs ≤ $t < 3$ μs 时 $i_C = U_0/Z = 100/400 = 0.25\,(\text{kA})$

3 μs ≤ $t < 5$ μs 时 $i_C = U_0/Z + (-U_0)/(-Z)$ [据式（4-18）]

          $= 100/400 + (-100)/(-400) = 0.5\,(\text{kA})$

$t > 5$ μs 之后重复前述 1 μs ≤ t ≤ 5 μs 过程……

所以 C 点的电流、电压波形如题 4-5 答图所示。

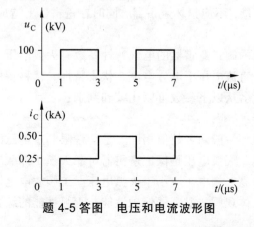

题 4-5 答图   电压和电流波形图

习题 4.2

4-6　排气式避雷器的构造和工作原理是怎样的？试分析与保护间隙的相同与不同点。

解答：排气式避雷器构造上有两个间隙相互串联，一个在大气中称外间隙，其作用是隔离工作电压以避免产气管被工频电流烧坏，另一个间隙装在管内称为内间隙或灭弧间隙，其电极一端为棒形，另一端为环形。产气管由纤维、塑料或橡胶等产气材料制成。

作用原理：当排气式避雷器受到雷电波入侵时，内外间隙同时击穿，雷电流经间隙流入大地，过电压消失后，内外间隙的击穿状态将是工频续流，工频续流电弧的高温使管内产气材料分解出大量气体，管内压力升高，气体在高压力作用下由环形电极的开口孔喷出，形成强烈的对电弧纵吹作用，从而使工频续流在第一次经过零值时就熄灭。

与保护间隙的相同点是雷电侵入波要危及它所保护的电气设备的绝缘时，避雷器中工作间隙首先击穿，工作母线接地，避免了被保护设备上的电压升高，从而保护了设备。不同点是雷电过后排气式避雷器有更强的熄弧能力。

4-7　试全面比较阀式避雷器与氧化锌避雷器的性能。

解答：阀式避雷器与氧化锌避雷器都具有良好的保护性能。

氧化锌避雷器比碳化硅阀式避雷器具有更好的保护性能，氧化锌避雷器没有间隙，在陡波头下伏秒特性上翘要比碳化硅阀型避雷器小得多，在陡波头下的冲击放电电压的升高也小得多；无续流和通流容量大。只吸收过电压能量，不吸收工频续流能量，这不仅减轻了其本身的负载，而且对系统的影响甚微。再加上氧化锌阀片通流能力要比碳化硅阀片大 4～4.5 倍，可以制成特殊用途的重载避雷器，用于长电缆系统或大电容器组的过电压保护；还易于制成直流避雷器。

4-8　在过电压保护中对避雷器有哪些要求？这些要求是怎样反映到阀式避雷器的电气特性参数上来的？从哪些参数上可以比较和判别不同避雷器的性能优劣？

解答：在过电压保护中对避雷器基本要求：

（1）雷电击过电压波危及被保护绝缘时，要求避雷器能瞬时动作。

（2）避雷器一旦在冲击电压作用下放电，应当具有自行迅速截断工频续流、恢复绝缘强度的能力，使电力系统得以继续正常的工作。

（3）应当具有平直的伏秒特性曲线，并与被保护设备的伏秒特性曲线之间有合理的配合。这样，在被保护物可能击穿以前，避雷器便发生动作，将过电压波截断，从而得到可靠的保护。

（4）具有一定通流容量，不应损坏避雷器，同时在避雷器上造成的压降-残压应低于被保护物的冲击耐压。

反映这些电气特性能的阀式避雷器的电气特性参数有灭弧电压、工频放电电压、冲击放电电压、残压、保护比、直流电压下电导电流、伏安特性、伏秒特性等。

不同避雷器的性能优劣从以下参数可以比较和判别：

（1）对于阀式避雷器：

冲击放电电压和残压（一般两者数值相同）是衡量限制过电压能力的参数，其数值越低对被保护设备绝缘越有利。灭弧电压是保证避雷器可靠灭弧（即截断工频续流）的参数，避雷器安装点可能出现的最高工频电压应小于灭弧电压。工频放电电压是保证阀式避雷器不在内过电压下动作的参数。体现阀式避雷器保护性能与灭弧性能的综合参数是保护比（残压与灭弧电压之比）和切断比（工频放电电压与灭弧电压之比）。

（2）对于氧化锌避雷器：

残压（雷电冲击残压、操作冲击残压、陡坡冲击残压）是衡量氧化锌避雷器对不同冲击过电压限压能力的参数。持续运行电压和额定电压是保证氧化锌避雷器可靠运行所允许的最大工频持续电压和最高工频电压（非持续性）。1 mA 下直流电压和工频参考电压是反应氧化锌避雷器热稳定性及寿命的参数。荷电率（持续运行电压峰值与参考电压之比）是表征氧化锌阀片电阻在运行中承受电压负荷的指标。

4-9 某原油罐直径 ϕ 为 10 m，高出地面 h_x 为 10 m，若采用单根避雷针保护，且要求避雷针与罐距离 S 不得少于 5 m，试计算该避雷针的高度。

解答：如题 4-9 答图，若设计高 h 小于 30 m，则高度影响系数 $P = 1$，由式（4-42）

$$r_x = (h - h_x)P$$

得

$$r_x = h - h_x = \phi + S = 10 + 5 = 15 \text{（m）}$$

$$h = r_x + h_x = 15 + 10 = 25 \text{（m）}$$

那么 $\dfrac{h}{2} = 25/2 = 12.5$，而 $h_x = 10$，与 $h_x \geqslant \dfrac{h}{2}$ 不符，舍去。改用 $h_x < \dfrac{h}{2}$ 条件下的 $r_x = (1.5h - 2h_x)P$ 计算：

$$r_x = 1.5h - 2h_x = 15 \text{（m）}$$

$$h = (15 + 2h_x)/1.5 = (15 + 20)/1.5 = 23.34 \text{（m）}$$

满足 $h \leqslant 30$ m，$P = 1$ 的条件，所以避雷针的高度 $h \geqslant 23.34$ m（不能用四舍五入）。

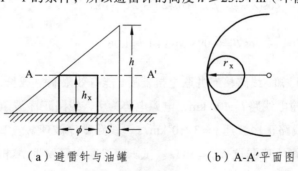

（a）避雷针与油罐　　　　（b）A-A'平面图

题 4-9 答图

习题 5.1

5-1 电力系统中产生工频过电压的主要原因有哪些？

解答：空载长线路引起的电容效应、系统发生不对称接地故障以及发电机的突然甩负荷是工频过电压产生的主要原因。

5-2 为什么在超高压、特高压电网中特别重视工频过电压？

解答：对于特高压、超高压的远距离输电系统，工频过电压对确定系统绝缘水平起着决定性作用，必须予以重视。这时因为：系统中有可能在伴随工频电压升高的同时，产生操作过电压。这两种过电压联合作用，会对电气设备绝缘造成危害。

5-3　某 500 kV 线路，线路长 400 km，线路波阻抗 $Z_C = 260\,\Omega$，电源漏抗为 $X_S = 100\,\Omega$，并联电抗器 $X_L = 1\,034\,\Omega$，电源电动势为 E。求线路末端接或不接电抗器时，沿线最高电压和末端电压与电源电动势的比值。

解答：

$$\lambda = 0.06° \times 400 = 24°$$

$$\varphi = \arctan \frac{X_S}{Z_C} = \arctan \frac{100}{200} = 21°$$

$$\beta = \arctan \frac{Z_C}{X_L} = \arctan \frac{260}{1034} = 14.1°$$

当线路空载且末端不接电抗器时，线路末端电压最高，线路末端电压与电源电动势的比值为

$$\frac{U_2}{E} = \frac{\cos\varphi}{\cos(\lambda+\varphi)} = \frac{\cos 21°}{\cos(24°+21°)} = 1.32$$

当线路空载且末端接电抗器时，线路上最高电压、线路末端电压与电源电动势的比值为

$$\frac{U_S}{E} = \frac{\cos\varphi}{\cos(\lambda+\varphi-\beta)} = \frac{\cos 21°}{\cos(24°+21°-14.1°)} = 1.09$$

$$\frac{U_2}{E} = \frac{U_\beta}{E}\cos\beta = 1.09 \times \cos 14.1° = 1.06$$

从本例计算数值可知，线路接有并联电抗器后，能有效限制空载长线路的工频电压升高。

5-4　某 500 kV 输电线路 $l = 400$ km，电源电势为 E，线路正序波阻抗 $Z_{C1} = 260\,\Omega$，零序波阻抗 $Z_0 = 500\,\Omega$，线路正序波速 $v = 3 \times 10^5\,\text{km/s}$，线路零序波速 $v_0 = 2 \times 10^5\,\text{km/s}$，电源正序漏抗 $X_{S1} = 100\,\Omega$、电源零序漏抗 $X_{S0} = 50\,\Omega$。试求该线路空载发生 A 相末端接地时，线路末端健全相的电压升高倍数。

解答：

$$\varphi = \arctan \frac{X_{S1}}{Z_{C1}} = \arctan \frac{100}{260} = 21°$$

$$\varphi_0 = \arctan \frac{X_{S0}}{Z_0} = \arctan \frac{50}{500} = 5.71°$$

$$\lambda = 0.06\,l = 0.06° \times 400 = 24°$$

$$\lambda_0 = \frac{\omega l}{v_0} = \frac{\omega l}{v} \times \frac{v}{v_0} = \lambda \frac{v}{v_0} = 24° \times \frac{3 \times 10^5}{2 \times 10^5} = 36°$$

由长线路入口阻抗表达式，可求得线路末端向电源侧看进去的等效正序、零序入口阻抗分别为

$$Z_{rl} = jZ_{C1}\tan(\lambda + \varphi) = j260\tan（24° + 21°）= j260（\Omega）$$

$$Z_{r0} = jZ_0\tan（\lambda_0 + \varphi_0）= j500\tan（36° + 5.71°）= j445.6（\Omega）$$

$$K = \frac{Z_{r0}}{Z_{rl}} = \frac{445.6}{260} = 1.714$$

接地系数

$$a = \sqrt{\left[\frac{1.5K}{2+K}\right]^2 + \frac{3}{4}} = \sqrt{\left[\frac{1.5 \times 1.714}{2 + 1.714}\right]^2 + \frac{3}{4}} = 1.109$$

故障前，空载长线路 A 相末端的电压升高由式（5-14）求得

$$\frac{U_{A0}}{E} = \frac{\cos\varphi}{\cos（\lambda + \varphi）} = 1.32$$

A 相发生接地故障后，健全相电压升高可由式（5-21）求得

$$\frac{U_B}{E} = \frac{U_C}{E} = a \cdot \frac{U_{A0}}{E} = 1.109 \times 1.32 = 1.464$$

5-5　某超高压线路长 300 km，其电气长度为 $al = 18°$，$\dfrac{X_S}{Z_C} = 0.3$，$P^* = 0.7$，$Q^* = 0.22$，甩负荷后 $S_f = 1.05$。求甩负荷后，空载线路末端电压升高的倍数。

解答：由可得

$$K_2 = \frac{S_f}{1 - \frac{S_f X_s}{Z_C}\tan S_f \alpha l} \times \frac{\cos\alpha l}{\cos S_f \alpha l} \times \sqrt{\left[\left(1 + Q^*\frac{X_S}{Z_C}\right)\left(Q^* - \frac{X_S}{Z_C}\right)\tan\alpha l\right]^2 + \left[P^*\left(\frac{X_S}{Z_C} + \tan\alpha l\right)\right]^2}$$

$$= \frac{1.05\cos18°}{（1 - 1.05 \times 0.3\tan18.9°）\cos18.9°} \times \sqrt{\left[(1 + 0.22 \times 0.3) + (0.22 - 0.3)\tan18°\right]^2 + \left[0.7(0.3 + \tan18°)\right]^2}$$

$$= 1.33$$

5-6　限制电力系统工频过电压的主要措施有哪些？

解答：线路断路器的变电站侧不大于 1.3 倍；线路断路器的线路侧不大于 1.4 倍。我国新建的特高压示范工程系统中，要求将工频过电压限制在 1.3 倍以下，在个别情况下线路侧可短时（持续时间不大于 0.3 s）允许在 1.4 倍以下。

习题 5.2

5-7 线性谐振过电压是如何产生的？

解答：电力系统中有许多电感元件和电容元件，例如，电力变压器、电磁互感器、发电机、消弧线圈、线路导线电感、电抗器等为电感元件，而线路导线对地和相间电容、补偿用的并联和串联电容器以及各种高压设备的杂散电容为电容元件。这些电感和电容均为储能元件，可能形成各种不同的谐振回路，在一定的条件下，可能产生不同类型的谐振现象，引起谐振过电压。

5-8 在电力系统中，哪些情况可能发生线性谐振？

解答：在电力系统中，可能发生的线性谐振的情况，除了空载长线路及不对称接地故障时的谐振之外，还有消弧线圈补偿网络的谐振、超高压补偿系统的谐振及传递引起的过电压等。

5-9 如何限制线性谐振过电压？

解答：电力系统中通常采用电抗器来限制线性谐振过电压。

习题 5.3

5-10 非线性谐振过电压是如何产生的？

解答：电力系统的谐振回路由带铁芯的电感元件（如空载变压器、电压互感器）和系统的电容元件组成。因铁芯电感元件的饱和现象而激发较高幅值的过电压，即铁磁回路过电压。因回路的电感参数是非线性的，又称非线性谐振过电压。

5-11 非线性谐振过电压的特点？

解答：（1）产生串联铁磁谐振的必要条件是：电感和电容的伏安特性曲线必须相交，即

$$\omega L_0 > \frac{1}{\omega C}$$

式中，L_0 为铁芯线圈起始线性部分的等值电感。

由上式可知，铁磁谐振可以在较大参数范围内产生。

（2）对铁磁谐振电路，在相同的电源电势作用下，回路有两种不同性质的稳定工作状态。在外界激发下，电路可能从非谐振工作状态跃变到谐振工作状态，相应回路从感性变成容性，发生相应反倾现象，同时产生过电压与过电流。

（3）非线性电感的铁磁特性是产生铁磁谐振的根本原因，但铁磁元件饱和效应本身也限制了过电压的幅值。此外，回路损耗也是阻尼，也会限制过电压。

5-12 在电力系统中，哪些情况可能发生铁磁谐振？

解答：在电力系统中，由于空载变压器、电磁式电压互感器等铁磁电感的饱和，可能与系统电容配合，故发起持续时间长，幅值较高的铁磁振过电压。

5-13 防止断线过电压，可采取哪些限制措施？

解答：（1）保证断路器的三相同期动作，不采用熔断器设备。

（2）加强线路的巡视和检修，预防发生断线。

（3）若断路器操作后有异常现象，可立即复原，并进行检查。

（4）不要把空载变压器长期接在系统中。

（5）在中性点接地的电网中，合闸中性点不接地的变压器时，先将变压器中性点临时接地。这样做可使变压器未合闸相的电位被三角形连接的低电压绕组感应出来的恒定电压所固定，不会引起谐振。

5-14　为限制和消除铁磁谐振过电压，可采取哪些限制措施？

解答：（1）改变系统零序参数：

选用励磁特性较好的电压互感器，使之不容易发生磁饱和，在这种情况下，必须要有更大励磁才会引起谐振。谐振率也就减小，在母线上加装三相对地电容。可使系统参数越出谐振范围，当达到 $\dfrac{X_{C0}}{X_{Le}} = 0.01$ 时，则系统不会发生谐振。

（2）零序阻尼：

在电压互感器的零序回路中投入阻尼电阻，阻尼电阻 R 可以接在开口三角绕组的两端，阻值 $R \leqslant 0.4\left(\dfrac{n_2}{n_1}\right)^2 X_{Le}$（$X_{Le}$ 为互感器在额定电压下的励磁电感，$\dfrac{n_2}{n_1}$ 为开口三角绕组与高压绕组的匝数比）这样可消除各种谐波的谐振现象；其次，也可在电压互感器的高压中性点对地之间投入电阻 R，该电阻越大，则对消除谐振越有利，该 R 亦可采用非线性电阻。

（3）采用专门的消谐装置：

近年来，我国中性点不接地系统规模越来越大，相应线路的对地电容 C_0 很大，有些电网已达到 $\dfrac{X_{C0}}{X_{Le}} < 0.01$，即系统参数已达到不会发生谐振的条件，但这种系统中发生接地故障消失扰动，仍可能发生电压互感器的高压熔断器频繁熔断的故障。依据理论分析和仿真计算可知。这种故障是由于系统单相接地消失引起了超低频震荡现象，在超低频情况作用下，电压互感器的感抗大幅度降低，故在电压互感器中会产生严重的过电流，引起高压熔断器的熔断。

习题 5.4

5-15　参数谐振过电压是如何产生的？

解答：由于电感参数作周期性变化所引起的自励磁过电压，称为参数谐振过电压。

5-16　限制参数过电压的措施有哪些？

解答：（1）利用快速自动励磁调节装置消除同步自励磁。

（2）在超高压电网中投入并联电抗器，补偿线路电容，使得容抗 X_d 和 X_q 等值，从而消除谐振。

（3）临时投入串联电阻 R，使其值大于图 5-32 中的 R_1 和 R_2。

5-17　某 500 kV 系统，一台汽轮发电机和变压器带一条空载线路，发电机的阻抗 $X_d = 2270\ \Omega$，$X_d' = 282\ \Omega$，变压器阻抗 $X_T = 200\ \Omega$（以上参数均已折合到 500 kV 侧），线路长度 300 km，每相线路对地电容 0.012 75 μF/km。

（1）估算该发电机是否可能产生自激过电压。

（2）若线路上接有两组 150 MV·A 并联电抗器（每组电抗器 $X_L = 1835\ \Omega$），校核其产生自激的可能性。

解答：（1）对汽轮发电机 $X_d = X_q$，产生的自激过电压应满足

$$X_d + X_T > X_C > X'_d + X_T$$

空载线路的等值容抗为

$$X_C = \frac{1}{314 \times 300 \times 0.012\,75 \times 10^{-6}} = 833 \ (\Omega)$$

$$X_d + X_T = 2\,270 + 200 = 2\,470 \ (\Omega)$$

$$X'_d + X_T = 282 + 200 = 482 \ (\Omega)$$

由上述数据比较可知，满足自激条件，可能产生自激过电压。

（2）当有两组并联电抗器时，线路首段的入口阻抗 Z_r 相当于空载线路阻抗 $-j833\,\Omega$ 和电抗器阻抗 $j1\,835/2$ 的并联，即

$$Z_r = \frac{-j833 \times j1\,835/2}{(-j833 + j1\,835/2)} = -j9045 \ (\Omega)$$

即线路并联两组电抗器后，线路等值的容抗为 $X_C = 9\,045\,\Omega > X_d + X_T$。因此，接入并联电抗器后，破坏了自激条件，系统不会发生参数谐振。

习题 6.1

6-1　间歇电弧过电压是如何产生的？

解答：随着电网的发展和电压等级的提高，单相接地的电容电流将随之增加，当 6 ~ 10 kV 电网的对地电容电流超过 30 A 或 35 kV 以上电网的对地电容电流超过 10 A 时，电弧将难以自行熄灭。但这种电容电流又不会大到形成稳定电弧的程度，因此在故障点可能出现电弧"熄灭-重燃"的间歇性现象，引起电力系统状态瞬息改变，导致电网中电感、电容回路的电磁振荡，系统中性点发生偏移，健全相和故障相都产生过电压。这种形式的过电压称为电弧接地过电压。

6-2　如何限制间歇电弧过电压？

解答：长期以来大量试验研究表明：故障点电弧在工频电流过零时和高频电流过零时熄灭都是可能的。一般来说，发生在大气中的开放性电弧往往要到工频电流过零时才能熄灭；而在强去电离的条件下（例如发生在绝缘油中的封闭性电弧或刮大风时的开放弧），电弧往往在高频电流过零时就能熄灭。

6-3　消弧线圈运行状态有哪些？应采用哪种运行状态？

解答：目前 110 kV 及以上电网大多采用中性点直接接地的运行方式。但是如果在电压等级较低的配电网中，其单相接地故障率相对很大，如采用中性点直接接地方式，必将引起断路器频繁跳闸，这不仅要增加大量的重合闸装置，增加断路器的维修工作量，还影响供电的连续性，所以我国 35 kV 及以下电压等级的配电网采用中性点经消弧线圈接地的运行方式。

习题 6.2

6-4 影响空载变压器分闸过电压的因素有哪些？

解答：切除小电流的电弧时性能差的断路器（如多油断路器）由于截流能力不强，所以切除空载变压器过电压也比较低；而切除小电流性能好的断路器（如 SF_6 空气断路器）由于截流能力强，其切除空载变压器过电压较高。另外，如果断路器去游离作用不强时（由于灭弧能力差），截流后在断路器触头间可引起电弧重燃,使变压器侧的电容电场能量向电源释放,从而降低了这种过电压。

6-5 如何限制空载线路分闸过电压？

解答：（1）采用避雷器保护：

这种过电压的幅值是比较大的,国内外大量实测数据表明:通常它的倍数为 2～3,有 10% 左右可能超过 3.5 倍，极少数更高达 4.5～5.0 倍甚至更高。但是这种过电压持续时间短、能量小，因而要加以限制并不困难。可以采用普通阀型避雷器来有效地加以限制和保护。如果采用磁吹阀型避雷器或氧化锌避雷器，则效果更好。

（2）装设并联电阻：

在断路器的主触头上并联一线性或非线性电阻，也能有效地降低这种过电压，不过为了发挥足够的阻尼作用和限制励磁电流作用，其限值应接近于被切电感的工作激磁阻抗（数万欧），故为高值电阻，这对于限制切、合空载线路过电压显得有些太大了。

6-6 一台电压等级为 500 kV 的三相变压器，其容量 $s=750$ MV·A，铁芯材料为冷轧硅钢片，励磁电流 $I\%=0.5\%$，绕组采用纠结式，绕组对地杂散电容 $C=10^4$ pF，求该变压器空载分闸可能产生的最大过电压倍数。

解答：

$$L = \frac{U_C/\sqrt{3}}{\omega \dfrac{P}{\sqrt{3}U_C}I\%} = \frac{U_e^2}{\omega P I\%} = \frac{500^2}{314\times750\times0.005} = 212.3 \ (\mathrm{H})$$

该空载变压器的自振角频率为

$$f_0 = \frac{1}{2\pi\sqrt{LC}} = \frac{1}{2\pi\sqrt{212.3\times10^4\times10^{-12}}} = 109.3 \ (\mathrm{Hz})$$

取 $\eta_m = 0.45$，则该变压器空载分闸可能产生的最大过电压倍数为

$$k_n = \frac{109.3}{50}\times\sqrt{0.45} = 1.47$$

习题 6.3

6-7 空载线路分闸过电压是如何产生的？有哪些危害？

解答：当电力系统中进行开断电容性负载（如空载线路、电容器组）操作时，由于断路器触头间的重燃，会使线路或电容器通过振荡从电源获得能量，并积累起来形成过电压。

6-8 影响空载线路分闸过电压的因素有哪些？

解答：（1）断路器的性能：

要避免切除空载线路过电压，最根本的措施就是改进断路器的灭弧性能，使其尽量不重燃。采用灭弧性能好的现代断路器，可以防止或减少电路重燃的次数，从而使过电压的最大值降低。不过，重燃次数不是决定过电压大小的唯一依据，有时也会出现一次重燃过电压的幅值高于多次重燃过电压幅值的情况。

（2）中性点的接地方式：

中性点非有效接地的系统中，三相断路器在不同的时间分闸会形成瞬间的不对称电路，中性点会发生位移，过电压明显增高；一般情况下比中性点有效接地的切除空载线路过电压高出约 20%。

（3）母线上有其他出线：

相当于加大了母线电容，电弧重燃时残余电荷迅速重新分配，改变了电压的起始值使其更接近于稳态值，使得过电压减小。

（4）线路侧装有电磁式电压互感器等设备：

它们的存在将使线路上的剩余电荷有了附加的释放路径，降低线路上的残余电压，从而降低了重燃过电压。

6-9 限制空载线路分闸过电压的措施有哪些？

解答：（1）改善断路器的结构：

断路器的重燃是产生这种过电压的最根本的原因，因此最有效的措施就是改善断路器的结构，提高触头间介质的恢复强度和灭弧能力，避免发生重燃现象。20 世纪 70 年代以前，在 110～220 kV 系统中，由于断路器的重燃问题没有得到很好的解决，致使出现很高幅值的过电压。但随着现代断路器设计制造水平的提高，如压缩空气断路器以及六氟化硫断路器等大大改善其灭弧性能，基本上达到了不重燃的要求。

（2）断路器加装并联电阻：

这也是降低触头间的恢复电压、避免电弧重燃的一种有效措施。图 6.8 是这种断路器一般采取的两种接线方式。在分闸时先断开主触头 1，经过一定时间间隔后再断开辅助触头 2。合闸时的动作顺序刚好与上述相反。在切除空载线路时，首先打开主触头 1，这时电阻 R 被串联在回路之中，线路上的剩余电荷通过 R 向外释放。这时主触头 1 的恢复电压就是 R 上的压降，显然要想使得主触头不发生电弧重燃，R 是越小越好。第二步，辅助触头 2 断开，由于恢复电压较低，一般不会发生重燃。即使发生重燃，由于 R 上有压降，沿线传播的电压波远小于没有 R 时的数值。所以，从这个方面考虑，又希望 R 大一些。综合以上两方面考虑，并考虑 R 的热容量，这种分闸电阻的阻值一般为 1 000～3 000 Ω内，这样的并联电阻也称为中值并联电阻。

（3）利用避雷保护：

安装在线路首端和末端的氧化锌避雷器或磁吹避雷器，也能有效地限制这种过电压的幅值。

（4）泄流设置的装设：

将并联电抗器或电磁式互感器接在线路侧，可以使线路上的电荷得以泄放或产生衰减振荡最终降低断路器间的恢复电压，减少重燃的可能性，从而降低过电压。

习题 6.4

6-10 空载线路合闸过电压是如何产生的？

解答：正常合闸的操作，这种操作通常出现在线路检修后的试送电过程中，此时线路上不存在任何异常（如接地），线路电压的初始值为零。正常合闸时，若三相接线完全对称，且三相断路器完全同步动作，在自动重合闸的情况下，那么条件将更为不利，主要原因在于这时线路上有一定残余电荷和初始电压，重合闸时振荡将更加激烈。

6-11 影响空载线路合闸过电压的因素有哪些？

解答：（1）合闸相位：

合闸时电源电压的瞬时值取决于它的相位，相位的不同直接影响着过电压幅值，若需要在较有利的情况下合闸，一方面需改进高压断路器的机械特性，提高触头运动速度，防止触头间预击穿的发生；另一方面通过专门控制装置选择合闸相位，使断路器在触头间电位极性相同或电位差接近于零时完成合闸。

（2）线路损耗：

线路上的电阻和过电压较高时线路上产生的电晕都会构成能量的损耗，消耗过渡过程的能量，而使得过电压幅值降低。

（3）线路上残余的变化：

在自动重合闸过程中，由于绝缘子存在一定的泄漏电阻，大约有 0.5 s 的间歇期，线路残压会下降 10%~30%。从而有助于降低重合闸过电压的幅值。另外，如果在线路侧接有电磁式电压互感器，那么它的等效电感和等效电阻与线路电容构成一阻尼振荡回路，使残余电荷在几个工频周期内泄放一空。

6-12 限制空载线路合闸过电压的措施有哪些？

解答：（1）装设并联合闸电阻，控制合闸相位：

通过一些电子装置来控制断路器的动作时间，在各相合闸时，将电源电压的相位角控制在一定范围内，以达到降低过电压的目的。具有这种功能的同电位合闸断路器在国外已研制成功。它既有精确、稳定的机械特性，又有检测触头间电压（捕捉相电位瞬间）的二次选择回路。

（2）利用避雷器来保护：

安装在线路首端和末端（线路断路器的线路侧）的氧化锌断路器或磁吹避雷器，均能对这种过电压进行限制，如果采用的是现代氧化锌避雷器，就有可能将这种过电压的倍数限制到 1.5 ~ 1.6，因而可不必在断路器中安装合闸电阻。

参考文献

[1]　平绍勋. 电力系统内部过电压保护及实例分析[M]. 北京：中国电力出版社，2006.

[2]　鲁铁成. 电力系统过电压[M]. 北京：水利水电出版社，2009.

[3]　赵琳. 高电压技术[M]. 北京：中国电力出版社，2009.

[4]　施围，邱毓昌. 高电压工程基础[M]. 北京：机械工业出版社，2008.

[5]　郭艳红. 高电压技术[M]. 武汉：武汉大学出版社，2014.